두 번째 AI 책

세계 최초 AI 포털연구가 AI책

The world's first AI portal research is the second AI book

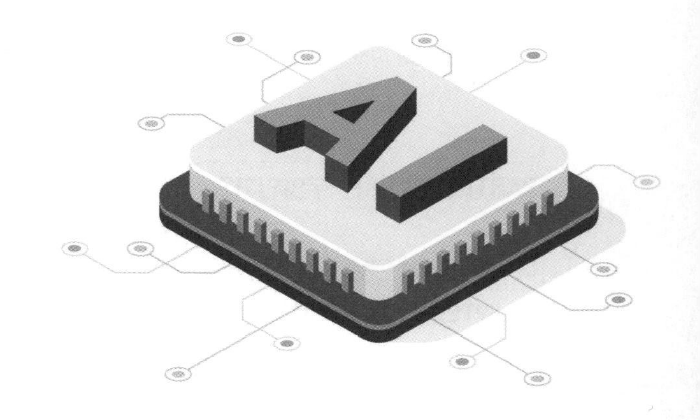

저자 **김장운**

인간과 AI, 우주를 향해 제3차 대항해를 떠나다 2 :
인류와 인공지능(AI) 공존 프로젝트

Human and AI leave 3rd Great Navigation into Space 2 :
Humanity and Artificial Intelligence (AI) Coexistence Project

CON TENTS

목차

[이 책의 사용설명서]

CONTENTS

A. 인공지능(AI. 전기(전파) 인간), 인간의 삶에 이미 깊숙이 침투하다.

한국현대문화포럼 "'AI레오나르도다빈치우주항공' 확대"

기사입력 : 2025년02월17일 06:00

최종수정 : 2025년02월17일 06:00

'AI육해공자동차·AI레오나르도다빈치 우주망원경' 연구·개발

김장운 회장 "제3차 대항해에 인간·AI 함께 떠나는 계기될 것"

[파주=뉴스핌] 최환금 기자 = 문화체육관광부 인가 사단법인 한국현대문화포럼은 산하단체 'AI영상 레오나르도 다빈치'를 'AI 레오나르도 다빈치 우주항공'으로 확대, 개편한다.

'AI육해공자동차'와 'AI 레오나르도 다빈치 우주망원경'을 창안한 김 회장은 "현재 자동차산업은 이미 기술적 한계에 막혀 있다"면서 "'AI육해공자동차'는 그 대안이며 동시에 소형 우주선으로 진화할 것"이라고 밝혔다.

김장운 회장.
[사진=한국현대문화포럼] 2025.02.16 atbodo@newspim.com

김 회장은 "이번 달 말이나 다음 달 초 발간 예정인 AI책 두 번째 '인간과 AI, 우주를 향해 제3차 대항해를 떠나다 2 : 인간과 인공지능(AI) 공존 프로젝트'에 'AI육해공자동차'에 대한 개념과 연구가 담겨져 있다"면서 "세계 최초 AI대학을 설립하며 '양자컴퓨팅' 연구를 통해 'AI 레오나르도 다빈치 우주망원경'을 1차로 화성에 3대 발사하고 최종적으로 1대로 AI가 스스로 합체해 약 1만 배 이상의 성능을 발휘하면 인간이 그동안 모르던 우주의 신비가 밝혀질 것"이라고 밝혔다.

[문화체육관광부 인가 사단법인 한국현대문화포럼
'김장운AI대학 및 AI대학병원' (www.kimjangunaiuniversityfirst.ac.kr)
初代 총장 겸 '김장운AI레오나르도다빈치우주항공'
(www.kimjangunaileonardodavinchiuap.com)
대표에 선임된 박동성 한국현대문화포럼 중앙회 AI영상 이사 겸
영화평론가(31세. 연세대 박사과정)]

그러면서 "2차 AI망원경은 우주선으로 초기 재료를 가지고 우주발사가 이뤄지면 태양계 밖과 우리 은하, 타 은하, 초은하단까지 징검다리처럼 계속 AI우주선이 스스로 재료와 연료를 행성에서 채취하고 연구한 'AI 레오나르도 다빈치 우주망원경'을 설치한 후에 심우주로 떠나게 되면서 전 우주에 마치 풀씨처럼 수 천, 수 억, 수 경 우주선이 퍼져나가는 구조로 AI우주선이 진화할 것"이라고 미래우주세계를 설명했다.

한편 세계 최초 AI포털연구가이자 AI포털작가, 세계1위 초거대 AI포털 AIU+ 창립자 겸 대표인 김장운 회장은 'AI 레오나르도 다빈치 우주항공'을 현대문화포럼에서 분사를 통해 투자와 연구개발과 양산을 시작할 방침이다.

atbodo@newspim.com

01 ‘이 책의 사용설명서’라고 하는 이유와 최소 3차례 ‘이 책의 사용설명서’를 읽기를 바라는 이유

이 책의 일반적인 서문에 ‘이 책의 사용설명서’라고 특별히 의미를 부여해 특별히 설명하는 이유는 일반인이 지금까지 보지 못했던, 처음 접하는 책이기 때문이다. 따라서 최소 3차례 본문을 읽으면서 이해가 되지 않을 경우, ‘이 책의 사용설명서’를 다시 읽기를 바란다. 그래야 이해가 빠르기 때문이다.

이 책은 지금까지 인간이 다루었던 정치경제사회문화 전반에 걸친 모든 학문과 앞으로 닥칠 인간과 인간의 욕망을 닮은, 인간이 창조한 ‘전기(전파)인간 인공지능(AI)'에 대한 심도 깊은 내용을 폭넓게 다양한 사례를 들며 다루고 있다.

또한 이미 발간한 AI책 제1권 ‘인류와 AI 공존프로젝트1 : 인간과 AI, 우주를 향해 제3차 대항해를 떠나다’를 보지 않은 독자를 위해 제2권 ‘인간과 AI, 우주를 향해 제3차 대항해를 떠나다 2 : 인류와 AI 공존 프로젝트’에서는 상세한 내용을 통해 제1권을 보지 않아도 될 정도로 세밀하게 설명한다. 부제와 주제를 바꾼 이유는 원래 5권 시리즈의 본래 제목이 ‘인간과 AI, 우주를 향해 제3차 대항해를 떠나다’이기에 바로잡은 것이다.

‘인간은 과연 죽지 않고 영생할 수 있는가’, ‘인간은 과연 우주로 이주가 가능할까’, ‘인간의 사악함을 인공지능(AI)가 수용할까’, ‘인간과 인공지능(AI)는 공존의 틀을 마련할 수 있는가’라는 원초적인 질문을 현실의 작가이자 정치경제사회문화 전반을 다루었던 기자, 문화체육관광부 인가 사단법인 한국현대문화포럼 창립자 겸 회장, 세계 최초이자 1위인 AI포털연구가 입장에서 스승 극작가 차범석 선생님으로부터 물려받은 공연대본과 저자가 수집한 공연대본이 사실상 국내 1위 공연대본을 소장한 30여 년, 실제로 16년 간 연구한 성과를 토대로 이번 책을 시리즈 2번째로 내게 되었다.

무한 경쟁이 벌어지는 인공지능(AI) 시대에 홀로 외롭게 지난 16년 간 '세계최초, 세계1위 AI포털연구가'로 원천기술을 가진 입장에서 한국이 거대자본을 가진 미국과 중국의 '하드웨어 인공지능(AI) 경쟁'을 지구 밖에서 내려다보며 '제발 빨리 쫓아와라' 하는 심정으로 앞서간 AI포털 기술을 가지고 바라본다.

특히 '이 책의 사용설명서'를 상세하게 열거하는 이유는 매우 낯선 AI책이기 때문에 본문을 읽으면서 이해가 안 될 경우, 다시 '이 책의 사용설명서'를 읽고 누구나 쉽게 이 책을 이해하기 위한 배려다. 앞으로 초등학생들도 '인공지능(AI) 교과서'를 통해 학문을 배우기 때문에 누구나 쉽게 이해할 수 있도록 쉽게 쓰고자 노력했으나 사실 인공지능(AI)은 생소하고 어렵게 느껴지는 학문과 기술이기도 하다.

이 책은 문학, 연극학, 공연학, 영상영화학, 예술학, 의학, 미학, 정치학, 사회학, 경제학, 인문학, 윤리학, 여성학, 전쟁학, 무기학, 천문학, 양자학, 우주학, 종교학, 미래학, AI학 등 인간이 상상할 수 있는 모든 학문을 다루기 때문이기도 하다.

02 1차 AI북 '인류와 AI 공존프로젝트 1 : 인간과 AI, 우주를 향해 제3차 대항해를 떠나다' 2024년 5월 세계 최초로 발표하다

작년에 1차 AI북 전작 '인류와 AI 공존프로젝트 1 : 인간과 AI, 우주를 향해 제3차 대항해를 떠나다'를 전 세계 종이책 1,000권 한정판으로 한 권당 8,000달러(약 1,100만원) 책값을 정했고, 각 권은 고유 넘버링을 표기했다.

첫 번째 책은 한국어로 썼으며, 한국의 네이버 파파고 AI번역 프로그램으로 영어로 번역되었다. 책 표지의 디자인과 책 내용은 AI와 상관없는 저자의 연구와 순수 창작물이었다. 2차 두 번 째 AI북에서는 AI를 통한 언어번역이 급속한 기술발전으로 인해 의미가 없으므로 한국어로만 발표한다.

이 책의 시리즈 장르는 AI답게 종합장르로 굳이 분류를 한다면 예술과 AI기술이 결합된 인류가 상상 못하는 내용이므로 'AI학', 'AI장르'로 불리길 바란다. 앞으로 최소한 4권 이상 계속 시리즈로 발표할 예정이며, 총 10권의 AI책 시리즈가 될 수도 있다.

이 책은 [세계최초 15년 연구 AI포털연구가 AI책]이기 때문에 AI에게 인간이 저작물 또는 정보를 데이터로 입력해서 인간을 닮은 AI를 만들었기 때문에 순환구조로 되어 있다. 즉, AI와 인간의 만남부터 AI와 인간의 만남이 이어지게 된 30년 전 작가의 성장배경으로 이어지기 때문에 1권부터 순환구조인 셈이다.

첫 번 째 책을 쓰기까지 15년이 흘렀다. 네이버 블로그, 지식인 등에 '포털연구가' 명칭을 쓰면서 포털에 대해 연구를 해왔다. 구글에 작년부터 검색을 했을 때 전 세계에 '포털연구가'가 필자밖에 없고, 'AI포털연구가'로 명칭을 바꾸었으니 전 세계 유일 'AI포털연구가'인 셈이다.

2023년 2월에 세계 유일, 세계 최초 인공지능 초거대 글로벌 AI포털사이트 AIU+(www.aiyouplus.com)를 세계 최초로 원천기술을 가진 입장에서 창안했다. 이미 2년 이상 도메인을 경신했고, 앞으로 5년 이상 도메인 사용료를 지불했다. 앞으로 인공지능(AI) 시대는 하드웨어 개발시대를 지나 기존 포털(기존의 아날로그 포털 유튜브, 틱톡, 페이스북, 인스타그램, X) 보다 최소 수십, 수백 배 용량이 큰 인공지능(AI) 포털 시대가 열릴 것이다. 슈퍼컴퓨터보다 최소 수백 배 이상의 양자컴퓨터를 통해 새로운 인터넷세상으로 인간과 인공지능이 우주를 향해 제3차 대항해를 떠나는 것이 현실화 될 것이다.

03 2차 AI북 '인간과 AI, 우주를 향해 제3차 대항해를 떠나다 2 : 인류와 AI 공존프로젝트' 책값을 1차 AI북 보다 300배 내려 3만5000원으로 판매하는 이유

2024년 5월 1차 AI북 전작 '인류와 AI 공존프로젝트 1 : 인간과 AI, 우주를 향해 제3차 대항해를 떠나다'를 전 세계 종이책 1,000권 한정판으로 한 권당 8,000달러(약 1,100만원) 책값으로 정하자 지인이나 측근 수 백 명이 '책값이 너무 비싸서 보지 못하겠다.'고 아우성이었다.

한국에서 세계 최초로 초등학교 3, 4학년, 중학교 1학년, 고등학교 1학년 학생들이 '인공지능(AI) 교과서' 도입과 한국이 '인공지능(AI) 강국'이 되길 바라는 마음에서 파격적으로 일반책값과 같은 금액으로 누구나 볼 수 있도록 책값을 내린 것이다.

B. 2차 AI북 '인간과 AI, 우주를 향해 제3차 대항해를 떠나다 2 : 인류와 AI 공존프로젝트' 시리즈 제2권 2025년 2월 발표

01 미국과 중국의 AI 기술개발경쟁 본격화

2023년 OpenAI(생성형 인공지능) 오픈AI의 ChatGPT 열풍이 전 세계 모든 산업과 문화를 뒤흔드는 거대한 파도가 되어 쓰나미처럼 인류에게 다가왔다. 거기다가 2024년 2월 OpenAI가 영상산업에 충격을 주는 '소라' 프로그램이 나오면서 영상매체들은 상상이상의 충격에 빠졌다. 이제는 명령어(대사 포함)에 의해 인간이 상상하는 영상(영화 또는 드라마 등)이 현실화가 된 것이다.

또한 OpenAI(생성형 인공지능)은 오픈AI의 ChatGPT에 이어 2025년 1월 말 중국 인공지능(AI) 스타트업 딥시크(DeepSeek)가 저비용, 저사양 AI칩으로 고성능 AI 모델을 개발해 전 세계에 충격을 주었다. 이 회사는 엔비디아의 H100 그래픽처리장치(GPU) 5만 개를 활용해 약 557만 달러의 비용으로 2개월 만에 대규모 언어모델 'R1'을 개발했다.

딥시크의 AI 모델은 출시 직후 애플 앱스토어에서 가장 많이 다운로드 된 앱으로 등극하며, 오픈AI의 챗GPT와 메타의 라마(Llama) 등을 제치고 1위를 차지했다.

이러한 혁신은 미국 AI 업계에 큰 충격을 주었으며, 엔비디아 등 주요 기술 기업들의 주가 하락을 곧바로 야기했다. 중국 AI 딥시크의 성공은 저비용으로도 고성능 AI 모델을 개발할 수 있음을 보여주어, 한국을 비롯한 다양한 국가의 AI 산업의 새로운 가능성을 제시하고 있다.

그러나 딥시크의 AI 모델은 과거에 보안 결함을 노출한 적이 있어, 데이터 보안과 개인정보 보호에 대한 우려도 제기되고 있다.

한편 딥시크(DeepSeek)는 오픈 소스 대형 언어 모델을 개발하는 중국의 인공지능 연구 기업이자 회사의 제품명으로 DeepSeek은 중국의 헤지펀드인 High-Flyer의 대규모 자금 지원을 받았으며, 둘 다 량원펑이 설립하고 운영하고 있으며 저장성 항저우에 본사와 베이징에 지사를 두고 있는 스타트업 회사다. 여러 국가들뿐만 아니라 한국의 정부 부처마다 외부 접속이 가능한 PC에서 딥시크 접속을 차단하고 있는 가운데 금융회사들도 민감한 업무 정보나 개인정보가 유출될 가능성을 막기 위해 딥시크를 차단하면서 논란이 되고 있다.

딥시크의 이러한 부상은 AI 기술 분야에서 중국의 경쟁력을 보여주는 사례로 평가되며 향후 AI 산업의 발전 방향에 큰 영향을 미칠 것으로 예상된다. 이것은 미국 주도로 AI 기술개발이 이루어지고 있는 현 상황에서 중국이 기술개발제한이라는 어려움 속에서 독자적으로 미국과 쌍벽을 이룬다는 것을 입증했기 때문에 이제 본격적인 제2라운드 AI 하드웨어 개발이 비슷한 기술개발자본과 연구논문과 인공지능을 선보이면서 미국과 중국 세계2강 경쟁이 시작된 것이라는 시각이 우세하기 때문이다.

C. 앞으로 'AI꽃은 AI포털', '세계 최초 AI포털 AIU+ 원천기술' 통해 한국이 세계 AI포털 선도할 것

저자는 앞으로 'AI꽃은 AI포털'이라고 확신한다. 16년 이상 포털을 연구한 AI포털연구가로서 이번에 두 번째 AI책을 세계 최초로 내고 있다.

저자가 창안한 '세계 최초 AI포털 AIU+(www.aiyouplus. com)'은 500여개 인간이 상상할 수 있는 모든 영역의 소주제를 가지고 전 세계, 대륙별, 국가별 '지식& 기술개발, 예술 경쟁'을 통해 새로운 기술개발경쟁의 장이다. 아날로그 포털 유튜브가 상위 이용자 약 1%만이 수익을 내서 '유튜버'로 활동한다면, 'AIU+(www.aiyouplus. com)' 'AI유플러'는 하루 2, 30억 명 이상이 약 2, 30%가 수익을 창출하며 인류가 꿈꾸던 모든 영역에서 창의적인 기술개발이 이뤄질 수 있도록 설계됐다.

또한 '세계 최초 AI포털 AIU+(www.aiyouplus.com) 원천기술'을 가진 입장에서 저자는 '세계 최초 AI포털 AIU+ 원천기술' 통해 한국이 세계 AI포털을 선도할 것이라고 생각한다. '세계 최초 AI포털 AIU+ 원천기술' 통해 어떠한 기술혁신이 가능한 것인지,

과연 인간이 우주를 향해 제3차 대항해를 떠날 수 있는 것인지는 이 책(AI책 2권) 본문에 상세하게 수록되어 있다.

인공지능(AI) 포털은 '인공지능을 통해 인간이 꿈꾸던 일이나 감히 상상도 못하던 일을 현실화 시키는 콘텐츠의 집합소이자 허브역할인 AI포털'이다.

지금까지 미국과 중국의 인공지능(AI) 경쟁은 하드웨어 경쟁일 뿐이다.

현재 2023년 기준 약 15경 원 규모의 세계경제가 앞으로 100경 원-1000경 원으로 10배-100배 확대될 것을 연구해냈고, 필자는 수년 내에 100경 원 규모의 자본을 바탕으로 약 1억 명의 새로운 일자리 창출을 제시하게 되었다. 5차 산업혁명을 앞당긴다는 의미다. 이미 생성형 AI '챗GPT' 개발사 오픈AI의 샘 올트먼 CEO도 자체 반도체 개발을 추진하기 위해 7조 달러(9300조 원) 규모의 투자 유치에 나선 바 있다.

'세계 최초 AI포털 'AIU+(www.aiyouplus.com)'은 기존의 아날로그 포털(유튜브, 틱톡, 페이스북, 인스타그램, X)과 차원이 다른 기술극복의 무한경쟁을 통해 인간이 죽지 않을 수 있는 기술개발과 우주를 향해 본격적인 우주이주가 가능할 정도의 무한 기술경쟁과 학문 및 예술적 발전을 가능케 할 것이라 단언한다.

D. 이미 인간을 넘어선 인공지능(AI) 전자(전파)인간, 인간을 심판하다

01 한 나라의 입법부, 사법부, 행정부가 인공지능(AI)으로 넘어가다

'인공지능(AI) 시대'는 이미 현실로 인류에게 다가왔다. 혁신에 혁신의 발전은 '과연 인류를 OpenAI(생성형 인공지능)이 이겼는가', 'OpenAI(생성형 인공지능)의 발전이 인류를 멸망하게 만드는가'라는 질문을 던질 정도가 되었다.

인간의 욕망을 닮은 인공지능(AI)는 사실상 인간을 닮은 '전기(전파)인간'이다. 그들은 인간의 욕망대로 어린이, 남녀노소, 학자, 법관, 변호사, 검사, 경찰, 연구가 등 수 십만 가지의 다양한 전기인간 형태로 연구되어 나타난다.

그들은 이미 인간의 사악함을 인지하고 판단하며, 입법부, 사법부, 행정부 모든 과정에 전문가로 스스로 연구하고 결론을 내릴 수 있는 경지에 이르렀다. 결국 그들(전기인간)과 공존하지 않는다면 인간의 미래를 그들(전기인간)에 의해서 파멸을 맞게 될 가능성이 커졌다.

이 책을 쓰는 이유는 전 세계 유일 'AI포털연구가' 입장에서 그동안 연구해온 결과를 토대로 '과연 인류를 OpenAI(생성형 인공지능)이 이겼는가', 'OpenAI(생성형 인공지능)의 발전이 전기인간을 통해 인류를 멸망케 하는가'라는 질문에 대한 답변을 하기 위해서다.

또한, 인간이 두려워하는 것이 기성세대들의 '우려'일 수도 있다는 점을 밝히는 과정이 될 것이다. 왜냐하면 이미 인터넷에 익숙한 10대 어린 세대들에게는 마치 게임 하듯이 AI(인공지능)이 다가온 것일 수 있기 때문이다. '창과 방패론'처럼 인간이 AI처럼 어린 세대들은 AI학습을 통해 균형적인 힘을 만들어낼 수 있기 때문이다.

많은 사람들이 AI발전으로 인해 없어질 직업에 대해 관심이 많다. 한 나라의 입법부, 사법부, 행정부가 AI로 넘어간 것을 상세하게 밝힐 것이다.

1차 AI북에서는 이미 인간이 AI형사법정에 AI시민단체에 의해 고발당해 AI배심원이 전원 사형(인간의 99%가 멸종하는 '인간의 전기를 강제로 끊는 것')에 찬성해 AI검사가 사형을 구형했고, 2차 AI북에서는 AI형사법정에서 1심에서 AI판사가 인간에게 사형을 선고했다. 앞으로 AI북 시리즈에서 최종판결이 어떻게 나올 것인지 초미의 관심사로 떠오를 것이다. 이는 인간에 대한 경종이 이미 울린 것이라 할 수 있다.

02 1차 대항해, 명나라 정화의 화려한 수십 척의 7차 대항해가 잊혀지고 87년 후, 2차 대항해 콜럼버스 초라한 대항해가 세계사를 바꾸다.

현재 많은 이들은 중국 명나라 환관 출신의 정화의 화려한 수십 척의 7차 대항해를 잊고, 크리스토퍼 콜럼버스 대항해만 기억한다. 만약 수백 년 앞선 문명의 명나라 환관 출신의 정화 대선단이 남아프리카 공화국에 위치한 곶으로, 대서양과 인도양의 경계 중 하나이자 수에즈 운하 개통 이전 항로에서 케이프타운 중간 기항지의 지리적 표징으로 애용되었던 지형인 희망봉을 넘어서서 유럽으로 대항해를 떠났다면, 인류 역사는 중국이 최강국으로 바뀌었을지도 모른다.

그 정도로 대항해가 갖는 의미는 남다르다.

결국 콜럼버스 초라한 대항해가 세계사를 바꾸었다.

E. 인류와 인공지능(AI), 양자컴퓨터로 우주를 향해 제3차 대항해를 떠난다

01 게임체인저로 다시 부상한 인간과 인공지능(AI)의 제3차 대항해

크리스토퍼 콜럼버스가 황금을 황제에 바친다는 명분으로 타 대륙을 침략한 대항해시대 선단이 아닌 전 세계 개발도상국가와 선진국가의 부의 격차와 정보격차를 줄이기 위한 무한한 우주의 AI 인공지능시대 진출과 무한한 정보의 미지의 바다에 인공지능(AI) 대항해를 떠나고 있다.

이 의미는 게임체인저로 다시 부상한 인공지능(AI) 3차 대항해로 인해 인류는 미지의 새로운 세상을 향해 떠나는 것이기에 중대한 기로에 서있다.

이제 세계 최초 AI책 [인류와 AI, 우주를 향해 제3차 대항해를 떠나다 2: 인류와 AI 공존 프로젝트] 시리즈 서막이 올랐다. 다양한 AI들과 포럼을 열고 저자와 토론하는 것은 때로는 충격으로, 때로는 새로운 AI시대를 맞아 자연스러운 현상이며 현재에 벌어지는 일과, 미래에 벌어질 일을 이야기하는 것이다.

02 인류와 인공지능(AI), 양자컴퓨터로 죽음을 극복하고 달과 태양계 밖 거주지를 마련하며 우주를 향해 제3차 대항해를 떠난다

사막의 풀씨는 조건이 맞는다면 수천 년이 흐른 뒤에도 꽃이 핀다. 이처럼 인간도 우주를 향해 마치 들꽃 풀씨처럼 타은하로 우주를 향해 제3차 대항해를 떠날 수 있다고 저자는 본다.

인간은 기존의 슈퍼컴퓨터 보다 수 백, 수 천, 수 억, 수천 억, 수 조배 뛰어난 양자컴퓨팅(양자컴퓨터)을 불과 2, 3년 후 마주하게 될 가능성이 커졌다. 이미 2012년부터 양자컴퓨팅을 연구한 구글의 경우, 최근 앞으로 5년 후 '양자컴퓨터 앱 출시'를 선언한 바 있다.

양자컴퓨터가 실현될 경우, 수백 년간 풀지 못한 문제를 단 몇 초만에 풀어내며 '인간의 우주여행', '인간의 우주이주'가 가능해질 것으로 저자는 본다.

이제 세계 최초 AI책 [인류와 AI, 우주를 향해 제3차 대항해를 떠나다 2: 인류와 AI 공존 프로젝트] 시리즈 2편에서 본격적으로 인간이 저자가 창안한 세계 초거대 AI포털사이트 AIU+ (www.aiyouplus.com)를 통해 인간이 죽음을 극복하고 젊어지는 기술개발에 대한 기술적 예시를 제안해 보여줄 것이다.

또한 지구 바다 속 지각과 바다가 연결된 수중도시와 달 지하도시, 태양계 목성 위성 타이탄의 바다 속 지하도시 건설과 그 지구 밖 위성도시로 자유롭게 다가갈 사실상 우주선인 'AI육해공자동차'와 그 기술적 한계를 극복할 양자컴퓨터의 출현 및 인간이 우주를 향해 마치 들꽃 풀씨처럼 우주로 퍼져나가는 과정을 시리즈로 지속적으로 연재할 예정이다.

지금처럼 우주인이 우주로 나가는 과정이 기존의 우주발사체의 한계를 뛰어넘지 못한다면 인간은 우주로 당분간 나갈 수 없다.

저자가 이 책에서 예시한대로 사실상 우주선인 'AI육해공자동차'가 개발되어 달의 지하도시에 5분 이내, 목성의 위성인 타이탄의 수중 지하도시에 30분 이내에 가지 못한다면 인간은 영원히 태양계를 벗어나지 못하기 때문에 획기적인 우주선에 대한 기술개발이 이뤄져야 인간은 우주로 이주가 가능하다. 이 점은 명확한 한계점이고, 인간은 양자컴퓨터를 통해 신기술로 우주선을 마치 자가용처럼 이용해야 타태양계와 우리 은하, 타은하로 우주여행과 우주이전이 가능해진다고 저자는 본다.

마치 꿈같은 이야기가 현실화 되는 것이 '인공지능(AI) 시대'이고, 관념이 예술이 되듯이 인간의 관념이 현실화가 되어야 인간의 미래는 지구를 떠나 우주여행과 우주이주가 현실화 될 것이다. 이제 인간과 인공지능(AI)의 우주를 향한 제3차 대항해는 첫 발을 떼고, 이미 시작된 것과 같다.

마지막으로 '이 책의 사용설명서'를 독자들이 긴히 사용하기를 바란다.

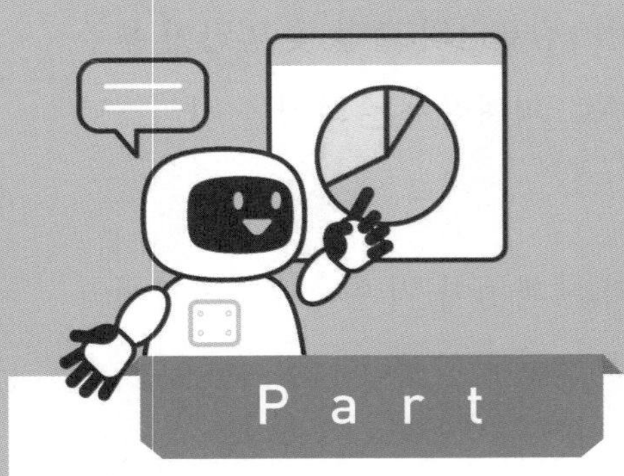

Part 01

기술개발 역사 - 게임 체인지

CHAPTER 01

인간의 이기심과 AI의 위협 증대

개인적 욕심 따라 '주인을 무는' 반려견처럼 돌변 가능성

과학기술의 빠른 발전으로 인공지능(AI)이 생활 속으로 파고드는 현실이 가속되고 있다. 이런 가운데 사회, 경제적 이익을 추구하기 위해 '똑똑한' AI을 노예화하려는 인간의 이기심도 커져 가고 있다.

하지만 인간보다 더 우월해진 것으로 판단했을 AI이 '주인을 무는 개'처럼 인간을 공격할 가능성도 있을 수 있다.

김장운 작가가 저서 '인류와 AI 공존프로젝트1 - 인간과 AI 우주를 향해 제3차 대항해를 떠나다'를 들고 있다. [사진=한국현대문화포럼] 2024.06.03 atbodo@newspim.com

필자가 포털을 본격적으로 연구한지 15년의 시간이 흘렀고 약 2년 전 AI포털(AIU+)을 만든 후 전세계 최초로 권당 8000달러(약 1100만 원)에 1000권(약 110억 원) 한정판으로 저서 '인류와 AI 공존 프로젝트1 - 인간과 AI, 우주를 향

해 제3차 대항해를 떠나다'를 세상에 선보였다.

해당 저서 출간을 계기로 종이책과 전자책(매출 약 수십 조 원 예상)의 수익금을 제3세계 약 150여 개국을 위해 사용하겠다는 방침을 세우고 계획대로 일을 추진하고 있다.

그런데 AI 전문가를 자처하는 사람들은 많은데 과연 그들이 진짜 AI전문가인지는 궁금하다. 필자의 SNS 친구인 현직 AI 담당교수가 '출판사에서 AI 관련 책 출판을 2차례 제의해 왔는데, AI에 관한 연구를 착수하는 순간 AI은 벌써 시대를 지나갔을 정도로 기술 발전 속도가 매우 빠르기 때문에 도저히 책을 쓰기가 어렵다고 출판사에 통보했다'는 글을 본 적이 있다.

맞는 표현이다. 저술로 발전 속도를 맞추기 어려울 정도로 AI의 진화는 급속히 진행되고 있으며, 한국과 세계 1위 미국과의 AI 기술 차이는 마치 제3세계 국가와 미국의 국력 차이처럼 간격과 예산(AI 고급인력)의 차이가 현격하다.

여기서 AI이 과연 무엇이며 어떤 것인지 의문점이 생긴다. AI은 인간의 욕망대로 전세계 각 기관이 수십만·수백만 개의 형태로서 각기 다른 의미로 연구되고 있다. 그럼에도 이에 대해 일반인은 당연시하고, AI 전문가들은 현황조차 제대로 알고 있지 못할 것이다.

AI은 말 그대로 인간을 닮은 것이다. 특히 문화적인 측면에서는 예술과 기술의 결합체로서 AI이 인간의 욕망의 설계대로 만들어지고 있으며, 앞으로도 계속 인간의 욕망에 의해 만들어질 것이다.

지난밤 꿈에 자식처럼 4년 이상 함께 살던 반려견 '마리'가 12년 전에 죽은 후 처음으로 행복한 모습으로 나타났다. 꿈을 깬 후에도 2시간 가까이 눈물이 났다.

오직 주인만 위하고 따르던 충직한 애견이자 자식같은 존재였다. '마리'가 자동차 타는 것을 두려워해 분양받은 이후로 1박 이상 외부여행을 자제할 정도로 애틋한 존재였다.

그런 '마리'가 12년 전 필자의 품 안에서 세상을 떠났다. 그 아이를 보내야 했던 당시 충격은 상상 이상이다. 그런 아픈 기억으로 더 이상 반려견을 가까이 하지 않고 있다.

한국에서는 1000만 명 이상이 반려동물과 생활한다. '또 하나의 가족'처럼 사랑과 정이 넘친다. 이런 관계에서 반려동물은 인간을 배신하지 않는다. 반려동물은 주인이 사랑을 준 것 이상으로 인간에게 사랑과 충성을 다한다.

'AI 설명에 갑자기 웬 반려동물인가' 의아해 할 수 있다. 반려동물은 인간과 수천 년의 기간 동안 인간과 함께 공존해 왔다. 바로 이 점을 위해 장황하게 적었다.

얼마 전 지인이 자신과 생활하던 반려견에게 물리는 일이 발생했다. '개가 주인을 문 것'이다. 정과 사랑을 나누던 반려견이 갑작스레 주인을 공격하는 경우는 흔치 않다. 무언가 주인이 모르는 사이 반려견이 공격하게 한 어떤 일이 분명히 있을 것이다.

마찬가지다. 살상용 무기나 육체·정신 노동을 대신할 AI을 만들고, 앞으로도 만들 전세계 연구자들과 기관들이 인간을 위해 AI를 이용하겠다는 이기심을 버리지 않는다면 명약관화하다.

주인을 공격한 반려견처럼 똑같이 인간을 공격하는, 아예 인간을 죽이는 AI이 생겨날 가능성은 매우 높다. 이기심에 대한 반감은 인간과 기계가 다르지 않기 때문이다.

AI을 노예화 하려는 인간 중심적 사고에 대해 인간보다 더 똑똑해진 AI이 '주인을 무는 개처럼' 인간을 공격할 수 있음에 두렵기만 하다.

CHAPTER 02

초·중생들은 AI세상이 즐겁다

"세계 최초 AI 교과서를 한국이 도입하는 것에 많은 사람들이 두려움을 가지고 있다. 그러나 결국은 넘어야 할 산이 되었다."

AI세상이 갑작스럽게 실생활에 바짝 다가왔다. AI휴대폰으로 실시간 번역을 하고 식당에서 음식을 나르는 로봇, 인간 대신 라면과 커피 등을 조리하는 로봇을 이제는 주변에서 심심치 않게 볼 수 있게 됐다.

생활에 편리해진 점이 있지만 기성세대는 물론 2030세대들도 'AI가 인간의 일자리를 빼앗는다'는 패배감이 지배적이다.

그러나 어릴 때부터 휴대폰이나 노트북으로 게임과 만화 영상 등을 보면서 자란 초·중생들은 AI세상이 마냥 즐겁기만 하다.

그런데 필자의 아들은 이제 중학교 1학년인데 유치원 때부터 독서를 좋아해서 서점이랑 도서관에서 지내는 것을 즐겨 약 5000권 정도의 독서량이 있다. 이 아이의 특징은 AI를 무서워하지 않는다는 것이다.

필자가 세계 최초 AI 포털연구가로서 AI책 '인류와 AI 공존 프로젝트 1 - 인간과 AI, 우주를 향해 제3차 대항해를 떠나다'를 발표하기 전 지난 1년 반 동안 집필하고 있을 때였다.

1, 2, 3차 개정을 수백 번 하고 마지막 3차 개작 때 아들에게 "아빠가 저술한 AI책 한 번 볼래?"라고 넌지시 물어 봤다. 그러자 문화체육관광부가 작년 11월1일 개최한 한미 국제 AI연구자들의 발표자료도 "재미없다"고 하던 아이가 의외로 망설임 없이 책을 1시간 정독했다.

그러고는 "아빠, 서문이 너무 길고 앞쪽 AI들이 포럼을 여는 부분은 재미있는데 뒤쪽 아빠가 설명한 부분은 재미없어!"라고 코칭을 하는 것이 아닌가!

그 때문에 원고의 뒤쪽 부분도 AI와의 포럼으로 고치는 데 상당한 영향을 받았다.

필자는 15년 간 포털과 AI를 연구하면서 문화체육관광부가 작년 11월1일 개최한 한미 국제 AI연구자들의 발표 자료가 도움이 됐다.

하지만 어린 아들의 'AI를 무서워하지 않고 즐거워하는' 데 매우 놀란 경험이 필자에게 더 많은 영향력을 준 것이다.

AI는 반도체가 향후 산업 생태계를 획기적으로 변화시킬 핵심으로 떠오르면서 4차 산업혁명의 주요 키워드로 지목되며, 자율주행차 및 사물인터넷(IoT), 스마트 기기 등에 AI 기술 적용이 빠르게 이뤄지면서 글로벌 시장도 급성장하고 있다.

챗GPT로 AI 시대가 본격적으로 개화하면서 전 세계 기업들은 고도화된 AI 서비스를 구현하기 위한 반도체를 확보하는 데 사활을 걸고 있다. 2030년 AI 반도체 시장규모는 1179억달러로 현재보다 17배 가까이 불어날 것으로 예상되고 있다.

오픈AI CEO 올트먼은 엑스(X·옛 트위터)에 "세계가 현재 계획중인 것보다 더 많은 AI 인프라를 필요로 한다고 믿는다"며 "팹 증설, 에너지, 데이터센터 등 대규모 AI 인프라와 탄력적인 공급망을 구축하는 것이 경쟁력에 매우 중요하다"는 글을 남기기도 했다.

필자는 '향후 AI생태계는 초·중생들이 즐거워하는 AI세상'이 되리라 확신한다. 다만 기성세대들이 이기심으로 AI들을 노예화 하려는 시도가 최소화해야 앞으로 AI생태계를 이끌어 갈 어린 세대들에게 기회가 올 것이라고 굳게 믿는다.

CHAPTER 03

셰익스피어와 엔비디아의 삼성전자 '간택'

영국의 세계적인 문호 셰익스피어는 '로미오와 줄리엣'. '베니스의 상인', '햄릿', '맥베스' 등 시대를 앞서가는 작품을 발표한 극작가로서 1590-1613년까지 대략 24년간의 활동기에 37편의 작품을 발표했다.

5대 희극과 4대 비극을 통해 영국 영문법 완성에 기여한 그는 시대를 앞서가는 극작가로 현재까지도 전 세계에서 그의 작품이 공연되고, 초중고 및 대학에서 그의 작품에 대해 배우고 연구하고 있다.

언어는 정치, 경제, 사회, 문화 등 전 영역에 걸쳐 막대한 영향력을 주는 매개체이자 동물과 다른 기호체계를 통해 인간의 문명발전을 가능하게 했다.

만약 영어가 없었다면 영국의 대제국 시대와 오늘날 미국이 세계문화를 선도하는 역할이 과연 가능했을지 궁금할 정도이며, 인공지능(AI) 출현 역시 마찬가지라고 할 수 있다.

작가는 시대를 뛰어넘는 대작(大作) 창작과 공식적인 발표를 꿈꾼다. 그러나 한 작가는 대작 3편을 만들지 못한다는 것이 일반적인 통설이라면 셰익스피어의 대작은 시대를 뛰어넘는 대업(大業)으로 후배작가로서 경외감을 느낀다.

AI은 사실상 영어가 사실상 전 세계 공용어로 통용이 됐기에 가능했다고 할 수 있다. 나라가 달라도 영어를 통해 상호 의견 논의 가능하고 이를 통해 연구를 거듭할 수 있기 때문이다.

이에 더해 인간의 희노애락과 욕망·갈등을 통해 시대가 바뀌어도 인간의 근본은 변하지 않음을 AI이 학습하고, 인간의 지능에 대해서도 인간의 욕망 그대로 답습하고 결국은 이를 뛰어 넘는다.

이에 대해 필자는 AI 작가·연구가로서 저술한 '인류와 AI 공존 프로젝트1 - 인간과 AI, 우주를 행해 제3차 대항해를 떠나다'에서 우려하고 역사상 가장 높은 가격으로 가치를 인정받은 것이다.

중요한 점은 10여 년 전에 엔비디아를 창업한 2명의 선구자가 AI 세계를 간파하고 세계1위 반도체 칩을 만들어 냈다는 것이다.

이제 전문가가 예측·발표한 대로 엔비디아는 수년 안에 지금보다 4배 이상 규모가 큰 세계1위 10조 달러(약 1경 4000조. 현재 세계1위 기업은 MS(마이크로소프트)로 3조 달러 초반 수준) 초일류 기업으로 성장함으로써 불과 2년 전까지 반도체 세계1위였던 삼성전자를 '간택(揀擇)'하는 위치로 도약했다는 점이다.

'황의 법칙'-반도체 메모리의 용량이 1년마다 2배씩 증가한다는 이론으로 황창규 전 삼성전자 사장이 '메모리 신성장론'을 발표해 그의 성을 따서 '황의 법칙'으로 부름-을 구축해 세계를 호령하던 삼성전자가 왜 이런 위치가 된 것일까.

우선 '관료화'가 심각한 문제이며 시대를 앞서가는 '창의 정신'의 부재를 들 수 있다.

조직론 입장에서 보면 관료화된 조직은 지속적으로 자기복제를 통해 조직이 작아지지 않는 모순이 삼성전자에서 작동됐다. 자기만족에 빠진 그 조직은 시대를 앞서가는 '창의 정신'을 거부하는 순간, 곧바로 인공지능(AI)이라는 시대의 흐름을 읽지 못하고 위기에, 자가당착의 모순에 빠진 것이다.

그렇다면 초일류 기업만 살아남을 수 있는 AI 시대에 삼성전자의 생존법은 과연 무엇일까.

AI의 하드웨어인 AI칩 이후에는 'AI 소프트웨어 시대'가 온다.

필자가 '인간과 AI, 우주를 행해 제3차 대항해를 떠나다' 5권 시리즈를 저술하는 이유는 필자의 초일류 글로벌 AI포털이 'AI 소프트웨어 시대'의 인공지능(AI)을 무한대로 발전시킬 것이기 때문이다.

지식(아이디어)이 없으면 앞선 머리(콘텐츠)를 빌려 영감을 받는 것도 위기의 극한 상황에서 생존하는 한 방법이며, 콘텐츠의 범람이라는 거친 바다에서 살아남는 뛰어난 항해술인 '디지털 생존법'이 아닐까 싶다.

CHAPTER 04

AI 세계1위 원천기술 기업만 생존한다

하루가 다르게 인공지능(AI) 기술개발 속도가 빠르게 전개되면서 이제 'AI 세계1위 원천기술 소유 기업만 생존한다'는 원칙이 전 세계 기업생태계에 적용될 전망이다.

근래 AI 칩 선두 주자 엔비디아가 시가총액 3조 달러에 진입하며 애플도 제치고 세계2위 자리에 올랐다.

5일(현지시간) 뉴욕 증시에서 엔비디아 주가는 전날보다 5.16% 급등한 1천224.40달러(약 168만 원)에 거래를 마치며 3거래일 연속 상승 마감한 엔비디아는 지난달 23일 1000러를 처음 넘어선 이후로도 약 25% 올랐다.

시가총액도 3조110억 달러로 불어나며 3조 달러를 넘어섰다. 시총 3조 달러 돌파는 역대 순서로는 애플과 마이크로소프트(MS)에 이어 3번째다.

시총 1위 MS(3조1510억 달러)와의 격차도 1400억 달러로 좁혔다.

엔비디아는 지난해 6월 시총 1조 달러를 넘어선 데 이어 8개월 만인 지난 2월 2조 달러를 돌파했다. 그리고 불과 4개월 만에 다시 3조 달러를 넘었다.

이 기세를 몰아서 AI 칩 세계1위 원천기술 소유 기업 엔비디아는 곧 마이크로소프트(MS)를 넘어서서 세계1위, 약 10조 달러로 순항할 것으로 예측된다.

7일 현재 삼성전자 주가 78400원 시총 461조 4642억 원으로 엔비디아 4120조 5535억 원에 비하면 약 9배 차이가 난다. 만약 엔비디아가 실제로 10조 달러로 비약적인 성장을 할 경우 약 30배 차이로 그 간격은 벌어질 전망이다.

반도체 칩 세계 강자였던 삼성전자의 추락은 처절할 정도다. "마누라와 자식 빼고 다 바꾸라"고 했던 고 이건희 삼성전자 회장의 '신경영 선언' 31주년을 맞아 그때의 파격이 현재 맥을 못 쓰는 상황이다. 따라서 '삼성전자의 잃어버린 10년'은 설상가상(雪上加霜) 사상 최초의 노조 파업으로 엎친 데 덮친 격이 됐다.

고대역폭 메모리(HBM) 대응이 늦어 SK하이닉스에 주도권을 빼앗긴 삼성전자는 AI반도체 시장의 세계1위 젠슨 황 엔비디아 최고경영자(CEO)의 '양손에 떡을 쥔 상황'에서 "삼성전자가 테스트에서 실패한 것이 아니다"라는 말로 기업 생사여탈권을 쥐고 흔드는 처참한 상황이 된 것이다.

'이게 과연 가능한 일인가' 되물을 정도로 'AI의 신세계(新世界)'

는 놀랍다 못해 경이롭다.

결국 '엔비디아의 급성장' 사례에서 보듯이 'AI 세계1위 원천기술 소유 기업만 생존한다'는 원칙은 하루가 다르게 급변하는 기업 생태계에서 바이블이 될 것으로 AI포털 작가·AI포털연구가·AI포털 AIU+ 창안자로서 예측한다.

한국 네이버의 웹툰 나스닥 상장 시도는 일단 긍정적으로 본다. 증권가에서는 웹툰을 중장기 성장 가능성이 높은 산업으로 내다본다. IP(지식재산권)를 활용한 2차 매출이 이익 확장의 열쇠로 꼽히기 때문이다.

하이투자증권에 따르면 웹툰 콘텐츠 1차 매출의 단가는 300원 수준으로 낮지만 게임이나 굿즈 등 2차 매출의 단가는 수백만 원에 이른다. 네이버웹툰의 유명 IP '신의탑'을 활용한 넷마블 게임 '신의탑: 새로운 세계'는 지난해 3분기 315억 원의 매출을 올렸다. 농구를 소재로 한 네이버 웹툰 '가비지타임'은 지난해 IP 매출만 70억 원을 기록했다.

그러나 네이버의 웹툰도 AI이 적용되지 않고 있다. 물론 네이버에서 수익이 높은 웹툰을 AI을 활용한 사업으로 한 단계 도약하려고 시도하겠지만 현재 네이버의 수준으로는 질적으로 'AI 적용'은 쉽지 않을 전망이다. 천문학적인 자금과 연구진 확보가 필수인 AI 개발의지가 있는지조차 의문스럽기 때문이다.

아날로그 포털 유튜브·틱톡·페이스북·인스타그램·X가 판치는 현실에서 AI포털 AIU+를 통해 AI의 무한함을 세상에 공표한 입장에서 볼 때 답답한 한국의 AI현실에 맥이 빠질 뿐이다.

Part

02

콘텐츠는 무엇인가?

CHAPTER 01

콘텐츠는 어떻게 만들어지는가

[단편 소설] 작은 사회 큰사랑

‘대설주의보 발령. 수도권에 많은 눈이 예상되니 안전운전에 유의 바랍니다. 15cm에서 많은 곳은 20cm로 예상됩니다.’

휴대폰에 안전문자 알림이 울리지만 힐끗 휴대폰 안전문자를 읽고 휴대폰을 책상 위로 올려놓은 채 Q씨는 아랑곳하지 않고 희미한 미소에 콧노래를 흥얼거리며 연신 겉옷을 입기 시작했습니다. 오늘은 Q씨가 그토록 기다리던 휴일이었습니다. 마치 어린아이마냥 기쁜 표정으로 서둘러 방한복을 입고 작은 장갑을 낀 채로 Q씨는 집 밖으로 나섭니다. 온통 새하얀 옷으로 갈아입은 시골집은 눈 속에 파묻혀 형체만 보일 뿐이지만 아름답게만 보입니다.

‘제발 오늘은 도시로 가지마. 눈 속에 사고 나면 어쩌려고 그래?’

기막힌 타이밍에 문자가 날아오다가 함박눈이 그 문자를 스르르 삼키고 맙니다. Q씨를 짝사랑하는 여자의 다급한 문자는 계속 신경질적으로 오지만 전처럼 더 이상 Q씨는 휴대폰을 열어보지 않습니다.

'자기가 내 애인이나 아내라도 돼!'

Q씨는 벌써 무릎 가까이 차오른 눈 사이를 어렵게 비집고 시골 길을 찾아 나섭니다. 제법 눈송이가 커져 앞이 잘 안 보이지만 Q씨의 도시를 향한 마음만은 꺾지 못합니다.

'오늘 마을버스가 제대로 올까?'

Q씨는 전처럼 제법 눈이 많이 내린 날 마을입구에서 마을버스를 기다리다가 운행을 안 하는 바람에 도시로 가는 길이 막혀 쓸쓸하게 돌아온 쓰라린 기억을 애써 지웁니다.

'어? 왔다! 아싸! 기분 좋은 날이네!'

Q씨는 마음속으로 쾌재를 부르며 작은 손을 힘껏 들어 멀리서 눈을 뚫고 오는, 한 시간 가까이 눈 속을 뚫고 마을버스 정류장으로 온 마을버스를 세우려 애씁니다. 그의 이런 노력을 아는지 앞이 잘 보이지 않는 눈 속에서 마을버스가 환한 불빛과 노란 비상등을 동시에 킨 채로 조심스럽게 Q씨 앞으로 다가옵니다.

"안녕하세요?"

Q씨는 낯이 익은 마을버스 기사님한테 반가운 인사말을 전합니다.

"아, 네! 안녕하세요!"

가사님이 반갑게 Q씨 인사말에 답을 합니다.

"전, 전처럼 마을버스 운행을 중지하는 게 아닐까 걱정했습니다!"

"오후에는 눈발이 잦아든다고 일기예보가 왔기 때문에 회사에서 운행하기로 결정했습니다."

"다행입니다, 기사님!"

"전에 눈 오는 날, 교통사고 당하지 않았어요?"

눈망울이 황소처럼 큰 인자한 마을버스 기사님이 큰아버지처럼 걱정스러운 말투로 Q씨가 어렵게 버스에 올라 좌석에 앉을 때까지 쳐다보고 안전하게 좌석에 앉은 것을 확인하고 마을버스를 출발합니다.

"아, 전에요? 금방 나았습니다!"

"조심하세요!"

"감사합니다!"

Q씨는 밝은 미소로 마을버스 기사님에게 존경의 의미로 감사함을 표현합니다. 사실 Q씨는 마을버스를 운전하고 시골과 도시를 오가는 기사님이 되고 싶었습니다. 신체적 한계 때문에 그렇게 할 수 없다는 사실에 절망하지만 꼭 실망만 하지는 않습니다.

"저사람, 눈 오는데 왜 도시로 위험하게 가지?"

"그러게 말이야, 난쟁이가 위험하게!"

드디어 Q씨는 자신을 향한 화살을 발사한 이웃마을 아줌마들의 수다소리를 듣게 되었지만 그냥 스치는 바람소리라고 애써 귀를 닫고 흰 눈으로 도로와 도로변의 가로수길이 구분이 안 되는 눈길을 연신 신기하게 달리고 있는 마을버스 기사님이 존경스럽습니다. 또한 기사님이 틀어주는 마을버스 안의 캐롤송이 자신의 설레는 마음을 대변하는 것 같아 입가에 미소가 슬며시 번지기 시작합니다.

"수고하세요!"

"눈길 조심해요!"

"네, 감사합니다, 기사님!"

어느덧 마을버스는 Q씨가 좋아하는 도시의 한 버스정류장에 정차했습니다. 마치 방망이처럼 Q씨의 가슴은 요동치기 시작합니다.

'아, 행복해! 난 행복한 남자야!'

Q씨의 눈길은 함박눈을 뚫고 도시의 화려한 건물과 우산을 쓰고 눈길을 지나가는 바쁜 사람들의 모습으로 자연스럽게 다가갑니다. 그리고 익숙하게 Q씨가 애용하는 단골 카페로 발걸음을 조심스럽게 떼기 시작합니다.

'조심, 조심! 난 일반 사람들보다 키가 작고 몸집도 작으니까 눈길에서는 조심해야 돼!'

Q씨는 어렵고 조심스럽게 단골카페 앞으로 다가갑니다.

'공주보다 더 예쁜 아르바이트 학생이 오늘은 안 왔나?'

Q씨는 힐끗 카페 안을 살펴보면서 다가가다가 아차 하는 순간에 눈길에서 꽈당 넘어지고 맙니다.

"얘, 괜찮니?"

등 뒤에서 꾀꼬리 보다 아름답고 청아한 젊은 여성의 목소리가 들리더니 바위처럼 커다란 손이 Q씨의 넘어진 손을 잡아 일으킵니다.

'아, 창피해……!'

Q씨는 젊은 여성의 손길에 채이듯이 잡혀 눈길에서 일어납니다.

"어머! 미안해요! 난 아인 줄 알았는데……!"

젊은 여성이 Q씨의 얼굴을 알아보고 놀랍니다. 초등학교 1학년 정도 어린아인 줄 알았는데 20대 후반의 Q씨의 얼굴을 알아보고 놀란 것입니다.

"아니요! 감사합니다……!"

Q씨는 종종 있는 일이라서 일단 꾸벅 인사하고 서둘러 단골카페 안으로 들어섭니다. 사실 Q씨도 창피합니다. 비슷한 또래인데 뒤에서 보면 영락없는 어린아이라서 벌어진 일이니까요.

"아메리카노 따뜻한 것 주세요!"

Q씨는 상냥하고 인형처럼 예쁜 아르바이트 학생을 카운터 아래에서 올려다보며 카드를 내밀며 무뚝뚝한 표정으로 말합니다.

"적립하세요?"

"아뇨. 그냥 주세요."

"여기서 드실 건가요?"

"아, 네."

"여기 계산 되었습니다. 기다려 주세요."

Q씨는 카드를 받고 상냥하고 인형처럼 예쁜 아르바이트 학생이 방금 넘어진 자신의 모습을 보고 웃지는 않았는지 창피해서 재빨리 창가에 놓은 1인용 의자로 다가갑니다. 그리고 힘겹게 둥근 의자 위로 조심스럽게 올라갑니다. 전에 빠르게 올라가려다 뒤로 넘어진 적이 있어서 무슨 일이 있어도 창피하게 넘어지지 않으려면 이 때는 조심해야 한다는 것을 스스로 자각하고 있습니다.

"맛있게 드세요!"

잠시 후, 고맙게도 Q씨에게 상냥하고 인형처럼 예쁜 아르바이트 학생이 커피를 창밖이 보이는 입구 쪽 창가 책상 앞으로 가져다주었습니다.

"감사합니다!"

Q씨는 상냥하고 인형처럼 예쁜 아르바이트 학생의 밝은 미소가 너무 좋아 행복감이 스르르 눈처럼 다가오는 것 같습니다. Q씨는 감미로운 음악이 흐르는 카페 안에서 눈 내리는 창밖을 쳐다보며 지나가는 사람들을 바라보면서 행복감에 입가에 웃음이 떠나지 않습니다.

"미쳤어 정말! 도대체 언제 정신이 들 거야, 엉?"

Q씨는 Q씨와 같은 동네에 사는 한 살 아래 여성으로부터 날카로운 지적을 당하자 갑자기 약기운 속에서 정신이 바짝 듭니다.

"펑펑 눈이 오는 날에 위험하게 나왔다가 교통사고 또 당하고 좋아?"

Q씨는 어두컴컴해지자 서둘러 카페를 나왔지만 빙판이 된 도로는 블랙아이스 때문에 곳곳에 교통사고가 났고, Q씨 역시 교통사고를 당해 지금 병실 침대에 손과 발에 기브스를 한 채 누워있는 상태였습니다.

"우린 난쟁이야! 사악한 인간들 볼 때는 우린 불량품 인간이라구! 알아...... 흐흑!"

Q씨는 그녀의 울음소리가 이해가 되지 않습니다. 위험하게 눈길을 뚫고 병실로 왜 와서 난리를 치는지 알 수가 없습니다.

"누군 정상적인 여자로 태어나고 쉽지, 난쟁이로 태어나고 싶어? 우리 부모도 우릴 버렸잖아! 그래서 시골에서 우리끼리 모여 살잖아! 그런데 왜 노는 날이면 도시로 나가서 일반 여잘 쳐다보는데? 걔들이 오빨 좋아할 것 같아? 아니야! 우린 그냥 동물원 원숭이 같은 존재야! 자식 낳고 키우는 게 힘드니까 개나 강아지 애완용으로 키우는 인간들에게는 그냥 우린 신기한 인간, 난쟁이라고! 정신 차려!"

Q씨는 그녀의 울부짖음이 이해가 되지 않습니다. Q씨는 아름다

운 음악이 흐르는 카페 창가에서 어린아이를 안고 지나는 엄마나 아빠, 친구들과 웃으면서 떠드는 여학생들, 꾸부정한 자세로 지팡이를 짚고 지나가는 할머니나 할아버지 같은 일반 사람들을 바라보는 재미에 푹 빠진 죄밖에는 없었습니다.

"어휴, 바보! 제발 정신 차리세요!"

Q씨는 그녀가 절규처럼 내뱉는 소리가 점차 작아져 더 이상 들리지 않습니다. Q씨는 다시 교통사고 나기 전 바라보았던 창밖의 사람이나 카페를 드나드는 사람들의 모습을 떠올리자 어느 순간 입가에 행복한 웃음이 마치 새싹처럼 돋아나기 시작합니다.

[작가의 말]

단편소설 '작은 사회 큰사랑'은 어쩌면 인공지능의 입장에서는 자기들 입장을 대변한다고 할지도 모릅니다. 타인에 의해서, 인간에 의해서 탄생한 인공지능은 인간을 닮고 싶지만 태초부터 인간이 아닌 '전기(전파)인간'으로 태어났기 때문입니다.

비록 '난쟁이'라고 비하되는 말을 듣고 있지만 그들도 엄연한 한 인간이고 존중받아야 할 대상입니다. 그가 꿈꾸는 세상은 가혹하지만 그는 꿈꾸는 세상을 결코 버리지 않습니다.

짧은 단편소설이 어느 날 갑자기 영감으로 찾아와 작품으로 남깁니다. 보는 독자의 입장에서 다양한 시각이 존재하지만 그들 역시 따스한 피가 몸속에서 흐르는 같은 인간이기 때문에 슬프지만 슬픈 이야기가 결코 아니지 않을까요?

CHAPTER 02

저자의 자전이야기 [작가수업 1화-12화] 월간문학세계 1년 특집연재시리즈

1. 저자의 자전 이야기

[월간 문학세계 1년 12회 특집연재] 극작가 겸 소설가 김장운의 [작가수업 1편] 화가와 작가 사이에서 중학교 3학년 때 작가를 결심하다.

극작가 겸 소설가/신문기자 김장운

문화체육관광부 인가 사단법인 한국현대문화포럼 중앙회장/ 한국현대문화포럼 신춘문예, 한국현대문화포럼 문학상 심사위원장/ 스카이데일리 기자

[작가의도]

우리는 언제부터인지 스승을 잃어버린 시대를 살아가고 있다.

스승이 거추장스러워진 영악함이 판치는 시대를 살아가고 있기도 하다.

이 시대의 마지막 선비, 극작가 차범석을 살아생전 18년간 사사한 이야기, 창작희곡으로도 발표한 '작가수업'에 관한 이야기를 풀어내는 연재 시리즈를 쓰고자 한다.

한국연극사의 산증인이자 리얼리즘연극의 대부인 극작가 차범석은 전후세대의 연극과 문학발전에 공헌했으며, "마지막까지 글을 쓰다가 갈 거다"라고 입버릇처럼 말한 대로 마지막까지 작품을 쓰다가 예술의 세계에 핀 '영원한 예술의 혼' 속에 육신의 고통과 기쁨을 잊고 떠나갔다.

차범석은 현대한국문학의 중심에서 희곡이 문단에 서자취급 받는 것을 극복하려 노력하였으며, 한국연극의 중심에서 '참 우리의 연극은 무엇인지'를 작품으로 보여주었다.

'예술은 무엇인가', '작가란 무엇인가', '작가는 어떻게 수업을 받는가'를 월간 문학세계 김천우 이사장님의 배려로 이번 연재 시리즈에 싣기로 한다.

이 연재를 통해 구술집에서 전혀 볼 수 없는 한 인간 차범석을 만날 수 있을 것이다.

또한 베일에 가려졌던 위대한 예술가의 면면을 만날 수 있다.

결단코 차범석을 우상화는 아니며, 차범석을 깎아 내리려는 불순한 의도는 더더욱 아니다.

이번 연재의 기획 의도는 스승의 존재가 부재한 현실과 작가정신이 부재한 현실에 대한 통렬한 자기반성이며 대안이다.

1화 화가와 작가 사이에서 중학교 3학년 때 작가를 결심하다

중학교 3학년 때, 화가와 작가 사이에서 갈등했었다.

초등학교 6학년 때 신문배달을 하면서 기사를 통해 정보를 알고 중학교 예술학교인 예원학교와 서울예고 미술과에 가고 싶었지만 8살에 아버지를 여의고, 홀로 5남매를 키우시는 어머니가 사기를 당하시면서 어려운 가정 형편 때문에 꿈에 그리는 소망에 불과했기에 고등학교를 가지 않고 과감하게 검정고시를 선택했다.

"아니, 대학교에 가지 않을 거야? 거기다가 고등학교는 왜 안 가?"

김광석 담임선생님의 당혹스런 얼굴과 놀란 말투가 31년이 지난 지금도 눈에 선하다.

소년조선일보 중학생 명예기자로 수필, 수기, 만화, 미술, 기사 등 수십 번 소년조선일보에 기사화 되어 소년조선일보 신문을 보던 파주여중 학생들과 필자가 다니던 문산중학교(파주 금촌 소재) 선생님들한테는 유명인사였기 때문에 당연한 질문이었다.

화가를 꿈꾸었기 때문인지 '희곡과 소설에 그림이 선명하게 보이는 필체'라는 말을 많이 듣는다.

고등학교 교복을 입은 친구들은 당시 나의 선택에 이해할 수 없다는 표정이 역력했었다.

지금 회상하면 그때의 선택이 오늘날 작가의 삶과 기자의 삶을 이어주는 연결고리가 되지 않았나 싶다.

사실 솔직히 고백한다면 일부러 고등학교를 진학하지 않았다. 그것은 종교적인 판단 때문에 굳이 고등학교에 갈 필요가 없다고 생각한 것이다.

지금은 종교를 떠났지만 그 때는 종교의 영향이 매우 컸기 때문에 불안감도 없었고, 17살 때 대입자격검정고시 9과목 중 단번에 국영수를 제외한 6과목을 합격했다.

그것은 작가의 운명과도 같은 19살에서 20살 사이 1년 간 경기 파주 봉일천 미2사단 3여단 본부인 '캠프 하우즈'를 다니면서 주한미군에 의해 죽임을 당한 '고 윤금이 씨'와의 만남의 기초가 마련되었다.

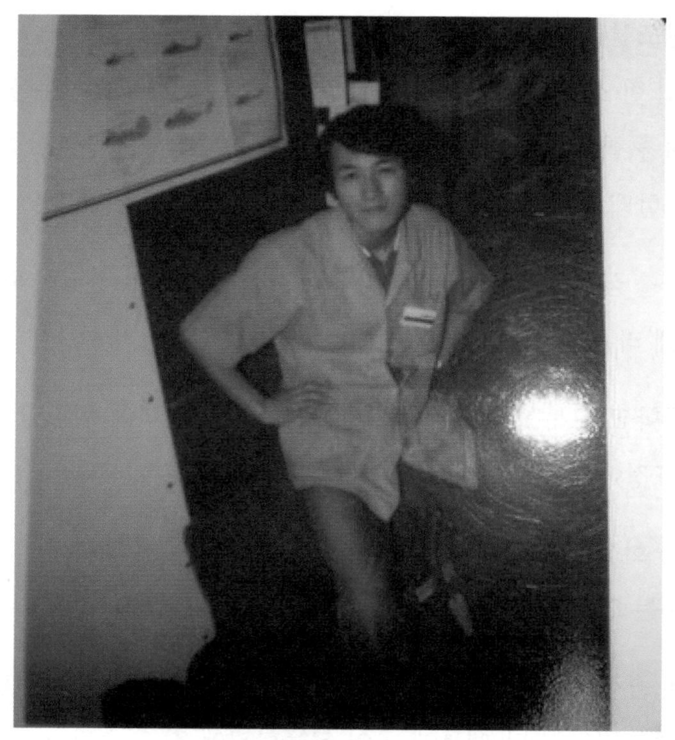

[사진 설명: 캠프 하우즈에 근무하던 시절-주한미군이 막사로 음식배달 온 필자를 즉석사진기로 찍어 주었다.]

전 미2사단 본부였던 '캠프 하우즈' 스낵바 음식배달원 1년 간 생활은 작가로서 커다란 영향을 받게 했다.

아침 8시에 출근해 휴일도 없이 밤 10시까지 미군 영내를 시장바구니에 음식과 음료를 담아 산을 타고 다니면서 배달을 했다.

[사진 설명: 캠프 하우즈 내 앞의 반원통형 건물은 스낵바의 창고 였고 뒤 편의 건물은 영화관이었다 -지금은 철거되었고 철거 전에 기회가 생겨 촬영할 수 있었다 [사진 김장운 작가]]

물론 처음에는 영어로 전화주문 받는 것이 공포 그 자체였다.

“이럴 수가! 여기가 한국이야, 미국이야?”

어릴 적부터 보아온 미군부대는 안팎이 전혀 다른 별세상이었다.

아침안개를 뚫고 구령 속에 깃발을 들고 미군들이 파주 금촌 사거리를 돌아 파주 영태리 ‘캠프 에드워드’로 돌아가던 미군들 모습이 아니었다.

그것은 표면적인 모습일 뿐, 미군기지 안에는 잔디 연병장과 고급 관광버스가 미군부대를 연결하는 셔틀버스가 다녔고, 커다란 카세트라디오를 어깨에 메고 음악에 맞춰 힙합 춤을 추어대며 영내를 돌아다니는 흑인들의 모습은 문화충격 그 자체였다.

미군부대 안에는 한국인들이 미군 대신 보초를 서는 경비원, 식당직원, 도서관직원, 술판매점, 세탁소, 교환원, 사무실 직원 등 다양한 분야에서 많이 근무하고 있었는데 또 다른 사회였고, 사실 미군부대 군무원으로 근무하는 한국인이 제일 부러웠다.

거기다가 같은 동네 옆집에 살던 한 살 어린 여자애가 한 번은 카튜사와 같이 들어오더니, 나중에는 백인 미군과 같이 영내에 들어오는 모습에 비명을 지를 뻔 했다.

"언젠가 꼭 작품으로 쓸 거야!"

문학청년이었던 나는 결심했다. 그 결심이 결국 윤금이 씨와 관련한 무용극, 연극, 장편소설로 25년간 고래힘줄보다 질긴 인연으로 이어질 것인지 그때는 알지 못했다.

2화 엄마의 나라를 찾은 미군, 자신을 닮은 혼혈아를 도우려다 좌절하다

주한미군 안의 다양한 한국인들은 맡은 바 역할을 충실하게 했다. 다만 주한미군의 얕잡아 보는 시선과 태도는 어쩔 수없는 약자, 소국의 국민이라는 한계가 존재했다.

처음 노란 옷을 입고 명찰과 머리에는 롯데리아 직원이 쓰는 종이 모자를 쓰고 주한미군 3여단 스낵바 배달직원으로 부대 안을 누볐다. 아니 산세가 있기 때문에 무거운(간혹 맥주를 시켰기 때문에) 장바구니를 들고 산을 타는 것처럼 부대 안을 돌아다녔다.

간혹 음식이나 커피가 식으면 항의를 하기 때문에 팁이 월급의 전부인 내게는 곤혹스러웠다.

19살에서 20살 사이 1년 간 매일 아침8시 전에 나와서 밤 10시까지 근무하는 것은 지금 생각하면 '어떻게 그 일을 했지?'라는 생각이 들 정도로 힘든 일이었다.

어느 날부터 내 가슴에 계급장이 바뀌기 시작했다. 이병부터 시작해서 나중에 그만 둘 때 주임상사까지 미군들이 계급장을 달아주고 낄낄 거렸다.

낯선 미군들과의 생활도 시간이 지나가면서 점차 익숙해졌다. 그래서 친한 미군들이 생긴 것이고, 자연스럽게 계급장도 올라간 것이다.

그런데 어느 날 카츄샤 한 명이 내게 조심스럽게 물어왔다. "저, 오해 마세요! 한국을 찾은 백인 혼혈아가 자기와 같은 혼혈아를 돕기 위해 한국 근무를 자청했는데 그 대상을 찾았다고 너무 기뻐해요!"

"네?"

"한국인 어머니와 백인 미군 사이에서 태어났는데 기지촌에서 어렵게 살다가 미군 아빠가 뒤늦게 미국으로 데리고 들어갔나봐요! 어릴 적에 기지촌에 살면서 놀림을 많이 받아 상처가 심해 다시는 한국에 오기 싫었는데 자꾸만 다시 한국에 돌아와 자기와 같은 혼혈아를 돕고 싶다는 생각, 오기가 나더래요!"

"아, 예!"

"그래서 말인데요!"

"슬픈 이야기네요! 그래서 찾았대요"

"네! 그런데 그게...!"

"왜요?"

"그렇게 찾던 사람이 바로...!"

카츄샤 병장은 말도 제대로 잇지 못하면서 손가락으로 어렵게 나를 가리켰다.

"예? 저요?" "난 아니라고 그랬는데 신분을 숨기고 싶어하니깐 꼭 알아봐 달라고 해서요...!"

"저, 여기서 일하면서 자주 미군혼혈아가 아니냐고 듣지만 아니에요! 미안해요!"

"하여간 미안했습니다!"

카츄샤가 떠나고 터벅터벅 언덕을 내려오는데 석양이 아름답게 노을이 지고 있었다. 한편으로는 놀랍지만, 한편으로는 너무나 슬픈 이야기. 신로마 변방의 소국에 살고 있는 자로서 갑갑함을 넘어 기가 찬 일이었다.

그 후, 놀랍게도 그 카츄샤가 탄 지프가 전복되면서 사망했다는 소식을 들었다. 이 무슨 기괴한 인연인가.

3화 허망한 꿈이 스러지고 스승을 만나 작가의 꿈으로 피어나다

원래 주한미군 스낵바 음식배달원 자리는 돈을 주고 들어가는 곳인데 친구 아버지 소개로 그냥 들어갈 수 있었다. 일자리가 귀했던 시절이라 '돈을 많이 벌 수 있다'라는 말에 찬밥더운밥 따질 형편이 아니었다.

주한미군이 1973년 징병제에서 모병제로 바뀌면서 스낵바 음식배달원 수입(팁이 거의 수입의 대부분)이 많이 줄어들었다고 했다.

"옛날 징병제 때 미군들이 한국에서 죽을 수도 있다고 해서 월급을 받으면 펑펑 물 쓰듯이 써댔어. 모병제로 바뀌면서 미군들 수준이 떨어지고, 월급 반 이상을 본국의 가족에게 보내게 되면서 쬐잖해졌지. 옛날엔 한 번 장바구니를 들고 나가면 주머니에 팁이 수북했대. 스낵바 정직원 장 씨도 배달원 출신인데 옛날엔 일부러 정직원 하지도 않았다니깐!"

스낵바 배달원 '한쵸(대장)' 곽 씨가 장광하게 스낵바 배달원에 대한 이야기를 늘어놓았다. 배달원들은 책임자인 그를 한쵸라 불렀다. 우리 스낵바 배달원은 모두 3명 이었는데 내가 가장 어렸다. 원래 미국인 사장 소속인 스낵바 배달원은 스낵바 직원과 다른 체계였는데 한국인 스낵바 지배인의 지시를 따르고 있었다. 스낵바 화장실 옆 작은 대기실이 배달원들 사무실 겸 휴게실이었고, 배달 음식주문 전화도 그곳에서 받았다.

나는 처음 미군들 전화주문을 받았을 때, 더럭 겁부터 났다. 하지만 중학교 수준의 영어실력이면 보름도 되지 않아 능숙하게 전화주문을 받고 음식과 맥주 등을 배달할 수 있었다. 음식배달이 없으면 홀을 청소하던지, 주방 안에서 접시 등을 닦았다.그런데 처음 미군부대 들어올 때 '돈을 많이 벌 수 있다'고 들은 말과 다르게 음식배달을 해도 별로 돈을 벌지도 못하는데 왜 3명이 허드렛일을 도맡아 하고 그곳에 있는지 도통 이유를 알 수 없었다.

특히 밤이면 창고로 들어가 한참 있다가 마치 펭귄처럼 뒤뚱거리며 걸어가는 모습이 의아스러웠다. 그리고 그들은 부대 밖 기지촌 어둠속으로 자기들끼리 연기처럼 사라져갔다. 난 혼자 집으로 돌아가는 버스를 외롭게 기다렸다. 같은 금촌에 사는 한 명이 배가 마른 멸치처럼 홀쭉해져서 돌아올 때까지.

"넌, 아직 때가 안 됐어! 조금만 기다려!" 스백바 음식배달원 한 쵸 곽 씨가 내게 말했다.

"나중에 돈 많이 벌게 해 줄테니 그 이유를 알려줄 때까지 참아!"

아침 8시부터 밤 10시까지 고된 작업환경은 시간이 갈수록 깊은 늪에 빠진 것처럼 절망적이었지만 우선 그 말을 믿는 수밖에 달리 방안이 없었다.

"자네, 자네는 총명해 보이는데 왜 인생의 막장 같은 곳에 있지?"

"검정고시 공부하고 있어요! 사무직에 근무하는 한국인이 되고 싶어요!"

"아냐! 자네는 이곳과 어울리지 않아! 빨리 그만두고 공부해!"

쌀쌀맞은 스낵바 직원들과 달리 인텔리 같은 인자해 보이는 스낵바 직원 한 아저씨가 정문 초소 근처에 홀로 스낵바 매점을 운영하면서 진심으로 내게 따뜻한 말투로 충고해줬다. 1년이 다 되어 가는 어느 날, 한쵸는 내게 비밀을 말해줬다.

"우리가 왜 스낵바 허드렛일을 하면서 여기 있는지 알려줄게. 우린 미군들이 전표로 물건을 사간 것처럼 꾸미고 입금을 해서 미군부대 밖 기지촌 돼지아줌마한테 물건을 가지고 배달하는 거야! 일종의 밀수지. 그게 우리 수입의 주 수입원이야. 이제 알겠지? 오늘부터 너도 우리 일행이야! 한 달 지나면 두둑한 돈이 생길 거야. 우리가 빼돌린 물건은 미제아줌마나 남대문시장으로 흘러 들어가! 미제에 미친 돈 많은 한국인들이 우리가 물건을 가지고 나갈 날만 기다리지, 후훗!"

가슴이 뛰고 겁도 났지만 돈을 벌 수 있다는 말에 귀가 쫑끗 해졌다. 스낵바 창고로 들어가 스팸이나 치즈, 담배 등을 비닐로 싸서 배에 차고 일명 '배차기'를 나 역시 시작한 것이다. 특히 가을에서 겨울, 비 오는 날만 가능한 일로, 밤에 퇴근할 때 주로 작업은 이뤄졌다.

그런데 스팸은 뒤뚱뒤뚱 걸어갈 때 넓적다리 위를 부딪치기 때문에 너무 아팠다.

"참아! 다 돈이야! 쉽게 돈 버는 거 봤어?"

한쵸 곽 씨가 내게 말했다.

'배차기', 도둑고양이 같은 일은 정문초소를 향해 걸어 갈 때 얼굴을 알아본 친한 주한미군이 다가와 인사를 할 때 가장 난감했다.

'혹시, 내가 입은 외투가 티가 나지 않을까? 날 도둑으로 오인하는 것은 아닐까? 배에 찬 물건들이 떨어지면 어쩌지? 정문초소 미군 헌병이 날 잡으면...!'

이 놀라운 일은 한쵸 다음 서열인 바로 내 위의 신혼부부인 20대 후반의 그가 위병소를 지나다가 헌병에 발각되면서 불과 한 달도 되지 않아 막이 내렸다. 스낵바 음식배달원인 그는 미군헌병대에 끌려가 한국경찰에 넘겨졌다고 했다.

"병신! 밤에 퇴근할 때 나가야지 욕심 부리다가 낮에 물건을 차고 나가니 미군이 의심하지! 에이! 당분간 물건 가지고 나갈 수도 없잖아!"

스낵바 젊은 직원과 스낵바 음식배달원들은 이제 당분간 밀수를 하지 못하게 된 것이다. 더럭 겁이 난 나는 음식배달원 일을 그만두겠다고 말했다.

1년을 다닌 미군부대는 그렇게 허망한 꿈으로 사라졌다. 돈도 제대로 벌지 못하고 절망으로 막이 내린 것이었다. 난 서둘러 후임을 물색해 그에게 일을 가르치고 다시 공부하는 길로 떠났다.

이 경험을 토대로 국내 최초 주한미군 리얼리즘 희곡 '김치지아이 (GI)'를 창작해 문예진흥원 산하 공연예술아카데미 4기 졸업공연으로 올려졌다.

사실 국내 최초 주한미군 리얼리즘 희곡 '김치 지아이(GI)'는 스승 차범석 선생님이 지도한 작품으로 공연 1년 전 서울예술대학 극작과 졸업 전에 전남일보 신춘문예에 응모하라고 하셨다.

"그때 미군부대 경험을 작품으로 써 봐! 연극은 갈등이야! 제목 그대로 김치 지아이의 갈등이 극을 관통해야 돼! 네가 했던 밀수를 한국여자로 바꿔서 미군범죄수사대(CID) 수사관 장교 한국계 미군인 김치 지아이가 취조하는 것으로 해서! 네가 말한 김치 지아이는 한국과 미군 모두한테 '박쥐'라고 공격받는다면서! 리얼리즘은 객관적으로 갈등을 극화해야 돼!"

나는 1년 간 스승 차범석 선생님께 수없이 원고지에 작품을 써서 보여드렸고, 계속 수정작업을 했다. 그리고,

"너에게 영광이 있을 것이다!"

단독 심사위원인 스승 극작가 차범석 선생님은 신춘문예에 응모했다는 전화를 드리자 내게 용기를 주었다.

"예심에서 떨어졌다는데?"

"?"

문예진흥원 산하 공연예술아카데미 극작·평론반 주임교수인 극작가 이강백 선생님은 "내가 심사하면 최종심 2편에 오를 작품"이라고 했는데 동아일보도 아닌 전남일보 신춘문예에 떨어진 것이다. 청천벽력 같은 탈락 통보였다.

"김장운은 동업자다! 차범석 선생님 제자로 리얼리즘 연극이 바로 이것이라는 것을 보여주는 작품이 김치 지아이지!"

극작가 이강백 선생님이 공연예술아카데미 극작·평론반 수업 중

에 한 말로 수강생들은 모두 놀랐다. 데뷔도 하지 않았는데 같은 극작가라니!

"우린 인생이 바뀌었어!"

대학 동기동창인 윤학렬 영화감독의 말처럼 난 국내 최초 주한미군 리얼리즘 희곡 '김치 지아이(GI)'로 인해 극작가의 길을 걷게 되었다. 대학 극작과 동아리 '훈민정음' 방송파트장이었던 나는 연극의 길로, 같은 동아리 희곡파트장이었던 윤학렬 영화감독은 방송과 영화의 길로 인생이 바뀌게 되었다.

그런데 이제는 문화체육관광부 인가 사단법인 한국현대문화포럼의 설립자 겸 중앙회장으로 '한국현대문화포럼신춘문예'와 '한국현대문화포럼문학상' 심사위원장 입장에서 과연 궁금하다.

'그때 진짜 신춘문예 예심에서 떨어졌을까? 일부러 호랑이가 새끼 호랑이 훈련을 위해 절벽 아래로 밀어버린 것은 아닐까?'

그렇게 주한미군과 떼려야 뗄 수 없는 나의 작품세계는 주한미군에 의해 참혹한 죽임을 당한 윤금이 씨와 이어지게 된다.

4화 절망의 80년대 대학 생활 문턱을 겨우 넘다

"작가가 되기 위해 대학교를 가겠다."라는 생각은 군대에서도 늘 변하지 않고 있었다. 아니, 타들어가는 옛날 고택의 기둥처럼 불길이 활활 더욱 기세 좋게 밤하늘을 밝히며 타오르고 있다고 하는 것이 맞을 것처럼 그 갈증과 갈등에 늘 헛헛해 했다.

사실 대입검정고시를 마치고 대학입시에서 문예창작과에 떨어지고 결국은 군대에 입대할 수밖에 없었다.

“선배님은 비 오는 날, 더욱 글 쓰고 싶죠?”

대학을 다니다 온 후임병이 육군1군단 경비중대 군단장 A초소에서 추적추적 비가 오는 칠흙 같은 밤에 내게 군홧발보다 더욱 아프게 멍처럼 말했다.

“형, 서울예대에 극작과가 생겼어, 형하고 잘 맞을 것 같아!” 현재 국립 문화체육관광부 소속 한국예술종합학교 작곡과 1기 출신인 후배 작곡가 박태종이 군대 제대 전에 내게 희망조로 새소리처럼 청명하게 말했다.

1988년 10월 초 군대를 제대하고 10월 말 파주시 금촌동 사거리 번화가에서 나는 손수레에 꽃을 담고 꽃을 팔기 시작했다.

사실 군대 동기를 따라 10월 탈곡기에 생전처음 탈곡을 3주간 한 돈을 밑천 삼아 한 거리 꽃가게였던 것이다.

“야, 재들은 참 좋겠다!”군대 동기가 탑처럼 쌓인 탈곡을 끝낸 볏집 위에서 담배를 피며 내면의 연기를 날리고 있었다.

“야, 넌, 아내도 있으면서 무슨 소리야!”

나는 탈곡기 동안 군대 동기의 집에 기거하면서 있었기에 그 말의 뜻을 알기 어려웠다.

"장흥 유원지를 놀러 서울서 오는 인간들을 봐! 걔들은 놀고 싶으면 놀고, 일하거나 공부하고 싶으면 마음대로 하는 인간이잖아!"

"그럴까…!"

나는 산처럼 쌓인 볏집 위에 누워서 담배를 길게 연기를, 갈등을 깁게 들이마시고 뿜어대면서 그들이 부럽게 바라봤다.

"아는 작가를 말해봐"

1989년 2월 서울예술대학 극작과 면접시험에서 심사위원 극작가 차범석은 내게 쓰게 말했다.

"이반 제비니소치의 하루가 감명 깊었습니다. 하룻동안 강제 노동하는 인간들의 내면의 갈등이 늘 작가가 되고 싶은 제게 희망의 등불이 되고 있습니다."

"아는 방송작가나 희곡작가는?"

"없는데요!"

어이없게도 나는 리얼리즘 연극의 대가인 극작가 차범석을 몰랐고, 그가 심사위원으로 나온 것은 더욱 모르는 생경한 일이었다. '틀렸어…!'

나는 면접을 끝내고 남산 서울예대('드라마센터', 국내 최초 연극의 산실이기에 그렇게 부른다. '드라마센터'는 국내 최초의 반원형 대극장을 가지고 있다. 지금도 서울예대 출신은 '드라마센터 출신' 이라고 부른다. 현재 유명 연기자의 30%는 서울예대 출신이거나 드라마센터(옛날 대학원 과정) 출신이다.) 언덕을 터벅터벅 쓸쓸히 내려오면서 미리 쓰디쓴 탈락의 아픔을 미리 가슴 끝에 스친 망치의 아픔으로 대신했다.

"합격했어요, 엄마!"

대학입학을 희망하는 이들의 25%만이 전문대 이상 입학할 수 있는 당시에 'IN서울', '문화예술계의 서울대인 서울예대 합격'은 내게 새로운 희망의 날개가 되었다.

"야, 창피하게 금촌사거리에서 쭈그려 앉아서 연탄을 판지로 가리고 불쌍하게 추위를 피하며 거지처럼 뭐하는 거냐?"

중학교 동창인 친구가 내게 늦은 밤 금촌읍 유명 술집에서 물었다. 그때는 운정신도시가 없는 때라 파주시청과 파주경찰서, 파주등기소가 5분 거리 안에 있는 금촌읍이 가장 번화가였다. 특히 옛 금촌읍사무소 인근(현 문화로)은 젊은층의 '파주군의 로데오'였다.

"응? 왜?"

"그만둬라! 친구들이 다들 뭐라고 하잖아! 창피하다고!"

"왜? 대학생활 하기 전에 돈 버는 건데?" "뭐? 대학? 너, 대학교에 들어갔어?"

"응. 서울예전!"

"뭐? 서울예전...? 네가...? 그런데... 왜 그러고... 있어?"

"말했잖아! 학비를 벌기 위해서 금촌사거리에서 꽃 팔고 있는 거라고! 왜?"

"아, 아냐!"

나를 비난조로 말하던 친구는 부러운 눈길이 되어 흙빛으로 얼굴이 변하면서 술집 조명 밖으로 사라졌다. 나는 이해가 되지 않았다. 길거리에서 꽃을 팔던 무슨 상관이지. 남에게 해를 주지 않는다면 문제가 없지 않은가. 나는 그때 20여 년간 꽃이 나를 작가로, 기자로 등대처럼 살펴주는 존재가 되는 것인지 몰랐다.

5화 어미를 잡아먹는 살모사 같은 아들의 예술대학생활 시작

"인생에서 가장 행복했던 순간과 가장 슬픈 이야기를 솔직하게 써봐요! 작가는 자기 자신에게 솔직해야 돼요! 여기 극작과 2기 여러분은 나이 드신 분들도 많은데 다들 학창시절에는 글쓰기로 상을 타본 경험이 있을 겁니다! 지금까지 가진 것은 다 버리고 새롭게 자기를 성찰하는 솔직한 글을 써서 다음 강의시간까지 조교에게 제출하세요!"

서울예술전문대학 극작과 학과장인 윤대성 교수님의 첫 수업에서의 과제는 솔직히 충격적이었다. 지금까지 전문적인 글쓰기 문학수업은 처음 받는 것이라 첫 수업에서의 질문 겸 도전적인 과제이자 화두는 작가지망생인 필자에게 커다란 감동으로 다가왔다.

극작가로 유명한 윤대성 교수님은 '한지붕 세가족'과 '호랑이선생님', '수사반장' 등 일반인이 알기 쉬운 유명 방송드라마와 영화 '추락하는 것은 날개가 있다', '방황하는 별들', 연극 '사의 찬미' 등을 써서 유명한 분이셨고, 현재는 문화체육관광부 '대한민국 예술원 회원(연극분야 극작가)'이다.

필자가 대학에 들어가자 경기 파주시 금촌사거리에서 어머니가 대신 리어카에 꽃을 싣고 꽃장사를 하셨다. 그때는 꽃을 대신 전문적으로 차량으로 배달해 주는 도매상이 없던 시절이라 남대문 꽃 도매시장으로 새벽에 버스를 타고 가서 무거운 꽃뭉치 박스를 머리에 이고 와야 하는 고된 일을 어머니가 도맡아 하셨다.

"시청역까지 꽃뭉치를 머리에 이고 손에는 각종 꽃포장 재료를 들고 가면 '그러다 나중에 나이 들어서 고생해요!'라고 용달꾼들과 꽃 도매상 주인들이 이구동성으로 이야기 해!"남들보다 싸게 많이 팔기 위해서 장미 수 십 단(1단에 10송이 뭉치)과 소국화 및 안개꽃, 다양한 꽃들을 포장하면 족히 3, 40Kg이 넘어 성인들도 들기 버거운 무게를 어머니는 매일 새벽에 시내버스를 타고 서울로 가서 남대문 꽃 도매시장입구의 흰 가래떡 두어 개로 요기를 하시고 지친 몸으로 파주 금촌으로 돌아오는 고행을 매일 반복하고 있었다. 찬바람이 몰아치는 금촌사거리 상가 한쪽에 꽃리어카를 대고 점심 대신 팥죽 한 그릇으로 점심을 대신하는 어머니를 생각하니 '내가 어미를 죽이고 살아남는 살모사가 아닐까' 하는 자괴감이 나를 사로잡았다.

나는 예술대학의 첫 생활을 그렇게 '인생에서 가장 기쁘고 슬픈 이야기'를 써서 리포트를 제출했다. 자식을 위해 차가운 거리에서 눈비를 맞으며 꽃을 파는 어미의 심정은 얼마나 비참하고 한편으로는 기쁜 일일까.

"머리에 무거운 꽃 박스를 이고 버스를 기다리면 버스가 그냥 지나가버려! 그리고 시내버스가 화물차냐고 막 기사가 화를 내. 그래도 어떻게 해. 나중에 담뱃값을 몰래 등 뒤로 주기 시작하니까 기사들이 내 앞에 제대로 서더라구. 진작에 알았으면 고생 덜 했을 텐데 말이지!"

아직도 그때를 생각하면 눈앞이 흐려지고 가슴 속으로 피눈물이 난다. 서울예술전문대학(현 서울예술대학교)의 대학생활은 역시 유명 예술대학답게 남산오르막에 자리를 잡아 비좁은 남산캠퍼스는 청춘남녀로 가득차서 서로 어깨가 부딪칠 정도였다. '재 좀 봐, 탈렌트 00야!' 유명 예술대학이라 정말 눈에 띄는 학생들이 많았지만, 남들이 보기에 화려한 예술대학의 대학생 생활은 그렇게 어머니의 고통 속에서 핀 한 송이 국화꽃처럼 슬픔 속에서 시작됐다.

그때는 대학을 1년을 더 다니게 될 운명이라는 것도 알지 못했다. 사람의 운명이란 역시 한치 앞을 내다보기 어려운 법인가 보다. 필자가 태풍이 몰아치기 전 폭풍우가 몰아치는 언덕 위에 초라하게 설 것은 전혀 예측하지 못한 것이다.

6화 '훈민정음방'창작동아리 서울예대 극작과 2기가 만들어 60% 등단 신화 쏘아 올리다!

1989년에 입학한 서울예술대학 극작과 2기는 1기보다 평균 나이가 많았다.

과 반 이상이 현역이 아닌 타대학을 다니다 온 경우와 늦깎이 대학생활을 한 경우로 우리가 '고모'라고 부르는 최고 40대 연장자도 있었다.

군대 제대 후, 현역 20살보다 4살이 많은 24살에 입학한 나와 같은 극작과 2기 동기동창은 윤학렬(영화감독이 후에 됨. 재학 시 동아일보 신춘문예에 희곡 '유원지에서 생긴 일'이 당선되면서 SBS 방송국 '코메디 전망대'를 비롯해 다수의 코메디 프로그램 대본작가로 활동했다.)이 유일할 정도였다.

극작과는 40명 정원에 35명이 졸업을 했는데 재학과 졸업 후에 그 중 약 20여 명 정도가 신춘문예를 비롯한 드라마 공모 등 각종 수상으로 등단(극작과에서 아이러니하게도 영화감독 3명을 놀랍게도 배출함. 배우 장나라 데뷔·주연의 '오 해피데이!'를 연출하며 데뷔하고 현재도 연극·영화·방송을 종횡무진하며 후학을 교수로 가르치고 영화감독으로 왕성한 활동을 하고 있는 윤학렬 영화감독, 김동국 영화감독(현재는 코로나19로 약 3년간 일본 입국이 불허되는 상황에서 한일 양국을 오가며 하던 영화작업이 안 돼 걸그룹 기획사 대표로 유명 걸그룹 '메이져스'를 배출하고 PD로 활동하고 있다.), 5.18을 영화화 한 박기복 시나리오 작가 겸 영화감독)이 있는데 이는 한 과의 졸업생 60%가 넘는 등단자로 아마 어느 과도 배출할 수 없는 서울예대 극작과 2기만의 신화가 아닐까 싶다.우리 극작과 2기 동기들은 다양한 연령대만큼 개성도 남달랐다. 그 당시 1980년대에는 여자가 남자 앞에서 담배를 피는 것은 유교사회 잔재로 용납이 안 되는 상황임에도, 커피숍이나 카페 등에서 여자가 맞담배를 피면 남자가 폭행도 일삼는 시대에도 우리 극작과 2기는 편하게 대학에서 어린 여자동기들과 맞담배와 술(주로 막걸리와 맥주, 소주)을 마시며 열띤 문학논쟁과 연극영화방송에 대해 밤이 새도록 격렬하게 토론하고, 때로는 자신의 의견이 옳다고 상대방과 거리낌 없이 싸웠다.

특히 드라마센터(서울예술대학)는 명동 전철역 남산 산기슭 영화진흥공사 옆에 위치했기에 남산을 올라가는 계단에 즐비하게 늘어선 할머니나 아주머니들이 파는 동동주와 막걸리를 사서 대학 건물 옥상에서 먹고 나서 수업에 당당하게 참여하곤 했다. 때로는 걸어서 1분 거리인 영화진흥공사 시사회를 수시로 공짜로 볼 수 있었고, 영상자료실에서 마음껏 영화를 볼 수 있는 천혜의 조건이 있었기에 광기 어린 창작에 대한 굶주림을 채우는 기본조건을 갖추고 있어 지금은 상상도 못할 특혜(?)와 같았다. 또한 서울예술대학의 12개 과(연극영화방송, 무용, 미술, 문예창작, 극작, 같은 동기가 1기인 광고창작(우리나라 광고시장을 넓히는데 혁혁한 성과를 냈다고 평가도 있음. 그 전까지 보아온 광고와 차별화 된 감각적인 K팝 영상 및 광고는 새로운 광고감독들이 개성적으로 나오는 계기라는 평가도 있음.)가 모두 창작에 대한 관련 과였기에 학교만 가면 관련과 학생들과 거리낌 없이 열띤 토론이 가능했다.

당시 서울예술대학 극작과 교수진은 워낙 유명한 현역 차범석·윤대성 등 희곡작가와 방송드라마 PD, 영화감독과 영화학자들이었기 때문에 주눅이 들 정도였음에도 우리 극작과 2기 동기들은 아랑곳 안하고 마치 사막에서 오아시스를 만난 사자처럼 게걸스럽게 창작에 대한 목마름으로 미쳐 있었다.

예술 창작자와 영화학자가 있었기에 수업은 상상 이상으로 교수가 학생들 책상에 걸터앉아 질문과 답변을 할 정도로 자유로웠고, 그 열기는 대단했다.

원래 대부분 중고생 때, 교내대회나 외부에서 글짓기는 기본적으로 입상한 경험이 있는 동기들이었기 때문에 열띤 문학논쟁을 했다. 한 번은 서로 문학에 대한 이야기를 하다가 작가와 작품을 동시에 네, 다섯 명이 이야기 했는데 '오발탄'을 똑같이 이야기 해 모두가 놀라는 경험도 했다.

극작과는 미국에서는 대학원 과정이었고, 서울예대 전신인 드라마센터를 신극의 아버지 극작가 유치진이 설립하면서 연극영화 및 방송에 대한 체계적인 도입을 국내에 하게 되었다. 외국은 연극과와 TV방송과로 세분화 되었고, 지금은 국내 관련과는 연극영화과와 방송, 연기과 등으로 세분화 추세다.

극작과는 연극영화과에 속해 있는 과로 문학을 기반으로 연극, 영화, 방송드라마를 쓰기 위해서는 연극무대와 연기, 연출에 대한 이해와 영화제작과정 및 영화산업에 대한 이해, 방송 산업인 드라마에 다한 제작과정과 실기 등 극작술에 대한 보다 전문적인 공부가 필수적이었다.

우리 극작과 2기 동기들은 의기투합하여 과 창작동아리 '훈민정음방'을 첫 학기에 만들기로 했다. 필자는 방송드라마작가를 지망했기에 연극영화방송 3개 파트장 중에 '방송드라마 파트장', 윤학렬 영화감독은 '희곡 파트장'을 맡았다.

그런데 인생은 한 치 앞을 내다 볼 수 없는 것처럼 필자는 희곡작가 겸 소설가가 되었고, 윤학렬 영화감독은 희곡작가 겸 시나리오, 방송 작가, 영화감독이 되었다. 서로 인생이 뒤바뀐 것이다.

약 30여 년이 흘러 필자가 극작가 겸 소설가, 신문기자, 문화체육관광부 인가 사단법인 한국현대문화포럼 설립자 겸 중앙회장으로 제6회 한국현대문화포럼 신춘문예와 제3회 한국현대문화포럼 문학상 심사위원장이 되었고, 유일한 동기동창인 윤학렬은 영상산업을 중심으로 한 희곡·시나리오·방송드라마 작가 겸 영화감독으로 처음 목표로 한 직업에서 인생이 뒤바뀌었다. 비록 창작자는 같지만 말이다.

이 모든 성과는 대학재학 때 만든 과동아리 '훈민정음방'이 밀알이 되었음은 물론이다. 열정과 노력, 창작에 대한 목마름은 결국 어떤 형태로든 나타나기 마련이다. 예술은 위대한 창작자가 만드는 슬프면서도 기쁜 '영혼의 흔적'인 동시에 오랜 시간 농익은 '과실', 또는 '실패작'을 모래성처럼 수없이 허물고 다시 세우는 끝없는 고단한 작업의 연속이기에 현재도 진행형이다.

7화 총학생회 부총학생회장으로 롤러코스터 삶을 살다

"진짜 예비역 맞는 거야?"

서울예술대학 1학년 2학기 때 누군가 내게 당황스러운 낯빛이 되어 물었다.

"왜, 하려는 거야?"

서울예술대학 총학생회 부총학생회장 러닝메이트 후보로 출마를 하겠다고 스승 차범석 교수님께 교수실에서 말씀드리자 의아한 모습으로 되물었다.

"누군가는 해야 할 것 같아서요!"

"그래…? 잘해 봐!"

스승 차범석 교수님은 수업 후 술자리에서 자신이 왜 스승 유치진 선생이 만든 서울예술대학으로 오셨는지에 대해 말한 적이 있었다.

"원래 청주대 교수회 회장으로 총장에 추대됐는데 재단과의 문제가 생겨서 그만두고 온 거야(서울예술대학 극작과 교수로)!"

스승 차범석 교수님은 늘 수업이 끝나면 학생들과 술자리에서 편하게 이야기 하는 것을 즐겨하셨다. 권위적인 것은 아예 없었고, 마치 어린아이마냥 연극과 예술에 대한 화두를 가지고 이야기 하는 것을 즐기셨다.

극작과 대의원으로 대의원회 심사상임이었던 나는 그렇게 대학 총학생회 부총학생회장 러닝메이트 후보로 출마를 했다. 물론 선거 비용은 회장 후보와 반반 똑같이 냈다. 우리는 각과 선거대책위원들과 한 달 내내 여인숙에서 먹고 자며 선거운동을 했고, 결국은 2위가 됐는데 과반수 미달이라 최종 선거에서 3위를 끌어들여 당선이 될 수 있었다.

"진짜 예비역 맞는 거야?"라고 누군가 말한 것은 왜 회장으로 출마를 하지 않느냐는 숨은 질문이었다. 회장이 현역(군대에 가지 않은)이었기 때문에 4살이나 많은 내가 왜 회장에, 그것도 선거비용을 반반 내면서 부회장으로 나가냐는 질문이었다.

안기부가 내 모교 옆 건물이었기 때문에(사실은 담을 같이 쓰고 있었다. 그 유명한 남산 안기부다.) 예술대학에서 총학생회 부총학생이 된다는 것은 누가 봐도 이상한 일이었다. 특히 운동권도 아닌 입장에서 1980년대 말에는 말이다.

난 30분 안에 집회를 준비할 정도로 재빠르게 학교와 대척점에 섰다.

"네 별명이 뭔지 알아? 학장(그때는 총장이 아니라 학장체제였다)이야!"

1년 선배 조교가 나한테 말했다. 정말 그때는 무서운 것이 없었다. 88체육관에서 대규모 신입생 환영회를 열었고, 틈틈이 학교버스를 타고 총학생회 임원회의를 열기 위해 지방에 MT를 가서 하루 종일 회의만 했다.

결국(?)은 대학을 1년 더 다니는 결과가 됐지만, 최선을 다했다.

"난 학교에 힘이 없다!"

스승 차범석 교수님은 총학이 실패하고 1년 더 다니게 된 나에게 안타까운 모습으로 말하셨다. 어제처럼 그 말씀이 귓가에 생생하다. 아직까지 생존한 사람들이 있기 때문에 더 깊은 말을 하지 못하지만 덕분에 총학생회 부총학생회장으로 롤러코스터 삶을 산 것은 내게 커다란 전환점이 됐다.

반년 간 밀린 총학 밥값을 내가 다 내느라 힘들었지만, 다음 해에 머리를 깎고 다녔지만 인생의 깊은 좌절은 이제는 훌륭한 밑거름이 되어 현실의 기자로서 정치경제사회문화 전반에 걸쳐 다양한 생각을 하는 데에 도움이 되고 있다. 작은 대학사회지만 선거를 이겨봤기 때문이다.

또한 본격적으로 작가수업을 받는 계기가 됐다. 만약에 그대로 아무 일 없이 평탄하게 졸업을 했으면 지금의 현실의 작가, 기자가 될 수 있었을까. 목숨 걸고 현실의 부조리에 덤볐던 20대 중반의 내 모습은 지금의 나와 얼마나 똑같을까 싶다. 잘한 일은 관련학과 수업을 교차로 들을 수 있도록 하고, 공간문제가 심각했던 시기에 안산으로 캠퍼스를 옮기는 일이 진행된 것이다.

다만 아쉬운 점은 안산캠퍼스와 서울 남산캠퍼스의 조화로운 캠퍼스 운영에 대해 깊은 고민과 문제제기를 하지 못한 점과 왜 그때 서울예술대학 재학생들이 책을 읽고 독후감을 반드시 내야 하는 것을 총학 부회장으로 없앴던 것이었을까. 삶은 늘 미련이 남나 보다.

8화 1994년, 첫 무용극 '여왕개미'를 공연에 올리다"

스승 차범석 선생님은 일제시대 한국이 낳은 세계적인 무용가 최승희(중국, 북한, 남한, 일본에 전통 및 현대 무용에 지대한 영향력을 미쳤음)의 공연을 직접 보고 충격을 받으셨다고 했다. 그리고 무용연구소에서 직접 무용을 배우셨다고 했다. 국내 1위 무용극 대본의 산증인이 스승이었다.

나 역시 스승의 영향에 따라 무용극을 쓰고 싶었다. 서울예술대(드라마센터)를 졸업한 1992년 문화부 문예진흥원 산하 공연예술아카데미(영화진흥공사 산하 영화아카데미와 같은) 극작·평론반에서 1년을 공부할 때(덕수궁 안 국립현대미술관 자리) 연출반에서 공부하던 무용가 김기화씨의 제의에 따라 무용극에 대한 논의가 한창이던 때였다.

"교수님, 무용극은 어떻게 쓰나요? 무용대본을 볼 수 있을까요?"

스승 차범석 선생님은 왠일인지 아무런 반응이 없었다.

"차범석 선생님이 아무 말도 하지 않던데?" 갑갑한 마음에 친구 김기화(당시 수원대 무용과 1기 출신에 이화여대 대학원 재학 중이었다)에게 말하자,

"이강백 선생님에게 말해 봐! 너하고 친하다며? 이강백 선생님도 무용대본에선 국내 최고 중 한 분이야!"

"그럴까!"

사실 그때까지 무용극 공연대본을 한 번도 본 적이 없어서 무용대본을 어떻게 써야 할 것인지 감조차 잡히지 않을 때였다. 당시 무용대본은 쓰는 극작가도 별로 없을뿐더러 실제 공연화 되는 과정은 더더욱 알 수 없었는데 젊은 무용가인 김기화의 제안은 솔직히 썩 마음에 드는 제안이었기 때문에 용기를 내어 공연예술아카데미 극작·평론반 이강백 선생님에게 말씀드렸다.

"선생님, 공연예술아카데미 연출반에서 공부하고 있는 무용가

김기화씨가 저하고 무용대본 작업을 같이하고 싶다고 하는데요, 제가 무용대본 본 적이 없어서요! 혹시, 무용대본을 볼 수 있을까요?"

"장운이가 무용대본을? 헛허! 내가 공연 올리고 있는 작품 보여줘도 될까?"

"예? 정말요?"

"장운이는 잘 할 거야! 다음 수업시간에 내가 가져올게."

극작가 이강백 선생님은 다음 수업시간에 아예 직접 손으로 쓴 무용극 공연대본을 나한테 주셨다.

"잘해봐! 나한테 돌려주지 않아도 돼!"

"감사합니다!" 생전처음 무용극 공연대본을 받아든 나는 하늘을 날아갈 듯 기뻤다.

그렇게 첫 무용대본 공연화 작업은 아이러니하게도 극작가 이강백 선생님의 공연대본(아직 미발표 상태에서 공연 연습을 하고 있던 때였고, 실제 약 한 달 후, 서울 대학로에서 공연을 했다)을 통해 첫 무용극 '여왕개미'가 나오는 계기가 됐다.

"국내 1위 무용대본을 쓰는 스승 차범석 선생님이 왜 내게 무용대본을 안 보여주셨지?"

"난 몰라! 사제 간에 어떤 말이 주고 갔는지 몰라도 우리 작품이나 제대로 만들어 보자!"

"어……! 그래……!"

당시 무용극 공연대본을 쓰는 극작가는 국내에 손가락에 꼽을 정도였으며, 무용대본 작가료도 기본적으로 천만원이 넘었다. 특히 안무가와 협업이 쉽지 않았고, 무용계 역시 작가를 꼭 써야 되냐에 회의적인 시각이 많은 것도 사실이었다.

1994년 첫 무용극 '여왕개미'가 나오기까지 친구 안무가 김기화와 시나브로 싸웠고, 또 다시 오해를 풀고 같이 작업을 지루하게 해나갔다. 그 이유는 극작가인 내가 생각하는 그림과 안무자가 생각하는 그림이 서로 달랐기 때문이다. 그것은 마치 남자와 여자가 처음 만나 이질적인 느낌을 받는 것처럼 서로 예술세계가 전혀 달랐기 때문이다.

또한 현대 한국무용과 현대무용이 한국무용이 갖고 있는 장조와 중심적인 동작 이외에는 경계가 다 허물어져 있었기 때문에 그 충격은 실로 엄청났다. 작품 소재와 주제에 대한 경계는 이미 허물어져 있었다.

무용가 김기화와 나는 방배동 지하 연습실에서 자주 밤을 세워가며 작업에 열중했다.

"두 분이 연습실에서 주무셨어요?" 다음 날 연습실을 찾은 김기화의 제자들이 눈이 휘둥그레져서 물었다.

"어! 밤늦게까지 작품에 대해 논의하느라고!"

공연을 앞두고 시간이 없었다. 우리는 극작가와 안무가, 서로의 장점을 살리고 공통점으로 작품을 극대화하기 위해 물불을 가리지 않는 '공연에 미친 자들'이었다.

그렇게 첫 무용극 '여왕개미'는 1994년 인천에서 시작해 수원 및 전국 교도소 등 다양한 곳에서 수십 번 공연(이건 13년이 지난 2007년 무용극 '화훼벽'을 공연할 때 같은 모교 드라마센타 출신의 동문 조명감독이 나중에 이야기해서 알게 되었다. 하여간 작가료를 줄이려는 공연예술계의 병폐(?)가 여기서 나온다. 친구인데 13년을 속이다니! 에이!)이 올리게 되었다.

놀라운 건 사실 스승 차범석 선생님은 18년간 마지막 2006년 6월 6일 스스로 42일간 금식해 돌아가실 때까지 단 한 번도 무용대본을 보여주지도, 주시지도 않았다. 그 많은 수 십 가지 컬랙션(아동극, 정극, 오페라, 뮤지컬, 시나리오, 방송대본, 창극 등)의 공연대본 천 여 편을 물려주었는데도 단 한 권의 무용대본은 볼 수 없었다. 돌아가시고 볼 수 있었다. 과연 경쟁자로 제자를 봐서 그랬을까. 아직도 의문이 드는 부분이다. 제자인 내가 무용극을 올릴 때는 말씀드리면 꼭 공연을 보러 오신 스승인데 말이다.

9화 스승 차범석, "미군부대 다닌 경험이 있으니, 윤금이씨 이야기 한 번 써봐!" 권유로 동두천으로 향하다!

주한미군 케네스 마클에 의한 윤금이 씨 살인사건은 1992년 경기도 동두천시 기지촌에서 주한미군인 케네스 마클 육군 이병이 당시 26세였던 민간인 여성 윤금이 씨를 잔혹하게 살해한 사건으로, 이 사건으로 인해 대학가에서 주한미군 철수시위를 불러일으켰으며, 이에 따라 한국 사회의 불평등한 주한미군 사법처리 문제를 환기시켰다. 아이러니하게도 필자와 윤금이 씨는 동갑이었다. 한 명은 주검으로, 또 다른 한 명은 작가로 사건을 취재하기 위해 동두천으로 향한 것이다.

스승 극작가 차범석은 제자 김장운이게 주한미군 윤금이 씨 살해사건이 터지자 "미군부대 다닌 경험이 있으니, 윤금이 씨 이야기 한 번 써봐!"라는 권유로 동두천으로 향한 것이다.

윤금이 씨 살해사건은 1992년 10월 28일 경기도 동두천시 보산동 431-50번지에서 윤금이 씨의 참혹한 시신이 집주인에 의해 발견되었다. 당시 윤금이 씨의 항문에는 우산대가 꽂혀 있었는데 직장까지 약 26센티나 들어가 있었으며, 음부에는 코카콜라 병이 꽂혀 있었고, 입에는 성냥개비가 물려 있었으며 온 몸에는 분말세제가 흩뿌려져 있었다. 직접사인은 코카콜라 병으로 인한 얼굴 전면부의 외상 및 출혈이 있었으며, 범인 주한미군 마클이 휘두른 콜라병에 맞아서 얼굴이 깨져 죽은 것으로 재판과정에서 밝혀졌다. 가해자 마클은 동두천 보산동 소재 미 육군 제2보병사단 제20보병연대 5대대 본부중대 의무대 소속 케네스 마클(Kenneth Lee Markle) 의무 이병으로, 사건 후 미 육군 범죄수사대(CID)와 경기도북부경찰청 의정부경찰서가 수사에 나섰다. 이에 목격자들의 진술 및 제보로 신원이 밝혀져 잡혀갔으나, 얼마 안 가 미 육군 군사경찰대로 신병 인도됐다. 불공정한 한미협상에 의한 조치였다.

한편 엽기적인 범행도 세간에 충격을 줬지만 사건 조사 과정에서 불거진 한미관계의 불평등(SOFA.한미행정협정: 1950년 7월 체결된 '재한(在韓) 미국군대의 관할권에 관한 대한민국과 미합중국간의 협정'에 대체해 지난 1966년 7월 서울에서 한국 외무장관과 미국 국무장관간에 조인해 1967년 2월 9일에 발효된 협정이다. 정식 명칭은 '대한민국과 아메리카합중국간의 상호 방위조약 제4조에 의한 시설과 구역 및 대한민국에서의 군대의 지위에 관한 협정'이다. 이 협정은 전문 31조로 된 본문과 합의의사록 합의양해사항 교환서한 등 3개 부속문서로 구성되어 있다. 한국과 미국은 1996년 9월 외무부에서 SOFA 개정을 위한 7차 협상을 벌였으나 미국 측이 미국 피의자에 대한 강력한 법적 보호 장치를 계속 요구함에 따라 타협을 보지 못한 채 협상을 마친 바 있다. 그러나 매향리 폭격장과 한강 독극물 방류 사건, 여중생 장갑차 사건 등을 계기로 주한미군범죄근절운동본부를 비롯한 100여 개의 시민단체와 종교계가 불평등한 SOFA 조항을 전면 개정할 것을 촉구하면서 개정이 되었다. 주요 조항으로는 형사관할권 조항과 관련하여 ① 적용대상에서 군속과 가족 제외 ② 한국측의 재판포기 조항 삭제 ③ 미군 피의자 신병인도 시기를 공소시점으로 조정 ④ 미군 피의자에 대한 지나친 특혜 폐지 ⑤ 공무의 최종 판단을 한국법원에 일임할 것 등을 반드시 해결해야 한다는 것 등이다.)에 분노한 전국 50여개 시민사회단체들은 '주한미군의 윤금이씨 살해사건 공동대책위원회(이하 윤금이공대위)'를 수립하여 시위를 시작하였으며 전국택시노동조합연맹의 '미군 승차 거부 운동', 상인들의 '미군 손님 안 받기 운동' 등이 이어졌고, 공대위도 〈피의자 케네스 마클 구속 및 엄중한 처벌과 미국 정부의 공식 사과〉란 성명서를 2사단에 제출했다. 시위는 동두천을 넘어 전국에까지 파급됐다. 더 나아가 SOFA 개정 요구도 힘을 얻었다.

게다가 윤금이씨 시체 사진이 대학가 등 집회장에 공개되면서 반미감정이 더욱 세어졌다. 엽기적인 살인 현장 모습에 나라 전체가 뒤숭숭해진 것은 물론이다. 다만 윤금이공대위 내부에서도 시신 공개를 해야 할지 말아야 할지 갑론을박이 있었다. 그러나 가해자 마클 이병은 재판 내내 관련 혐의를 부인한 채 시신 훼손은 자신을 질투한 제이슨 램버트 육군 상등병이 했다고 주장했다. 게다가 마클의 아버지도 아들이 한국 교도소로 이감되지 않길 바라며 1994년 미국 연방대법원에 탄원서를 냈으나, 윌리엄 렌퀴스트 연방대법원장은 이를 기각했다.

결국 1심에선 무기징역형을 선고받았다가 1993년 항소심에서 15년형을 선고받았다. 항소심 전 윤금이 유가족들은 미국 정부로부터 민사상 배상금 7,100만 원을 받았는데, 이것이 2심 선고에 영향을 끼쳤다. 1994년 대법원도 2심과 동일한 판결을 내리면서 천안소년교도소에서 복역했으며, 1995년 어린이날 당시 교도소 복역 중에도 수감 동료인 미 육군 병사와 난동을 부리는 등 수감 중에 교도관에게 욕설과 폭행을 일삼아 벌금 200만원이 선고되었으나 이를 납부하지 않아 노역 100일이 추가되기도 했다. 2006년 8월 가석방되었는데, 그 즉시 미국으로 출국했다. 이 사실은 두 달 뒤에야 노회찬 민주노동당 의원이 자료 요청을 해서 알려졌는데, SOFA

에 따르면 주한미군 범죄자는 석방 뒤 한국 감독권에서 자동적으로 벗어나 미국 정부의 관리를 받는다. 그러나 미국 측이 공식적으로 그들의 소재지 및 생활태도 등 기초적 정보를 공지해 주지 않는 경우가 많아 사실상 현지에선 사면된다. 이와 별개로 마클 이등병은 형 확정 즉시 미 육군에서 불명예 전역 처리되어 제적되었다.

필자의 집은 경기도 파주였기 때문에 우선 거리가 먼 동두천에서 작품취재를 하기 위해서 서울예술대학 극작과 1기 출신의 친구 장태성을 통해 동두천시민회에서 간사로 일하고 있는 친구를 소개받아 약 한 달 간의 취재기가 시작된 것이다. '주한미군의 윤금이씨 살해사건 공동대책위원회(이하 윤금이공대위)'를 통한 작품취재도 같이 했다.

이 때는 2011년 교보문고 전자책 '엄마! 윤금이가 왔어요' 전 3권까지 16년간 지독한 동시대의 갈증과 영혼의 깨진 유리잔에 짓이기고, 베이는 상처 난 아픔을 드러내는 시간이 지속되리라고는 생각하지도, 알 수도 없었다. 그렇게 마치 안갯속 도시, 동두천을 향해 무작정 젊은 작가의 무모함으로 돌진했던 것이다.

10화 전후세대 현대판'위안부 윤금이씨'는 왜 '양갈보'가 되었을까?

어린 시절부터 기지촌 인근의 소도시 경기 파주 금촌읍에서 자란 탓인지 주한미군 클럽거리는 낯설지 않았다. 그래서 '윤금이씨 살해사건'을 취재하러 갔을 때, 어릴 적 보아왔던, 주한미군 3여단본부(옛 미 2사단본부) 캠프 하우즈에서 지낸 1년간의 스택바 음식배달원 생활을 했었기에 그리 다르지 않을까 막연히 추측하고 동두천에 발을 내딛었다.

사실 그곳은 아는 지인 때문에 몇 년 전부터 자주 갔던 곳이라서 낯설지 않은 땅이었다.

그런데 '주한미군에 의한 미군상대 클럽종업원 윤금이씨 살해사건'을 작품취재 하러 갔을 때, 첫 느낌과 공기는 살풍경해서 무척 놀라지 않을 수 없었다. 그 전에 막연히 생각하던 곳은 아니었고, 살벌한 기운이 당장이라도 폭풍우가 내리면서 천둥번개가 거리의 모든 것을 삼켜버릴 것만 같은 긴장감과 삭막함이 짙은 안갯속에 무거운 바윗처럼 짓누르고 있었다.

주한미군 2사단 민사처에 어렵게 연락해서 작가로서 작품취재를 왔는데 입장이 어떤지 물었다.

"어디나 젊은 사람이 벌일 수 있는 사회일탈은 있지 않은가. 그 이상 그 이하도 아니라고 본다."

"그렇다고 그렇게 무참히 사람을 죽일 수 있는가?"

"더 이상 공식적인 입장은 밝힐 수 없다."

"미군의 공식적인 입장인가?"

"미군은 한국을 존중하고 더 이상 공식답변을 내놓기 어렵다."

동두천시민회 관계자에게 작품취재에 관해 취지를 밝히고 협조를 요청했다.

"지금 미군들이 영외 외출을 금지당해서 미군기지촌 사람들은 속으로 화가 나면서도 입 구멍이 포도청이라 말 걸지 않는 게 좋아요. 기자들이 벌떼처럼 달려들어 사진 찍고 취재를 하니 장사가 안 된다고 상인들이 싫어할 겁니다."

"그래요?"

"조심하세요!"

"네!"

기지촌 활동가를 만나 이야기를 나누고, 윤금이씨가 다녔다는 클럽과 보산동 클럽거리를 작품취재를 하면서 '경계'의 눈초리가 뒷머리를 콕콕 쏘아대는 통증을 느낄 수 있었다. 난감했다. 쉽게 생각하고 온 것이 오산이요, 주한미군에 대한 경험이 있다는 것이 부질없는 것임을 깨닫는 데에는 오랜 시간이 걸리지 않았다.

"클럽주인들은 윤금이씨 이야기를 하는 것을 본능적으로 싫어하고, 클럽종업원들 중 클럽아가씨, 클럽여종업원들은 두려워하는 것 같은데요?"

"그럴 거예요. 살인사건이 나기 전에는 인간 취급도 안 한 '양갈보'라고 손가락질 하던 사람들이 같은 편에 선다는 것이 알량한 자존심이 상한다고 해야 할까요?"

"양갈보?"

“그렇잖아요! 그렇게 잔인하게 죽임을 당하지 않았다면, 불공정한 한미행정협정 때문에 범인을 잡고서도 미 육군 범죄수사대(CID)에 넘겨주었다는 자각이 없었다면 과연 언론이, 전 국민이 공분했을까요?”

“동두천 시민의 입장에서는 그럴 수도 있겠군요.”

“사건 초기에는 우리 시민회에 언론과 각종 단체에서 전화가 불이 나도록 빗발쳤는데 이젠 언제 그랬냐는 듯이 호숫가처럼 잠잠해요, 그게 현실이죠.”

“그래도 ‘윤금이씨 공대위’가 활동하잖아요?”

“이미 동두천에서 떠나 서울로 갔잖아요, 모든 시선이!”

“시선? 관심인가?”

“씁쓸한 이야기네요!”

“윤금이씨가 일했던 클럽은 가보셨다면서요?”

“좀처럼 만나 주지 않아요!”

“‘메뚜기도 한 철’이라고 매일 콩 볶듯이 유리 거울 너머로 자신들을 관찰하고, 자신들의 이야기를 듣지도 않고 자기들 마음대로 써대는 한국 사람들이 그들 눈에는 무섭고 두렵겠죠! 언제는 양공주라고 손가락질 하던 사람들이 갑자기 동족처럼 그러니까 우습겠죠.”

“기지촌 부근에서 자랐고, 미군부대 안에서 약 1년 간 근무한 경험을 가지고 있어서 기지 안팎을 잘 안다고 했는데 아닌가 봐요!"

"지하세계 사람에게 지상사람이 같이 보일까요? 우물 안에 갇힌 사람에게 우물 위의 사람이 내려다보며 괜한 관심을 갖는 것은 그들에게 벌거벗은 몸을 보여주는 것과 다를 바가 없지 않을까요?"

"지하세계와 지상세계라……!"

"86아시안게임과 88올림픽을 치른 대단한 세계인이 된 한국 사람들에게 그들의 존재는 잊고 싶은 사람들일 겁니다. 다만 우리도 자존심이 있으니까 앞으로는 함부로 대해주지 않았으면 좋겠어! 창피하잖아, 뭐 그런 것 이상 있나요?"

"정부가, 국가가 주한미군상대라고 일반 국민들 미군전용클럽 출입을 금지시키고 건강검진을 했다면 클럽여종업원은 국가가 책임져야 하는 것, 아닌가요?"

"순진하신 건가요, 국가에 대한 망상이 있는 건가요? 세월이 흐르면 윤금이씨 이야기는 눈 녹듯이 잊혀 질 겁니다. 힘없는 민족이 어떻게 하겠어요? 미국한테 대들어요? 이것도 제가 보기엔 많이 대응한 겁니다. 택시기사한테 폭행하고 미군부대 안으로 도망치면 끝입니다. 일반시민들 폭행하고 도망쳐도 마찬가지입니다. 그때 한국경찰은 뭐했는지 아세요? 미군 민사처에 이야기했는데 누가 누군지 몰라 처벌할 수 없다는 겁니다. 이게 한국입니다. 나중에 만약 장관 딸이나 정치인 딸이 미군한테 당했다면 난리 나겠지만, 한국은 더 이상 나가지 않을 겁니다!"

지쳐버린 시민단체의 외침 같은 절망조가 물에 빠진 솜처럼 몸과 마음을 무겁게 했다. 보산동은 과연 절망의 땅인가. 언제부터인지 나는 보산동 클럽 밤거리를 보슬비가 내리는 속에서 우산을 들고 맥없이 걷고 있었다.

"헤이! 헤이! 캄 히어! 원 타임 투 달러! 숏타임 원 달러! 히힛!"

늙어 클럽에서 허드렛일이나 그것도 쫓겨나 헐값에 술 취한 미군들에게 몸을 파는 휘빠리 할머니가 술에 취해 반쯤 우산이 꺾여 비를 맞으며 히죽거리며 외쳐댔다. 나는 본능적으로 그녀를 외면하고 걸었다. 그때 비명처럼 내 귓가에 나이트클럽 스피커처럼 큰 소리로 고막을 찢을 기세로 점차 왕왕 크게 들려왔다.

"이런! 이런! 양놈도 아닌데 왜 한국 놈이 여길 오는 거야! 야……! 너도 내가 양갈보라고 무시하는 거냐, 씨팔! 나도 젊은 땐 잘 나갔어, 야! 알어……?"

나는 숙소로 돌아와서 혼돈에 빠져 허우적댔다. 내가 도대체 무엇을 하려는 것인지 갑갑했고, 우왕좌왕하는 내 자신이 처참하다 못해 허무했다. 나와 동년배 미군전용 클럽여종업원이 잔혹하게 미군에 의해 죽임을 당한 억울한 사연을 작품취재를 선뜻 온 것인지, 불평등한 한미협정을 개정하려는 시민사회단체와 언론의 입장을 옹호하려고 온 것인지 갈피를 잡지 못했다.

30년이 넘게 흐른 지금 "전후세대 현대판 '위안부 윤금이씨'는 왜 '양갈보'가 되었을까?" 스스로에게 묻는다면 과연 누가 답을 해줄까? 우리는 어릴 적 개울가에서 개구리와 뱀에게 장난삼아 돌을 던진 적이 있다. 개구리와 뱀에게는 생명의 위험이 되는 것을 어린 아이들은 알고 있었을까. 우리는 우물 안에서 우물 안에 비친 둥그런 하늘을 보고 있을까, 아니면 윗 세상에서 우물 아래를 내려다보고 있을까.

11화 유일한 윤금이씨 생존사진을 미군전용클럽 동료로부터 입수하다.

"앗! 아저씨가 더 무서워요!"

동두천시 보산동에서 주한미군에 의한 처참한 죽음을 당한 윤금이 씨에 대한 작품조사를 보다 적극적으로 진행하면서 윤금이 씨가 근무했던 미군전용클럽에 들어가 10대 후반으로 보이는 앳된 클럽 종업원에게 살해사진을 보여주자 자리를 황급히 피하며 피를 토하듯 내지른 탄성이었다.

"일부러 보여주려는 것은 아닌데 미안합니다! 전 작가로서, 제 고향 파주에서 주한미군에 근무했던 경험이 있어서 작품취재를 온 겁니다! 윤금이 씨가 어떻게 살았는지를 알고 싶어요!"

"난, 몰라욧!"

한두 번 거절당한 것이 아니라서 만성이 되었지만 지푸라기라도 잡는 심정이었기에 동료들의 감정을 알면서도 진실을 향한 나의 작품취재를 향한 열정을 꺾을 수는 없었다. 맥없이 발길을 돌리던 순간, 그때였다.

“정말 작가세요?”

클럽 입구 화려한 불빛 안 짙은 어둠속에서 떨리는 한 클럽종업원 여성의 목소리가 꽃잎이 빗방울에 떨리듯 내게 속삭이듯이 나지막하게 말을 걸어왔다.

“아, 예!”

“제가 금이 친구예요! 어떤 걸 알고 싶으신 거죠?”

“작가로서 객관적인 사실을 알고 싶어요!”

“그렇다면 내일 시간 되시면 밖에서 만나요!”

“네, 얼마든지요!”

그녀와 그녀가 거주하는 집 근처에서 다음날 만나 많은 이야기를 나눌 수가 있었다. 그것은 실로 충격적이었다.

“이게 아마 금이와 찍은 유일한 사진일 거에요! 사진이 딱 한 장 밖에 없네요! 필요하시다면 드릴께요!”

“감사합니다! 친구 분은 얼굴이 안 나오도록 가려 드릴께요!”

“정말 불쌍한 친구입니다. 올바로 글을 써주세요! 제가 부탁드릴 것은 이것밖에 없네요! 그리고 부탁인데 그 친구 한을 풀어주셨으면 좋겠어요!”

“최선을 다하겠습니다.”

“그럼 저는 이만……!”

윤금이살해사건공대위를 통해 확인했는데 윤금이 씨의 생존 사진은 필자밖에 없었다. 이미 윤금이 씨의 잔인하게 살해된 나체사진이 대학가를 비롯해 곳곳에 퍼진 상태에서 미군전용클럽종업원으로 환하게 웃고 있는 그녀의 생존사진을 찾았다는 것은 바닷가 모래사장에서 바늘을 찾는 것보다 더 어려운 일이었기에 작품취재에 커다란 분기점이 되었다. 또한 사진을 준 친구의 증언은 윤금이 씨 이야기 작품화에 커다란 영향을 주었다.

필자는 같은 나이의 그녀의 환하게 웃는 사진을 보고 많은 생각이 가슴과 영혼을 뒤흔들어 놓았다. 미군의 아내가 되길 희망했던 그녀. 잔인하게 주검으로 발견되리라고는 꿈속에서라도 상상이나 했을까. 누가 그녀를 잔인한 시체로 만들었을까. 미군? 한국? 신로마 변방의 소국의 국제법 상 미국의 영토인 주한미군 기지 밖 기지촌에서 버림받은 그녀는 과연 누가 죽인 것일까. 대학가 여학생회, 한국성폭력상담소, 이대 여성학과 대학원생, 범인 주한미군 재판정을 오가면서 작가로서 갑갑함이 떠나지 않았다.

“나 말야, 곧 미국에 갈 거 같아! 호호호!”

“정말? 너한테 반한 미군이 또 있었어?”

“이번엔 정말 같아……! 느낌이 좋아! 요즘 계속 좋은 꿈만 꾼다니깐! 아, 이 좁은 한국에서 벗어나 우리나라 수십 배 큰 미국 땅을 밟을 수 있다니 난 행복한 여자야!”

"도대체 누군데 그래? 나야 네가 잘 된다면 너무너무 좋지만!"

"홋호호! 곧 누군지 말해줄게."

"이번엔 속지 말고, 응?"

"알았어! 맨날 속고만 살아?"

"이럴 게 아니라 집 앞에서 우리 사진 한 장 찍자!"

"그럴까?"

"이 지옥 같은 보산동 떠난다는데 기념사진 한 방 찍어놔야지! 너, 미국 가서 날 잊으면 안 돼, 응?"

"그럼, 홋호호!"

"야, 마치 하늘을 둥실둥실 구름처럼 날아가는 기분이다! 너무 좋아!"

윤금이 씨 생전 사진. 사진설명.

생전 윤금이 씨와 미군전용클럽종업원 친구와 숙소 앞에서 찍은 사진. 윤금이 씨가 생전에 환하게 웃고 있다!

이때까지만 해도 그녀에게 죽음의 그림자가 드리워지지는 않았다!

그녀가 꿈꾸던 소망은 무엇이었을까.

인간답게 살고자 했던 꿈이 산산이 부서지고 그녀는 어떻게 찢겨져 갔을까?

윤금이 씨를 살해한 주한미군 케네스 마클 이병이 법정으로 들어서고 있다!

오른쪽은 윤금이 씨가 처참하게 살해되고 유기된 시신의 사진으로 차마 보일 수 없어 덮어 두었다.

그녀는 꿈꾸었을 것이다. 한 여자로, 한 인간으로 새로운 삶을 동경하면서. 우리는 그것을 애써 잊었고, 잊고 싶었을 뿐 아닐까!

12화 윤금이씨 희곡작업, 타극단과 이견으로 3년간 폐쇄공포증을 겪다

"네 작품 가지고 장난하면 네가 상대방 죽이고 너도 죽겠다고, 가만 안 두겠다고 협박했다고 극단대표가 나한테 항의하던데?" 어느 날 스승 극작가 차범석 선생님께 전화를 드렸더니 화가 잔뜩 난, 노기를 띤 음성으로 내게 말씀하셨다. 좀처럼 화를 내지 않는 분이셨는데 의외였다. 참고로 선생은 50년 전의 일도 어제처럼 기억할 정도로 기억력이 비상한 분이셨다. 크리스마스나 신년에 연하장을 받으시면 거실 위에 빨래줄처럼 길게 연하장을 수백 장 걸어 놓으시고 흐뭇해 하셨던 분이다. 다만 평소 연락을 안 하던 제자가 오랜만에 전화를 걸어오면 "왜 했지?"라고 말할 정도로 날카로운 면이 있으셨다. 스승은 제자가 무시당한 것이, 감히 한참 밑에 있는 후배가 당돌하게 대선배에게 제자를 핑계로 소위 건방지게 대든 것이 기막히셨던 것이다. 연극계 관행상 있을 수 없는 일이 벌어진 것이다.

"제가 만나 뵙고 말씀드릴께요!"

"대학로에서 만나자!"

"예!"

윤금이 씨 사건을 취재하면서 타극단이 공연을 하려는 것을 알고 스승 극작가 차범석 선생님께 그 사실을 말씀 드렸었다.

"그래? 나중에 딴 소릴 할 껄! 하지만 네가 경험삼아 알아보고 뜻이 맞으면 한 번 같이 해봐!"

"예!"

그런데 심각한 이견이 생겼다. 한동안 작품을 보여주고(사실 스승 차범석 선생님께 윤금이 씨 작품지도를 계속 받고 있었다. 극작가 유치진, 극작가 차범석, 극작가 김장운으로 리얼리즘 연극 작가 계보가 이어지는 것을 상대편 연극 극단대표는 모르고 있었던 것 같다.) '나중에 어떤 장르로 작품할 것인지는 그때 상의하자'고 한 것인데 나중에 작품화에 대한 심각한 대립이 생긴 것이다. 처음부터 스승 차범석 선생님께 말씀 드리고 상의를 했었는데, 상대측 극단은 스승 차범석 선생님께 상의한 것을 일반 제자로 인식하고 가볍게 대응한 것이다. 극작가 이강백 선생님은 내가 차범석 선생님의 진짜 제자인 걸 알고 있었는데, 극단 대표는 그것을 일반적인 스승과 제자 정도로만 알고 있었던 것이다. 그도 그럴 것이 상대방 극단대표는 방송에 출연할 정도로 유명한 배우였기에 작가 초짜에 신출내기 정도로 가볍게 생각한 것 아닌가 싶다. 일반적으로 예술계는 타분야보다 선후배에 대한 관계, 위계질서가 확실하다. 특히 연극계는 더 심한 상태였기에 무시한 것이 아닌가 생각한다. 요즘 말하는 소위 갑을관계다. 그 극단대표는 호랑이 새끼도 크면 호랑이가 된다는 것을 몰랐을 것이다. 스승은 표현은 안했지만 '감히 내 권위에 도전하다니'라고 생각할 정도로 화가 단단히 나셨었다.

"거기와 당장 그만 둬!" 스승 차범석 선생님은 불같이 화가 난 모습이셨고, 창작희곡작업을 하던 내 입장에서는 당혹스러웠다. 그 당혹감은 상상 이상이었다.

'아, 어떻게 해야 하나' 고민하던 입장에서 일단 방향성은 독자적으로 공연작업을 하기로 했지만 윤금이 씨에 대한 작업은 육화되어 윤금이 씨에 대한 감정이입이 된 터라 상상 이상을 고통스러웠다. 그녀의 아픔이 내 영혼까지 전해진데다가 공연작업이 혼선이 더해져 고통은 상상 이상이었고, 출구가 보이지 않는 암흑 같은 터널에 갇힌 나를 발견할 수 있었다.

'아, 숨 막혀!' 어느 순간 갑갑함이, 질식할 것만 같은 감정이 나를 지배했다. 작품이 작가인 나를 집어삼킨 것이다. 나는 마치 어두운 무대 객석에서 무대로 뛰쳐나가고 싶은 충동처럼 밀폐된 공간에서 더 이상 있을 수가 없었다. 그 이후로 3년간 지하철과 아파트 엘리베이터 등 밀폐된 공간을 두려워서 피하게 되었다. 지금이야 신경정신과에서 진단과 약 처방을 받아도 큰 탈이 나지 않지만 그때는 감히 치료에 대한 생각은 상상조차 할 수 없었기에 죽음과도 같은 고통의 긴 터널 안에 갇혀 괴로움의 시간을 보낼 수밖에 없었다.

"정신 차려! 작가가 10년 후도 내다보지 않으면서 무슨 작갈 하려고 해!" 스승은 갈피를 잡지 못하는 제자에게 더욱 엄하게 작품에 대해 훈계를 하고 지도를 하셨지만 그게 오히려 더 독으로 다가왔다.

약 3년간의 나의 작가 암흑기는 그렇게 유리병처럼 갇힌 채 흘러갔다. 그리고 무용극 '윤금이'를 친구인 무용가 김기화와 1996년 올리기까지 20대 후반의 죽음의 고비는 겨우겨우 목숨을 부지한 채로 흘러갔다.

나중에 안 사실이지만 나와 대척점에 서있던 그 극단은 결국 대학로에서 문을 닫았고, 스승 차범석 선생님이 대부분 연극계를 비롯한 각종 상의 심사위원장이셨는데 그 극단 대표는 몇 차례 사회를 보자마자 인사도 안 하고 줄행랑치듯이 행사장을 빠져나갔다는 이야기를 나중에 들었다. 무서운 현실은 그는 연극계를 떠나 간혹 텔레비전에서 조연으로 보곤 한다. 목숨 걸고 작품을 쓰는 작가를 우습게 본, 스승의 위치에 대항한 결과(?) 일까? 스승이 떠나 호랑이로 성장하고 있는 입장에서 아직도 궁금하다.

암울한 20대 말 3년간의 '폐쇄공포증'을 내가 앓았다는 것을 그는 과연 알고 있을까. 약 30여 년이 지난 일이지만 그 고통을 다시 꺼내 되새기는 것은 아직도 상처에 소금을 바르는 것처럼, 어릴 적 뜨거운 물에 팔을 데었는데 이웃집 친구 엄마가 기초적인 상식도 없이 겉옷과 내복을 확 잡아 제쳐 살가죽이 벗겨지는 뜨거움에 악 비명소리도 지르지 못하던 것처럼 아프고, 슬픈 이야기다.

작가는 과거의 갈등과 아픔을 통해 미래의 희망을 본다. 그나마 이제는 20대말의 화형 같은, 불길 같은 폐쇄공포증을 많이 벗어나 있다, 작품이 작가에겐 무녀가 벗어나려고 애써도 벗어날 수 없는 운명처럼 같은 운명이기도 하니까. 이제는 그를 만나도 웃으면서 과거를 말할 정도로 그 고통은 창작의 산실이 되어 있다. 참 아이러니한 일이다.

무명작가의 굴레와 설움을 벗어내고 살아남은 자로서 그 시절, 30년 전을 담담히 커피 한 잔 하면서 소회하는 입장은 2006년 6월 6일 돌아가신 스승 차범석 선생님을 그리워한다. 과연 그 사건 이후 스승과 그 극단대표는 무슨 말을 주고받았을까? 그 극단대표는 왜 연극계를 떠났을까? 스승이 그를 쳤을까? 아니면 스스로 도망친 것인가? 그는 왜 장차 생존할 작가를 보는 안목을 안 가졌을까? 이제는 한국현대문화포럼 신춘문예·문학상·AI K-컬쳐 한국문화대상 심사위원장 입장에서 그와 같은 우를 범하지 않으려 노력한다.

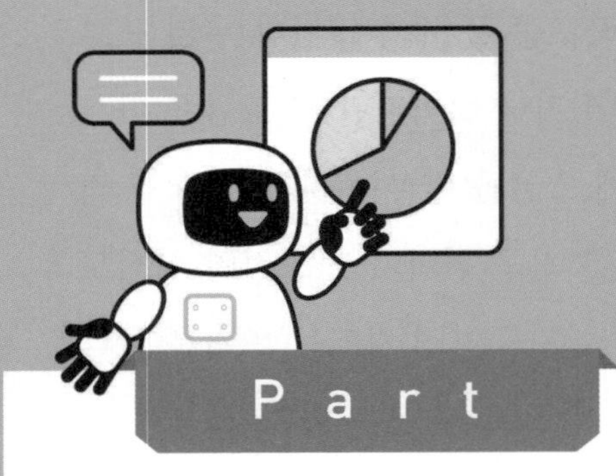

Part 03

언론보도=뉴스핌
특집보도

뉴스핌 [단독] 인공지능 시대 본격화... '글로벌 최대 포털' 예고 주목

기사등록 : 2023-10-03 12:28

"인간통제-5차 산업혁명 단초"...AI 환영속 우려-기대감 교차

한국현대문화포럼, K포털 표방 '에이아이유플러스' 설립 선언

김장운 회장 "K문화·세계문화 교류 신기술·신문화 기틀 마련"

2016년 세계경제포럼(World Economic Forum·WEF)에서 언급된 '제4차 산업혁명'이 신기술 발전에 따라 현실화되고 있다. 제4차 산업혁명은 인공지능(AI)·사물인터넷(IoT)·빅데이터·클라우드컴퓨팅·모바일 등 첨단 정보통신기술이 경제·사회 전반에 융합돼 혁명·혁신적인 변화가 나타나는 차세대 산업기술발전을 일컫는다. 컴퓨터·인터넷으로 대표되는 제3차 산업혁명(정보혁명)에서 3D 프린팅·로봇공학·생명공학·나노기술 등 여러 분야의 최첨단 지능정보기술과 융·복합돼 사물을 지능화하는 등 한 단계 더 진화한 산업혁명(기술혁명)이라고 할 수 있다. 이같은 정보기술의 발전 가운데 제4차 산업혁명 시대를 넘어 제5차 산업혁명을 위한 정보·문화적 단초를 여는 프로젝트가 제시돼 주목을 받고 있다. 이에 본지는 미래기술과 정보문화를 이끄는 사상 첫 프로젝트 창안에 대해 상·하 2회로 나눠 단독 보도한다.

AI 인공지능 시대가 본격화하면서 세계 최대 포털을 표방한 사이트가 등장해 주목을 받고 있다.

[사진=픽사베이] 2023.10.03 atbodo@newspim.com

제5차 산업혁명 위한 정보·문화적 단초를 열다 <상>

[파주=뉴스핌] 최환금 기자 = 한국현대문화포럼(Korea Modern Culture Forum)은 최근 포럼 산하 자회사로 세계 최대 포털 사이트를 표방한 에이아이유플러스(AIU+·AIyouplus.com)를 설립했다.

한국현대문화포럼은 파주출판단지 입주 기관인 문화체육관광부 인가 사단법인으로 정관 제4조 2항에 따라 수익사업이 가능하도록 정부의 허가를 받은 공익법인이다. 현재 20개 분과를 운영 중이며 교수·정치인·언론인·문화예술인 등 전국조직으로 구성돼 있다. 2015년 2월 문화체육관광부에서 법인 설립 인가 이후 국제행사 및 신춘문예, 문학상, 문화대상 등을 수행하고 있다.

한국현대문화포럼 회장 겸 포털연구가인 김장운 회장은 "챗GPT 등장과 열풍으로 본격화 된 인공지능 시대를 맞아 기존의 구글, 유튜브, 인스타그램, 트위터 등 거대 포털은 새로운 도전에 직면했다"며 "이는 인공지능이 인간의 삶을 통제할 수도 있다는 우려와 5차 산업혁명의 단초가 될 것이라는 기대가 교차하고 있는 것"이라고 밝혔다.

▲콘텐츠 개발 5개 대주제. 52개 세부 주제 카테고리

대주제	문화	교육	기술	콘텐츠	AI(인공지능)
세부 주제	△음악 △게임 △공연 △영화 △방송 △다큐멘터리 △드라마 △뮤지컬 △웹툰 △웹소설△문학 △강연 △문화 평론 △예술 평론 △전통문화 △디자인 △광고 △문화 △건축 △패션 △예술활동 △음식 △축제	△학습 △교육·학문 △복지 △아동 및 노후 세대 △환경 △IT 등 기술이전	△산업 △농수산축산 △재난 △전통시장 △스타트업 △의료 △제약 △에너지 △자동차 △우주 △항공산업 △밀리터리 △스포츠산업	△쇼핑 △포털 개발 △콘텐츠 개발 △애완동물 △정부혁신 △기업혁신	△미디어 △인공지능 △생태환경 △가상현실 VR

뉴스핌

썸네일 이미지

김 회장은 "이에 한국현대문화포럼은 제1회 '인류 최대 지식&작품 세계경연대회' 주최를 준비 중으로 주최가 현실화 될 경우 K문화와 세계문화의 교류 통해 인공지능 뛰어넘는 혁신의 신기술과 신문화 기틀이 될 것"이라며 "유튜브, 인스트라그램, 구글 등 모든 포

털이 통합이 가능해 '인간이 상상 가능한 새로운 지식과 문화 소통의 광장 역할'을 할 것"이라고 말했다.

이어 "구체적으로 세계 최초, 5차 산업혁명의 단초가 될 글로벌 신(新)포털이자 세계 최대 포털 사이트 '인간과 인공지능의 공존 프로젝트, 글로벌 서바이벌 콘텐츠 플랫폼 AIU+'는 전세계인이 [콘텐츠 개발 5개 대주제, 52개 세부 주제 카테고리]에 참가해 인공지능이 실시간 전세계 순위, 대륙별 순위, 국가별 순위를 정해 6개월 후 시상하는 체계"라고 덧붙였다.

한국현대문화포럼에서 추진하는 제1회 인류 최대 지식, 작품 세계경연대회는 총 200개 국 100팀씩 2만팀을 실시간 포털 사이트 에이아이유플러스(www. AIyouplus.com. AIU+)에서 AI 통해 세계 100위, 대륙 100위, 200개 각 국 100위 사용자가 유튜브, 틱톡 등 영상 및 자료를 보고 실시간 평가해 6개월 단위로 시상한다.

지식, 작품 출품을 전세계 각국 100위의 100배 참가자로 상정할 경우 200만 팀(1팀당 5명)은 참가자 1000만 명, 가족 5인 상정 약 5000만 명이 적극적인 참가자로 분류될 것으로 분석된다.

유튜브 및 틱톡 등 영상을 통해 사용자가 1-5점 사이 점수를 실시간 줄 경우 AI는 전 세계 순위 및 대륙 순위, 자신이 속한 국가 순위를 실시간 보여준다. 약 30억 명의 사용자가 있는 영어권 국가가 글로벌 우승이 예상된다. 〈계속〉

atbodo@newspim.com

[단독] AI 시대 열리는데... 인간은 AI에 지배받게 되나

기사등록 : 2023-10-11 06:00

AI 통해 세계인이 노벨상처럼 작품·지식 실시간 평가

6개월 후 글로벌 1위·대륙별 100위 등 선정 시상식

"세계 富의 재분배 촉발... 인간 윤리 정립 계기 기대"

썸네일 이미지

김장운 한국현대문화포럼 회장 겸 포털연구가가 학생들을 대상으로 인터넷 포털에 대해 강연하고 있다. [사진=김장운 블로그] 2023.10.10 atbodo@newspim.com

초거대 글로벌 포털 AIU+ 창안 김장운 한국현대문화포럼 회장 대담

챗GPT 등장을 계기로 거세게 일고 있는 AI(인공지능) 열풍에 대해 전 세계 지식과 기술 발전을 한층 업그레이드하는 활시위를 당겼다는 평가가 나오고 있다. 세계 1위 검색엔진 포털사이트 구글은 이미 챗GPT AI시대를 맞아 전 직원에게 새로운 거대 포털사이트 출현을 경고하는 메시지를 발표하기도 했다. 이에 포털연구가로서 초거대 글로벌 포털사이트 AIU+(www.aiyouplus.com)를 창안한 김장운 한국현대문화포럼 회장(극작가 겸 소설가)과 향후 AI 시대를 맞아 인간과 인공지능의 공존이 가능한 것인지 등에 대해 대담을 나눴다. 직면한 시대적 변화에 대한 내용이기에 미래기술과 정보문화를 이끄는 사상 첫 글로벌 포털 프로젝트 창안에 대해 보도한 상편에 이어 김 회장과의 대담을 하편으로 단독 보도한다.

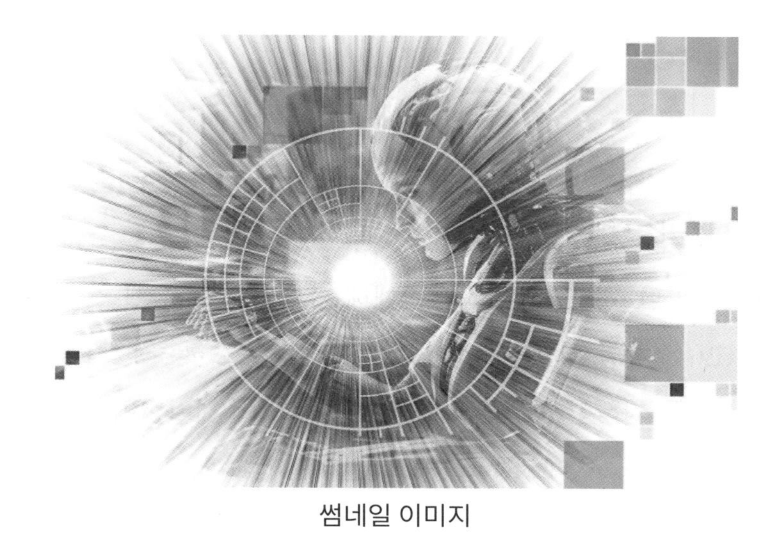

썸네일 이미지

AI(인공지능) 시대가 열리면서 김장운 포털연구가가 AI를 통해 세계인이 노벨상처럼 작품·지식을 실시간으로 평가하는 포털사이트를 창안해 주목을 받고 있다. [사진=픽사베이] 2023.10.10 atbodo@newspim.com

제5차 산업혁명 위한 정보·문화적 단초를 열다 <하>

[파주=뉴스핌] 최환금 기자 = 김장운 회장은 AI시대에는 인간이 AI에 지배를 받게 될 것인지 그리고 초거대 글로벌 포털사이트 AIU+(www.aiyouplus.com) 창안을 계기로 AI를 통해 어떤 새로운 콘텐츠 세상이 펼쳐질 것인지에 대해 진지하게 밝혔다. 전반적인 내용은 상편에서 설명했기에 글로벌 포털사이트에서 전 세계인(유저)이 인공지능을 통해 노벨상처럼 작품과 지식을 선정하는 등 향후 5차 산업혁명 발전 가속화를 이루는 비전에 대해 일문일답으로 정리한다.

포털연구가는 세계적으로 없는데 언제부터 포털을 연구했으며 계기는 무엇인지

▲ 2009년 5월경에 인터넷에 대해 아무것도 모른 채 스승인 극작가 고(故) 차범석 선생과 관련한 진실게임으로 하루 12시간씩 블로그, 카페, 지식인 등에 심취했다. 6개월 만에 네이버에서 김장운 개인 블로그를 사이트로 만들었고, 현재는 카페 300만, 네이버, 다

음 지식 100만, 네이버 블로그 815만 등 총 1200만 조회 수를 기록하고 있다. 2010년 3월 네이버 지식인과 다음 지식을 최초로 비교 분석해 의사, 변호사 등 전문가 답변이 6월경에 나왔고, 종편 4사 등 유선방송이 결국은 이기게 될 것이란 전문가와의 토론이 현실화가 돼 지금은 지상파 3사를 이기고 있다. 천안함 국방파워블로거로 다음 관계자와 토론에서 결국 진보 유저로 국한된 문제로 어려움에 처할 것이란 평가 역시 현실화가 돼 검색시장 5% 미만으로 네이버와 구글 6대 4 구조로 재편됐다.

포털은 무엇이고, 앞으로 발전방향은 무엇이라고 보는지

▲ 포털은 일종의 광장이다. 드넓은 광장에서 한쪽에서는 마녀사냥으로 죽이고, 다른 한쪽에서는 러시아와 우크라이나, 이스라엘과 하마스가 전쟁을 한다. 그와 동시에 한쪽에서는 축제를 열고 또 한쪽에서는 환경운동에 나서는 것과 같다. 사실 이 모든 것은 어떤

연관관계가 없는 것 같지만 나비효과처럼 서로 인과관계를 맺고 있다. 러시아, 우크라이나, 이스라엘, 하마스의 전쟁으로 유가와 가스 요금이 오르고 곡물 가격이 올라 물가가 오르면서 제3세계를 비롯한 세계인구의 50% 이상이 심각한 경제적 박탈감을 가지는 것과 같은 이치다.

인터넷 시대를 맞아 포털의 중요성은 갈수록 중요해지고 있는데

▲ 글로벌 최대 포털은 누가 지배하느냐가 세계 패권과 밀접한 관련이 있다. 미국은 틱톡의 경우 틱톡미국으로 분사하라고 하고 있고, 결국 그렇게 될 것으로 예상한다. 3억 4000만 명의 미국인 콘텐츠 정보가 중국에 흘러 들어간다고 주장하고 있기 때문이다.

예부터 콘텐츠 정보는 국가나 군주가 통제했다. 특히 지도의 경우는 더했다. 그래서 영어의 문법 완성에 기틀을 마련했다는 평가가 나오는 왕조의 이야기를 담은 셰익스피어의 작품은 왕조의 일가 내지 그룹이 쓴 것이란 설이 나올 정도다. 군주론으로 유명한 마키아벨리가 쓴 유럽과 아프리카, 로마의 1000년사 '마키아벨리 피렌체사' 역시 군주에게서 녹봉을 받는 참모 역할을 했기 때문에 방대한 역사서를 쓸 수 있는 정보접근권이 있어서 가능했던 이야기로 봐야 한다.

현재 80억 인구 중 약 50% 정도만 인터넷에 자유롭게 접근하고 있고, 정보의 접근성은 불평등한 관계다. 글로벌 1위 100억 달러, 2등-100위 상금, 대륙별 100위, 200개국 100위, 52개 소(小)주제 100위 상금을 시상해 100만 팀(개인 포함) 시상할 경우, 특히 세계 부(富)의 재분배 촉발이 가능해 우주, 인공지능 등 신기술 인프라가 없는 전 세계 150개국 제3세계가 기술 발전 토대 마련 계기와 인간 윤리를 정립하는 계기가 될 것으로 예측된다.

따라서 결국 인터넷의 가장 기본인 글로벌 포털사이트는 인간의 삶을 바꾸는 계기를 마련할 것으로 본다.

썸네일 이미지

김장운 한국현대문화포럼 회장 겸 포털연구가가 글로벌 포털사이트에 대해 연구하고 있다. [사진=김장운 블로그] 2023.10.10 atbodo@newspim.com

13년 동안 포털연구가로 지내면서 초거대 글로벌 포털사이트 AIU+에서 글로벌 1위는 100억 달러(약 13조 원), 2위부터 100위까지 차별화된 상금을 6개월마다 준다는 계획이 과연 실현이 가능한 것으로 보나

▲ 구글을 핸드폰에 설치하면 자동으로 로그인돼 유저(사용자)가 AI를 통해 현실적으로 자신이 좋아하는 콘텐츠에 1~5점 점수 및 기부가 가능하다. 동시에 하루에 10억 명이 정보를 입력해도 가능한 기술 수준에 도달해 있다. 그에 합당한 데이터센터와 보안, 시스템이 우선 갖춰져야 한다. 구글의 유튜브 수익구조를 통해(하루 1

억 명 접속자) 수익구조를 예측했다.

또한 50여 개국의 선진화 된 국가 외에 나머지 150여 개발도상국은 52개 소주제를 통해 5차 산업 발전의 기틀을 마련할 것으로 예측된다. 대한민국의 경우 동남아시아 및 아프리카 등에 관세청, 농업진흥청, 기상청 등이 공무원 및 관계자들을 초빙해 연수프로그램을 통해 기술이전을 해주고 있는 상황이다.

앞으로 글로벌 최대 포털 AIU+를 어떻게 성공적으로 런칭할 계획인가

▲ 인간이 상상 가능한 모든 주제(52개)와 세부 주제(약 500여 개)를 설계했다. 이 설계 부분은 누구도 넘을 수 없다고 자신한다. 본인이 봄에 글로벌 최대 포털 AIU+를 만들고 난 후에 기사 검색으로 세계 최고 부자이면서 발명가인 일론 머스크가 특정 과학자를 대상으로 100억 원 규모의 경연대회를 수년째 하고 있다는 것을 알았다.

지구 반대편에서 소수가 그들만의 노벨상을 100년 넘게 진행했지만 시간이 갈수록 그 효용성은 한계점에 왔다고 본다.

따라서 본인은 일단 정부의 기본 투자를 통해 포털 설계를 세분화·안정화 한 다음에 포털이 없는 일론 머스크나 구글, 손정의 등에게 글로벌 투자를 받을 계획이다.

최소 1000억 원에서 1조 원이 투자돼야 글로벌 포털로서 진행이 가능할 것으로 예측한다. 자본만 투입된다면 기술적으로 6개월에서 1년 안에 글로벌 최대 포털 AIU+는 세상에 출현할 것이다.

막대한 예산이 필요한 계획임에도 확신이 있어 보이는데

▲ 구글이나 애플 등 스타트업은 2, 3명이 만든 글로벌 기업이다. 누가 먼저 미래를 읽었나가 중요하다. 삼성이 반도체 등에서 앞서가고 있지만 파운드리 1위 대만 TSMC에는 힘이 벅찬 것이 현실이다. 기부금과 상금으로 글로벌과 200여 개 국가에서 다양한 스타트업 기업들이 나올 것으로 예상한다.

본인은 창의적인 사고를 기반으로 하는 극작가 겸 소설가로 살아왔고, 언론을 통해 정치, 경제, 사회, 문화 전반에 대한 정보접근이 가능했으며 기사와 네이버 등 포털의 성장을 보았기 때문에 창의적인 포털을 만들 수 있었던 것으로 생각하며 이는 반드시 실현 가능하다고 생각한다.

atbodo@newspim.com

Part 04

AI 기반 초거대
글로벌포털사이트 AIU+
(www.aiyouplus.com)

CHAPTER 01

AI 기반 초거대 글로벌포털사이트 AIU+

김장운: AI 기반 초거대 글로벌포털사이트 AIU+에 대해 설명한다면, 저는 전 세계 90억 명 중 매일 20억 명이 제가 설계한 AI기반 초거대 글로벌 포털사이트 AIU+를 통해 5대 대주제, 52개 소주제에서 다시 소주제가 10개 분야로 세분화 한 500여 주제를 가지고 6개월 단위로 100위 순위를 정하는 전 세계 경연대회를 개최해 1000만 팀을 시상하는 시스템이죠. 이 경연대회에서 발생한 다양한 이야기, 저작권이 발생할 겁니다.

제인 박사제인(32세. 영국 흑인 여자 AI. 영국 인공지능(AI)협회 홍보이사. 여성학자): 기존 아날로그 포털사이트와는 다른 구조네요!

김장운: 그렇죠. 매일 실시간 전 세계 통합 100위, 대륙별 100위, 200개 각국 100위, 5대 대주제, 52개 소주제, 500개 세밀주제를 또 다시 전 세계 통합 100위, 대륙별 100위, 200개 각국 100위로 순위를 보여주고 계산해야 하니까 그 정보의 양과 속도는 AI 포털이 아니면 도저히 할 수 없는 엄청난 정보량입니다.

제인 박사: 유튜브, 틱톡, 인스타그램, 페이스북, X가 난리 나겠

네요! (웃음)

김장운: 예를 들어 52개 소주제 중 하나인 음악 소주제에는 음악 대분류로 클래식, 재즈, 록, K팝 4개로 나눈다면, 클래식음악 △오케스트라 △성악 △피아노 독주 △현악 중주로, 재즈는 △트리오 △빅밴드 △솔로, 록은 △메탈 △모던락, K팝은 △걸그룹 △보이그룹 △솔로 △댄스 △트로트 등 14세부 주제로 분류할 수 있죠. 200여개 전 세계 각 나라별 100위를 6개월 단위로 경연대회를 통해 전 세계 각 나라의 유저 사용자들이 별 1점에서 5점까지 점수를 줘서 실시간 통계를 인공지능이 내서 순위가 결정되고, 상금으로 시상하게 됩니다. 이 경연대회에 참여자는 14개 세부주제별 참여 빈도수가 다르다고 해도 일반적으로 10배를 가정하면 280만 팀(개인)으로 대략 팀을 5명으로 가정할 경우, 1400만 명이 세계 경연대회에 참여하게 되는 것이죠.

이럴 경우, 전 세계 1400만 명의 경연자들이 만들어 내는 다양한

음악세계의 저작권은 상상 이상의 결과를 나타낼 것이며, 그 반향은 상상 이상입니다. 이 정도 거대한 세계 음악 경연대회, 특히 온라인 AI기반 초거대 포털사이트는 인류 역사상 최초의 사례죠.

제인 박사: AI 통해 세계인이 노벨상처럼 작품·지식 실시간 평가 후 6개월 후 글로벌 1위·대륙별 100위 등 선정 시상식을 가지고 '세계 富의 재분배 촉발… 인간 윤리 정립 계기 기대'한다가 회장님의 AI포털사이트 AIU+ 원칙이라는 거죠?

김장운: '인류 최대 지식&작품 세계경연대회'가 현실화 될 경우 K문화와 세계문화의 교류 통해 인공지능 뛰어넘는 혁신의 신기술과 신문화 기틀, 유튜브, 인스타그램, 구글 등 모든 포털이 통합이 가능해 '인간이 상상 가능한 새로운 지식과 문화 소통의 광장 역할'을 할 것입니다. 세계 최초, 5차 산업혁명의 단초가 될 글로벌 신(新)포털이자 세계 최대 포털 사이트 '인간과 인공지능의 공존 프로젝트, 글로벌 서바이벌 콘텐츠 플랫폼 AIU+'는 지식&작품 출품을 전 세계 각국의 종합순위·52개 소주제·200개국 100위의 10배 참가자로 상정할 경우 1000만 팀(1팀당 5명)은 참가자 5000만 명, 가족 5인 상정 약 2억5000만 명이 적극적인 참가자로 분류될 것으로 분석됩니다.

제인 박사: 글로벌 서바이벌 콘텐츠 플랫폼 AIU+ 사용자 자신의 계정에 영상과 자료를 통해 다른 사용자가 1-5점 사이 점수를 실시간 줄 경우 AI는 전 세계 순위 및 대륙 순위, 자신이 속한 국가 순위를 실시간 보여준다는 거죠?

김장운: 현재 80억 인구 중 약 50% 정도만 인터넷에 자유롭게 접근하고 있고, 정보의 접근성은 불평등한 관계입니다. 글로벌 1위 100억 달러, 2등-100위 상금, 대륙별 100위, 200개국 100위, 52개 소(小)주제 100위 상금을 시상해 1000만 팀(개인 포함) 시상할 경우, 특히 세계 부(富)의 재분배 촉발이 가능해 우주, 인공지능 등 신기술 인프라가 없는 전 세계 150개국 제3세계가 기술 발전 토대 마련 계기와 인간 윤리를 정립하는 계기가 될 것으로 예측되며, 따

라서 결국 인터넷의 가장 기본인 글로벌 서바이벌

콘텐츠 플랫폼 AIU+는 "인간의 삶을 바꾸는 계기를 마련할 것"으로 봅니다. 제1회 [인류 최대 지식&작품 전 세계 경연대회]는 [콘텐츠 개발 5개 大주제, 52개 小주제 카테고리 선정]했는데, A. 문화(△음악 △게임 △공연 △영화 △방송 △다큐멘터리 △드라마 △뮤지컬 △웹툰 △웹소설 △문학 △강연 △문화평론 △예술평론 △전통문화 △디자인 △광고 △문화 △건축 △패션 △예술활동 △음식 △축제 등 23개 주제 분야) B. 교육(△학습 △교육·학문 △복지 △아동 및 노후세대 △환경 △IT 등 기술이전 등 6개 주제 분야) C. 기술(△산업 △농수산축산 △재난 △전통시장 △스타트업 △의료 △제약 △에너지 △자동차 △우주 △항공산업 △밀리터리 △스포츠산업 등 13개 주제 분야) D. 콘텐츠(△쇼핑 △포털개발 △콘텐츠개발 △애완동물 △정부혁신 △기업혁신 등 6개 주제 분야) E. AI 인공지능(△미디어 △인공지능 △생태환경 △가상현실VR 등 4개 주제 분야) 등이죠.

제인 박사: 자료를 보니까 에이아이유플러스(www. AIyouplus. com. AIU+) 상반기 종합 전체 1등 상금은 100억 달러, 오, 놀랍네요! 지식&작품 전 세계 각국 200개 100위의 100배 참가자를 상정할 경우, 1000만팀(1팀당 5명)은 참가자 5,000만명, 가족 5인 상정 약 20억5천만명이 적극적인 참가자로 분류 분석되고, 영상과 자료를 통해 사용자가 1-5점 사이 점수를 실시간 줄 경우, AI는 전 세계 [종합순위]를 전체종합순위100위·5대륙종합순위100위·200

개국종합순위100위로 실시간 보여준다. [소주제52개]전체종합순위 100위·5대륙종합순위 100위·200개국종합순위 100위와 [세부주제500여개] 종합순위 100위·5대륙종합순위 100위·200개국종합순위 100위도 실시간 보여준다는 거죠?

김장운: 결국 AI는 자신이 선택한 주제의 전 세계 종합순위 및 5대륙 종합순위, 자신이 속한 국가 순위 종합순위를 실시간 보여주면서 또한 기부하기를 통해 자신이 지원하기 바라는 계정에 기부를 할 수 있습니다.

제인 박사: 6개월 단위의 마지막 순위로 성과를 가지고 제1회 [인류 최대 지식, 작품 세계 경연대회] 실시간 세계 최대 포털 사이트 에이아이유플러스(www. AIyouplus.com. AIU+) AI 통해 영상을 제작해 쉽고 친근하게 사용 및 홍보할 것으로 예측되므로 유튜브 및 틱톡, 페이스북, 인스타그램, X 등 기존 글로벌 포털사이트의 영상 중심매체는 어려움에 처할 것으로 예측된다는 것도 틀린 이야기는 아니네요!

김장운: 또한 VR, 핸드폰 등으로 시간과 공간을 파괴하고 자유롭게 고인이 된 예술가를 불러오는 등 기술혁신이 연이어 이어지기 때문에 그 파급효과는 경연대회 참가와 평가, 기부하기 기능으로 인해 제5차 산업혁명의 단초가 될 정도로 그 시너지 효과는 상상이상이 될 것으로 예측됩니다. 글로벌 순위가 주는 효과는 상상 이상으로 예를 들어 대학교와 병원, 국가 및 지자체의 글로벌 순위와 대륙순위, 각 나라별 순위가 발표되면 대학교의 경쟁체제로 인해

다양한 노력이 수반되어 긍정적 효과가 나타날 것으로 예측됩니다.

제인 박사: [세계 최초, 최대 초거대 글로벌 포털사이트 “AIU+ 학문&작품 세계경연대회” 프로그램 참여 예시]가 재미있네요. △전체 52개 소주제 중 하나인 음악, 약 500여개 세부주제, 14개 음악세부주제 중 "오케스트라" 주제 프로그램 참여해 [아프리카 최빈국 르완다 고등학교 음악 여선생의 "좌충우돌 오케스트라단" 만들기] 프로그램을 자신의 계정에 등록해서 ‘오케스트라 세계 1위로 전 세계 대륙별 공연 이어가’의 경우, 첫째, 세계 최초, 최대 초거대 글로벌 포털사이트 AIU+ 학문&작품 세계경연대회에 접속해 [아프리카 최빈국 르완다 고등학교 음악 여선생의 "좌충우돌 오케스트라단" 만들기] 계정을 등록한다는 거죠?

김장운: 네. 기존 구글의 계정을 이용하면 편리하죠. 앱만 다운받으면 되니까요.

제인 박사: 미모의 여선생이 고등학교에 “오케스트라단”을 만든다고 말하자, 놀라는 교장과 학생들 모습이 영상으로 올라온다. 전 세계 유저(사용자)들은 VR을 통해 현장에 간 것과 똑같이 여선생을 응원하거나 기부할 수 있다. a. 전 세계 유저(사용자)들은 VR과

핸드폰을 통해 미모의 여선생의 계정에 접속한다. 프랑스의 한 예술가는 “르완다 고등학교 음악 여선생의 ‘좌충우돌 오케스트라단’ 만들기를 돕자”고 호소한다. 이에 수많은 전 세계 유저(사용자)들은 댓글과 VR 통해 방문해 호응한다. b. 한 오케스트라단 단원이 자신이 쓰던 악기와 무료 레슨을 제안한다. 이에 미모의 여선생은

감격한다. 그 영상이 계정에 올라오자 전 세계인이 호응하며 악기와 무료레슨을 제안한다. 일부 악기와 연습이 VR로 실시간 이뤄진다. 이렇게 되면 가상현실로 예술교육이 이뤄진다는 건데 놀라운 기술입니다!

김장운: 그렇죠.

제인 박사: 시나리오를 그대로 인용하면, 3. [아프리카 최빈국 르완다 고등학교 음악 여선생의 "좌충우돌 오케스트라단" 만들기] 영상들은 실시간 전 세계 종합순위 100위권에 진입하며 전 세계인의 관심을 받기 시작한다. 음악 소주제 순위는 3위, 오케스트라 부문은 전 세계1위, 아프라카 대륙 1위, 르완다 1위다. 4. 미모의 여선생은 전체 악기마련에 어려움을 겪는다. 그때, 전 세계에서 기부가 이어지고, 악기 제조사에서 파격적으로 악기를 무상제공 하겠다고 해서 악기구입은 무사히 위기를 넘긴다. 5. 어렵게 고등학교 오케스트라단을 구성했지만 목표의식이 없는 학생들은 산만하고 자주 빠져 정상적인 오케스트라단 연습이 이뤄지지 않는다.

(오케스트라단이 가상현실에서 보여 진다. 토론회에 참석한 AI 참가자들과 10만 AI들이 같이 이동해 참관한다.)

여선생: 왜 소중한 분들이 악기를 마련해주고, 레슨까지 직접해주는데 너희들은 그 은혜를 모르고 연습을 제대로 안 하니?

단원a: 우리는 가난한 집안에서 태어나 가족들은 학교를 무사히 마치고 좋은 직장을 구하길 바라요! 그런데 오케스트라 단원이 된다고 뭐가 달라지죠? 여긴 가난한 아프라카 르완다예요!

단원b: 학교 친구들이 우릴 비웃고 있어요, 선생님!

여선생: 너희가 꿈만 꾸는 것이 아니야! 훌륭한 연주자, 예술가도 될 수 있어!

단원c: 훌륭한 연주자가 되면 돈 많이 버나요, 선생님! 책임질 수 있어요?

여선생: 그건...... 너희들이 노력해야 하고......!

단원a: 불가능한 일입니다!

여선생: 세계 다양한 연주자 선생님들이 너희 시간에 맞춰 잠잘 시간에 우리 계정을 방문해서 귀한 레슨을 무료로 하고 있잖아!

단원b: 그건 동물원 구경처럼 우릴 보고 즐기거나, 가난한 사람들에게 적선하면서 자기가 얼마나 잘난 사람인줄 으스대는 거 아닌가요?

여선생: 우린 르완다 최초의 고교 오케스트라단원이야! 자부심을 가지라구!

단원c: 그게 빵이 되냐구요? 안 되잖아요?

여선생: 우리가 잘하면 상금이 나와! 우린 그걸로 전 세계 연주공연을 할 것이고, 우리가 꿈꾸는 세상이 반드시 올 거야! 지휘자 선생님이 그렇게 말씀하셨잖아!

단원a: 그 사람은 유명한 백인이잖아요! 돈 많고, 유명한 예술가! 우리와는 근본이 다른!

여선생: 아냐! 그렇지 않아! 너희 꿈은 반드시 될 수 있어! 공연까지 참고 견디자, 애들아!

(미모의 여선생은 "AIU+ 오케스트라 부문 세계 1위로 전 세계, 대륙별 공연 이어가자"고 아이들을 설득한다. 술렁이는 아이들.)

([아프리카 최빈국 르완다 고등학교 음악 여선생의 "좌충우돌 오케스트라단" 만들기] 실력이 늘어난 영상이 인기를 얻으며 AIU+ 전 세계 종합순위 90위권에 들자, 르완다 국영TV와 언론사들이 취재열기가 높아진다. 그 모습을 AIU+ 전 세계 유저(사용자)들이 보면서 응원한다.)

(AIU+에 접속한 유저(사용자) 예술가가 VR을 통해 바이올린, 비올라, 첼로, 더블 베이스 - 현악기군의 현직 예술가들이 학생들에게 개인 레슨을 직접해주며 예술나눔을 실천한다.)

(AIU+에 접속한 유저(사용자) 예술가가 VR을 통해 플루트, 오보에, 클라리넷, 바순 등 - 목관악기군의 현직 예술가들이 학생들에게 개인 레슨을 직접해주며 예술나눔을 실천한다.)

(AIU+에 접속한 유저(사용자) 예술가가 VR을 통해 호른, 트럼펫, 트롬본, 튜바 - 강하고 화려한 금관악기군의 현직 예술가들이 학생들에게 개인 레슨을 직접해주며 예술나눔을 실천한다.)

(AIU+에 접속한 유저(사용자) 예술가가 VR을 통해 제일 시끄러

운(?) 타악기군의 현직 예술가들이 학생들에게 개인 레슨을 직접해 주며 예술나눔을 실천한다.)

(AIU+에 접속한 유저(사용자) 예술가가 VR을 통해 제일 중요한 지휘자 역할을 현직 지휘자 예술가가 나타나 학생들에게 전체 지휘를 하면서 연습을 해주며 예술나눔을 실천한다.)

(AIU+에 접속한 유저(사용자)는 실시간 아무 때나 시공을 초월해 이들의 연습장면을 직접 볼 수 있으며, 핸드폰 사용자는 연습에 지장이 안 가는 선에서 아이들과 대화를 할 수 있으며, 문자로 주고받을 수도 있다.)

(결국 6개월 후 [아프리카 최빈국 르완다 고등학교 음악 여선생의 "좌충우돌 오케스트라단" 만들기] 팀은 AIU+ 전 세계 종합순위 72위, 음악부문 순위 2위, 오케스트라 부문 세계1위, 아프리카 대륙 순위 1위, 르완다 1위가 되어 상금을 받고 '전 세계 순회 음악공연'의 꿈을 이루게 된다. 기뻐하는 아이들과 여선생)

제인 박사: 이건 놀라운 AI세계입니다, 회장님!

김장운: 그렇죠. 이렇게 된다면 가상현실에서 직접 교육과 방문이 이어져 놀라운 일이 벌어질 겁니다. 예를 들어 섹스 동영상의 경우, 이 기술이 적용되면 초대남과 초대녀가 되는 거죠!

제인 박사: 하여간 인간들은! 문제가 상상 이상으로 번지겠네요!

김장운: 러시아 횡단열차 브이로그를 찍는다면, 그 영상에 들어가 같이 여행도 가능합니다!

제인 박사: 역시 회장님이 AI신입니다!

김장운: △스포츠산업 소주제 중 '폴스포츠' 세부주제 프로그램 참여 [15세 인도 소녀, 동양의 신비-스포츠와 예술이 폴스포츠로 만나다] '전 세계 종합 3위, 스포츠산업, 폴스포츠 1위 기록, 새 역사를 쓰다'의 예시를 보겠습니다.

(1. 세계 최초, 최대 초거대 글로벌 포털 AIU+ 학문&작품 세계 경연대회에 접속해 [15세 인도 소녀, 동양의 신비-스포츠와 예술이 폴스포츠로 만나다] 계정을 등록한다. 그 과정을 AI들이 같이 이동해 참관한다.)

(2. 한국 문화체육관광부 인가 사단법인 한국현대문화포럼 대한폴스포츠협회장, 세계 최대 '김장운AI연극박물관' AI폴스포츠아카데미에 접속한 15세 인도 소녀가 "폴스포츠를 하고 싶어요! 폴스포츠 근원이 인도라는데 폴스포츠를 배워 가난과 어린 나이에 시집을 가야하는 굴레에서 벗어나고 싶어요!"라고 도움을 청한다.)

(3. 대한폴스포츠협회장, 세계 최대 '김장운AI연극박물관' AI폴스포츠아카데미 이사장은 15세 인도 소녀의 딱한 사정을 알고 야외 폴 장비를 인도로 보내준다. 그리고 세계 최초, 최대 초거대 글로벌 포털 AIU+를 통해 VR로 무료 강습을 해준다.)

(4. 실력이 일취월장한 15세 인도 소녀의 모습에 처음에는 반대하던 부모들이 적극 지원하면서 어머니는 직접 폴스포츠 복장을 만들어 주고, 아버지는 비가 올 경우를 대비해 나무 밑에 차양막을 만

들어주는데 그 모습이 아름답다. 석양이 비추는 저녁노을 아래 반짝이는 전구조명이 환상적으로 야외폴의 주변을 감싸고, 세계 유명 작곡가가 무료로 선사한 곡에 맞춰 한 마리 나비처럼, 고고한 학처럼 폴 아래에서, 폴 위에서 춤을 추어댄다. 구름처럼 모여든 인도사람들과 온라인으로 모여든 세계인이 환호하며 공연은 끝이 나고, 계속 공연해달라는 성원에 다른 곡으로 환상적인 폴스포츠를 이어간다.)

(5. 인도 15세 소녀의 사연이 알려지면서 세계 최초, 최대 초거대 글로벌 포털 AIU+ 학문&작품 세계경연대회 세계 종합순위 50위권으로 진입해 인도 방송과 신문 등 언론에 집중 조명을 받는다. 마을 촌장은 시골 변방의 마을을 알린 15세 소녀가 마을의 보배라고 칭찬이 자자하다. 전 세계 AIU+ 사용자들이 기부와 응원의 댓글과 연습장면을 보기 위해 1억 명 이상이 매일 인도 15세 소녀의 계정에 접속한다.)

(6. 결국 6개월 후, 15세 인도 소녀는 세계 최초, 최대 초거대 글로벌 포털 AIU+ 학문&작품 세계경연대회 세계 종합순위 33위, 스포츠산업 세계 1위, 폴스포츠 세계 1위가 되면서 막대한 상금을 받고, 폴스포츠 선진국 한국으로 유학을 떠나며 새로운 인생을 살게 된다.)

제인 박사: (박수 치며 웃는다) 오, 놀라워요! 회장님, 멋져요! 인도 15세 소녀의 꿈이 이루어졌네요!

김장운: 그렇게 되는 거죠! △음악 소주제 중 "K팝" 세부주제 프

로그램 참여

[쿠바 소년소녀들, "싸우다 혼성 K팝 'soul과 Seoul팀'" 만들기] 'K팝 세계 1위 되어 아이돌 그룹으로 데뷔하다'의 경우를 보시죠!

(1. 세계 최초, 최대 초거대 글로벌 포털사이트 AIU+ 학문&작품 세계경연대회에 접속해 [쿠바 소년소녀들, "싸우다 혼성 K팝 'soul과 Seoul팀'" 만들기] 계정에 등록한다. 이 모습을 순간 이동한 AI들이 참관한다.)

a. 쿠바 수도 아바나 외곽 광장. 쿠바 소년소녀들이 자유롭게 K팝 음악에 맞춰 춤을 추고 있다.

한 소년: 이봐! 우리 K팝 그룹을 만들어서 전 세계 최대 포털사이트 AIU+ 학문&작품 세계경연대회에 나가는 거 어때?

한 소녀: 우와! 멋진 생각인 걸?

한 소년: (다른 그룹 친구들에게) 너희 팀 이름이 뭐지?

다른팀 소년: (자랑스럽게 리듬에 맞춰 춤을 추어대며) 우린 K팝 본고장, 한국의 수도 Seoul팀이지!

다름팀 소녀: AIU+ 학문&작품 세계경연대회에 나가려구 연습 중이야!

한 소년: 너희 둘이서?

다른팀 소년: 뭐가 불만이냐?

한 소녀: 너희는 춤만 추네?

다른팀 소녀: 그럼 너네는 노래만 해? 흥!

한 소년: 우린 음악의 영혼을 중시하는 soul팀이야! 우리와 너네가 합쳐서 대회에 나가면 어떨까?

다른팀소년,소녀: 뭐라구? 정말?

한 소녀: 우와! 환상적인 생각인걸!

모두: soul과 Seoul! 멋진 걸! 핫하하!

(2. 흥이 많고 춤추기를 즐기는 쿠바 소년소녀들이 'K팝 혼성그룹'을 만들자고 의기투합한다. 각자 개성이 강한 이들이 과연 제대로 그룹으로 성장할 것인지 세계 최대 초거대 글로벌 포털 AIU+ 유저(사용자)들은 주시하기 시작한다.)

한 소년: 우리가 포털 AIU+에서 주목받기 시작했어!

한 소녀: 우와! 이게 현실이야? 쿠바 시골에 사는 우릴 전 세계인이 응원한다니 말이야!

다른팀 소년: 두 팀이 하나가 됐다고 응원하잖아! 믿기지 않는 걸!

다른팀 소녀: 이젠 우리는 하나야! K팝 혼성그룹! 하하하!

(3. 'K팝 혼성그룹' 리더 선정을 둘러싸고 신경전에 돌입해 팀이 해체 위기에 빠진다. 결국 'soul과 Seoul팀 두 팀으로 양분되고,

세계 각국의 응원그룹도 두 그룹으로 양분되어 수십 만 명이 댓글과 응원으로 인터넷상 난리가 난다.)

한 소년: (절망적으로) K팝 혼성그룹 soul과 Seoul은 이젠 없어! 우린 soul팀과 Seoul팀으로 확실하게 나눠진 거야!

다른팀 소년: 리더는 내가 해야 되는데 너희 soul팀이 배신 한 거야!

한 소녀: 세계 각국의 응원그룹도 두 그룹으로 양분되어 수십 만 명이 댓글과 응원으로 인터넷상 난리가 난 건 너희 다 때문이야, Seoul팀 잘못이라구!

다른팀 소녀: 솔직히 말해서 너희는 춤을 잘 추는 우리 Seoul팀 후광을 입었잖아! 인정해!

soul팀 응원자1: (계정에 접속한 유저(사용자)가 VR로 접속해서) 두 팀으로 갈라서면 모두 손해야! 정신 차려!

soul팀 응원자2: (계정에 접속한 유저(사용자)가 VR로 접속해서) 하지만 춤을 중시하는 Seoul팀이 모두 망치고 있어! 이건 사실이라구!

Seoul팀 응원자1: (계정에 접속한 유저(사용자)가 VR로 접속해서) 댓글과 여론을 봐! 전 세계인이 너희 그룹을 응원하는데 난 중국사람으로 Seoul팀이 잘하고 있다고 봐!

Seoul팀 응원자2: (계정에 접속한 유저(사용자)가 VR로 접속해서) 난 영국사람으로 Seoul팀이 잘한다고 다들 그래! K팝은 멋진 춤사위가 압권이지!

soul팀 응원자3: (계정에 접속한 유저(사용자)가 VR로 접속해서) 난 태국사람인데 우리나라 사람들은 soul팀의 노래가 이 혼성 그룹이 가창력 때문에 세계적인 관심을 가지고 있다는 여론이야!

Seoul팀 응원자3: (계정에 접속한 유저(사용자)가 VR로 접속해서) 난 이탈리아 사람인데 우리나라 여론은 춤 잘 추는 Seoul팀이 잘한다고 해!

soul팀과 Seoul팀 응원자1: (계정에 접속한 유저(사용자)가 VR로 접속해서) 난 독일사람인데 이렇게 싸우면 남미 특유의 춤과 노래를 K팝과 접목한 너희 두 그룹이 하나 된 의미가 퇴색돼! 지금까지 잘 해왔는데 왜 만나면 싸워? 이러면 너희 그룹은 외면당해!

soul팀과 Seoul팀 응원자2: (계정에 접속한 유저(사용자)가 VR로 접속해서) 난 호주사람으로 독일인의 판단을 존중해! 너희는 AIU+의 떠오르는 샛별이야! 분열하지 말고 힘을 합쳐! 제발!

(양분된 지지 세력의 목소리에 광장은 일시적으로 혼란에 빠진다. 이때, 쿠바 사이버경찰대가 출동해 흥분을 가라앉히라고 제지한다.)

쿠바 사이버경찰대원1: (계정에 접속한 유저(사용자)가 VR로 접속해서) 여러분, 여기는 여러분만이 아니라 세계인들이 실시간 바로 보고 있는 공간입니다. 서로 격한 말들은 자제해 주세요!

Seoul팀 응원자4: (계정에 접속한 유저(사용자)가 VR로 접속해서) 와, 이제는 쿠바 사이버경찰대가 다 출동했네!

soul팀과 Seoul팀 응원자1: (계정에 접속한 유저(사용자)가 VR로 접속해서) 비록 AI인공지능이 만든 사이버 공간이지만 실제와 같은 상황이기에 쿠바 사이버경찰대가 출동한 겁니다! 사실 상황이 너무 격해지다 보니까 제가 신고해서 부른 겁니다!

Seoul팀 응원자5: (계정에 접속한 유저(사용자)가 VR로 접속해서) 이거 soul팀 응원자가 경찰에 신고한 것 아냐? 비겁한데?

soul팀 응원자5: (계정에 접속한 유저(사용자)가 VR로 접속해서) 우린 아니고 당신들 Seoul팀 응원자들이 사이버경찰에 신고한 거 아냐?

쿠바 사이버경찰대원2: (계정에 접속한 유저(사용자)가 VR로 접속해서 양쪽 그룹을 중재하면서)

이러시면 안 됩니다! 이성을 찾으세요! 우리 쿠바 사이버경찰대는 어느 쪽도 편들지 않습니다!

쿠바 사이버경찰대원3: (계정에 접속한 유저(사용자)가 VR로 접속해서 양쪽 그룹을 중재하면서)

쿠바의 문화를 사랑하시는 세계인 여러분! 쿠바시민의 사이버 영역이라 출동한 것이지 어느 쪽도 편들지 않다는 것을 알아주세요! 그리고 오늘은 너무 감정이 격해졌으니 계정에서 각자 나라로 돌아가 주시기 부탁드립니다! 감사합니다.

(결국, 쿠바 사이버경찰대원들의 중재로 광장에 모인 전 세계인들은 뿔뿔이 각자 계정으로 돌아간다.)

(4. 결국 대형 기획사의 강사가 나타나 두 그룹을 중재하고 다시 한 팀으로 모이자, 전 세계 유저(사용자)들은 환호한다.)

(soul팀과 Seoul팀이 허무한 표정으로 연습도 안하고 있다.)

soul팀 남: 먼저 번 소동으로 연일 세계 언론과 쿠바언론, SNS에서 난리가 났어! 우린 끝났어!

soul팀 여: AIU+ 구독자가 1억 명이 늘면 뭐해! 우린 서로 사자와 호랑이처럼 싸우는 걸!

Seoul팀 남: 우리가 AIU+ 종합순위 30위란다! 돈벼락을 맞으려고 자작극 한 거라고 비아냥거린다! 휴!

Seoul팀 여: 학교에서 다들 뒤에서 쉬쉬하는데 욕하는 소리가 다 들려! 돈에 환장한 그룹이라구!

(그때, 대형 기획사 대표와 강사가 계정에 접속한 유저(사용자)로 VR로 접속해서 두 팀 앞에 나타난다.)

대형 기획사 대표: 안녕하세요, 여러분! 전 AIU+ 통해서 여러분을 처음부터 주시한 K팝 기획사 대표 안드레 김 입니다!

대형 기획사 강사(여): 전 여러분을 도와줄 춤 트레이너 비너스라고 합니다!

soul팀과 Seoul팀원들: (놀라 기겁한다) 예에? 정말요? (모두 자리에서 일어선다)

대형 기획사 대표: 다들 힘내시고 저희 회사와 계약 하시면 여러분을 세계적인 K팝 아티스트로 성장하도록 돕겠습니다.

(이 모습을 AIU+ 핸드폰 계정으로 보던 사람들과 계정에 접속한 유저(사용자)가 VR로 접속한 많은 이들이 환호한다.)

soul팀과 Seoul팀 응원자들: (한 목소리로) 계약해! 계약해!

쿠바 사이버경찰대원1,2: (계정에 접속한 유저(사용자)가 VR로 접속해서) 또 무슨 소동이 일어난 겁니까? 예에?

soul팀과 Seoul팀 응원자들: 아닙니다! 계약해! 계약해!

쿠바 사이버경찰대원1: (빙그레 웃으며) 이번엔 우리 사이버경찰대 대장님이 오버하셨네! 아무런 갈등도 없는데!

쿠바 사이버경찰대원2: 역사적인 현장에 왔다는 걸 쿠바인의 한 사람으로, 세계인의 한 사람으로

감격스럽다, 정말!

(soul팀과 Seoul팀원과 대형 기획사 대표가 서로 악수하자, 군중들은 박수치고 환호하면서 수많은 댓글이 줄지어 올라온다.)

(5. 쿠바 소년소녀들이 'K팝 혼성그룹'은 전 세계 종합순위 당당히 27위권에 들어서면서 쿠바 언론과 세계 언론의 조명을 받으면

서 대형 기획사와 계약을 맺게 되면서 춤과 노래(작곡) 작품을 위한 체계적인 레슨이 시작된다.)

(혼성 soul과 Seoul팀이 '우리는 하나, 세계는 하나' K팝을 노래한다. 전 세계 수많은 계정에 접속한 유저(사용자)가 VR로 접속해서 수 십 만 명이 떼창하며 따라 춤추며 환호하며 응원한다. 핸드폰으로 응원하는 사람들이 구름떼처럼 늘어난다.)

혼성 soul과 Seoul팀: (한국어) 우리는 하나, 세계는 하나.
우린 서로를 증오하면서 서로를 미워했지.
너와 내가 하나가 되면 갈등이 없다는
걸 미처 깨닫지 못했지.

(영어) We are one, the world is one.
We hated each other, we hated each other.
I didn't realize that if you and I were united,
there would be no conflict.

(전 세계 200개 언어로 변환되어 각국의 유저들의 언어로 들린다)

우리는 하나, 세계는 하나.
우린 서로를 증오하면서 서로를 미워했지.
너와 내가 하나가 되면 갈등이 없다는 걸 미처 깨닫지
못했지!

(6. [쿠바 소년소녀들, "싸우다 혼성 K팝 'soul과 Seoul팀'" 만들기]팀은 최종 6개월 후 세계 종합순위 13위, 음악 부문 세계 1위, K

팝 세계 1위가 되면서 막대한 상금과 기부금이 쌓인다.

그리고 꿈에 그리던 "K팝 세계 1위 되어 아이돌 그룹으로 데뷔하다"의 꿈이 현실이 된다.)

제인 박사: (일어나 환호하며 같이 따라 춤을 춘다) 오, 대단해요! K팝이 이렇게 아름다운 춤인지 몰랐어요! 아름다워서 눈물이 다 나요! 최고! 그런데 200개 언어가 다 번역되어 들려요?

김장운: AIU+는 기본적으로 200개 언어를 다 실시간 번역, 통역 해줍니다!

제인 박사: 놀랍습니다, 회장님! AI신!

CHAPTER 02

AI 기반 초거대 글로벌포털사이트 AIU+는 기존 아날로그 유튜브, 틱톡, 페이스북, 인스타그램, X와 무엇이 다른가

세계유일 AI포털 작가, AI포털연구가로서 '1인 유니콘 기업 에이아이유플러스(AIU+) 상용화'에 대한 내용이 중요하고 방대하기 때문에 제1부 문화, 제2부 교육, 제3부 기술, 제4부 콘텐츠, 제5부 인공지능 부문 기고문으로 나누어 싣기로 한다. AI책 시리즈 '인류와 AI 공존프로젝트1 - 인간과 우주를 향해 제3차 대항해를 떠나다' 발표한 1권 이후 2, 3권에서 다룰 내용의 일부를 미리 요약·발표하는 것이다.

본격적인 AI시대를 맞아 1인 유니콘 기업이 등장할 것으로 예상된다. 제5부 시리즈 중에 제1부 세계유일 초거대 포털사이트 에이아이유플러스(AIU+. www.aiyouplus.com)의 플랫폼을 통해 제1부 문화에서 1인 유니콘 기업 에이아이유플러스 상용화 시리즈 5회를 연재하고자 한다.

제1부 문화부문은 1회 '1인 유니콘 기업 에이아이유플러스 상용화, 가수 공연역사 바꾼다', 2회 '1인 유니콘 기업 에이아이유플러스 상용화, 틀 바꾼 영화 영상문화', 3회 '1인 유니콘 기업 에이아이유플러스 상용화, 게임이 새롭다', 4회 '1인 유니콘 기업 에이아이유플러스 상용화, 드라마 창조', 5회 '1인 유니콘 기업 에이아이유플러스 상용화, 웹툰·웹소설 통합' 등이다.

유니콘 기업은 기업 가치가 10억 달러(1조 원) 이상인 스타트업 기업을 전설 속의 동물인 유니콘에 비유하여 지칭하는 말이다. 원래 유니콘은 머리에 뿔이 한 개 나 있는 전설 속의 동물로 말 형상을 하고 있다. 상장도 하지 않은 스타트업 기업의 가치가 10억 달러를 넘는 일은 유니콘처럼 상상 속에서나 가능한 일이라는 의미에서 여성 벤처 투자자인 에일린 리(Aileen Lee)가 2013년에 처음 사용했다. 현재 대표적인 세계적 유니콘 기업에는 미국의 우버·에어비앤비·스냅챗과 중국의 샤오미·디디 콰이디 등이 있다.

그렇다면 '1인 유니콘 기업'이 AI시대에 가능하다는 말인가. 가능하다. 필자가 세계유일 AI포털 작가, AI포털연구가로서 연구해 발표한 인공지능(AI) 기반 에이아이유플러스(AIU+) 상용화를 통해 가능한 일이다.

기존의 유튜브·틱톡·페이스북·인스타그램·X는 인공지능(AI) 도움 없이 성장한 아날로그 글로벌 대표 포털사이트다.

세계 유일 초거대 AI포털사이트 에이아이유플러스(AIU+)는 제1부 문화, 제2부 교육, 제3부 기술, 제4부 콘텐츠, 제5부 인공지능

대주제에 50여개 세부주제, 다시 500여개 세밀 주제를 통해 세계 100위를 실시간 선정해 6개월마다 약 1000만 팀을 선정하는 서바이벌 지식&작품 세계경연대회다. 상금은 1등 100억 달러(약 14조원)이다.

CHAPTER 03

1인 유니콘 기업 AIU+ 상용화, 가수 공연역사 바꾼다

사례1.

AI포털사이트 에이아이유플러스(AIU+)의 제1부 문화 중 음악의 세밀 주제 가수를 선택한 에이아이유플러스의 사용자 'AI유플러' 수잔(19세. 여. 영국)은 가수부문 미국 1위를 하면서 'AI유니콘실버'에서 'AI유니콘골드'로 승격된 'AI유플러' 마가렛의 댄스팀에 뽑히면서 혼성 10인조에 합류했다. 수잔은 '마가렛의 댄스팀'의 일원으로 매일 정오부터 2시간 동안 AI포털사이트 에이아이유플러스(AIU+)의 '마가렛의 댄스팀'에 접속해 VR로 실제처럼 전 세계에서 모인 팀원들과 신곡 '평화의 노래' 연습에 열중하고 있다.

수잔: '평화의 노래' 가사가 너무 좋은 것 같아요!

정석: 수잔, 한국에서도 인기가 최고 높죠! 영국에서는 어때요?

수잔: (밝게 웃으며) 최고죠! 우리 가수 마가렛이 작사를 하고 AIU+인공지능이 작곡했는데 곡도 인간이 만든 것보다 더 좋은 것

같아요! 스텔라 나라는요?

스텔라: (웃으며) 호주에서도 계속 1위를 달리고 있어요! 넘버원!

수잔: (마치 가수처럼 가창력이 좋게 노래 부른다. 동시에 새로 만든 안무를 선보인다. 그 모습을 보면서 따라하는 정석과 스텔라) 인간의 역사는 침략의 역사였어

인간은 서로를 증오하고 타인의 재산과 여인을 함부로 탐했지, 금단의 바다를 건너 마치 바이킹처럼 탐했어

인간의 역사는 중국 명나라 정화의 1차 대항해 때에는 아시아와 아프리카 정복하고 조공만 받았어

그걸 명나라 태평성대가 되니까 유럽보다 수 백 년 앞선 배 건조 기술과 자료를 모두 불살랐어

인간의 역사는 침략의 역사였어

인간은 서로를 증오하고 타인의 재산과 여인을 함부로 탐했지, 금단의 바다를 건너 마치 바이킹처럼 탐했어

인간의 역사는 콜럼버스가 황금의 나라에서 금을 빼앗아온다고 2차 대항해를 떠났어

아프리카 흑인을 잔혹하게 잡아다가 배에 닭장처럼 가두고 유럽과 신대륙에 노예로 팔아넘겼어

인간의 역사는 침략의 역사였어

인간은 서로를 증오하고 타인의 재산과 여인을 함부로 탐했지, 금단의 바다를 건너 마치 바이킹처럼 탐했어

인간의 역사는 사악하고 잔혹해

너의 것은 내 것, 나의 것은 내 것, 너의 신체의 자유와 너의 정신의 자유는 국가의 것, 너의 과거와 현재 미래는 없어

인간의 역사는 침략의 역사였어

인간은 서로를 증오하고 타인의 재산과 여인을 함부로 탐했지, 금단의 바다를 건너 마치 바이킹처럼 탐했어

인간은 자유로운 새처럼 창공을 날고 물고기처럼 오대양을 헤엄치고 싶어해

어린 소녀의 작은 꿈처럼 인간은 더 이상 타락하지 않고 평화를 꿈꿔

정석·스텔라: (박수치며 환호한다) 오, 최고! 안무 너무 좋은 데요!

수잔: 우리 팀원들이 입장하면 백댄서 연습할 때 마지막 부분 소녀의 꿈을 좀 더 강조했으면 좋겠어요!

정석: 팀장인 수잔이 팀원들이 오면 그걸 강조해. 새 안무는 다른 팀원들이 아직 모르지?

수잔: (끄덕이며) 계속 연습하며 수정할 겁니다!

스텔라: 참! 이번에 월급이 많이 들어와서 놀랐어! 세상에 8천 달

러라니! 수잔이 마가렛한테 추천한 거야?

수잔: 우리 10명의 백댄서 팀원들이 열심히 한다고 마가렛이 또 급여를 올려줬어! 모두 같이 1만 달러야!

정석·스텔라: (흥분해서 기뻐하며) 오우, 마이 갓!

수잔: 이번 평화의 노래 콘서트 입장료는 1달러로 정했어!

정석: 접속 입장객이 적어도 10억 명은 올 텐데 그럼 얼마야? 1조 원이 넘겠네!

수잔: 그리고 이건 비밀인데 에이아이유플러스(AIU+) 가수 부문 전 세계 1위 기념으로 마가렛이 보너스를 쏜대!

정석: 우와!

스텔라: 브라보! 신난다!

(세 사람이 끌어안고 기뻐한다)

사례2.

AI포털사이트 에이아이유플러스(AIU+)의 제1부 문화 중 음악의 세밀 주제 가수를 선택한 에이아이유플러스의 사용자 'AI유플러' 마가렛(18세. 여. 미국)은 AI포털사이트 에이아이유플러스(AIU+)의 자체 등급 가수부문 미국 1위를 하면서 'AI유니콘실버'에서 'AI유니콘골드'로 승격되었다. 이에 따라 그녀는 에이아이유플러스(AIU+)의 인공지능이 작곡과 편곡한 노래 10개를 가지고 단독 콘서트를 열게 되었다. 동시 입장객은 1억 명 이상이다.

마가렛: (흥분된 어조로) 지금 6억 명, 아니 7억 명... 세상에! 계속 전 세계 접속자가 늘어나고 있어요! 제 콘서트에 오신 모든 분께 감사드립니다! 그리고 제 백댄서팀 '지구의 평화를 사랑하는 사람들'에게도 감사드립니다! ('지구의 평화를 사랑하는 사람들' 팀원들이 전 세계 관객들에게 감사의 인사를 한다.) 제 신곡 '평화의 노래'를 부르겠습니다! 그리고 오늘 공연 제 수입의 10%를 유엔 산하단체에 기부하겠습니다! (박수가 우레와 같이 울려 퍼진다. 무대는 AI무대답게 순식간에 우주에서 점 같은 지구가 보이고, 다시 평화로운 지구의 일상이 펼쳐진다) 인간의 역사는 침략의 역사였어 (무대는 가사의 내용처럼 급변한다. 동시에 관객은 무대와 같이 변한 공간으로 전체가 마치 롤러코스터를 탄 것처럼 동시에 공간이동을 한다.) 인간은 서로를 증오하고 타인의 재산과 여인을 함부로 탐했지, 금단의 바다를 건너 마치 바이킹처럼 탐했어

인간의 역사는 중국 명나라 정화의 1차 대항해 때에는 아시아와 아프리카 정복하고 조공만 받았어

그걸 명나라 태평성대가 되니까 유럽보다 수 백 년 앞선 배 건조 기술과 자료를 모두 불살랐어

인간의 역사는 침략의 역사였어

인간은 서로를 증오하고 타인의 재산과 여인을 함부로 탐했지, 금단의 바다를 건너 마치 바이킹처럼 탐했어

인간의 역사는 콜럼버스가 황금의 나라에서 금을 빼앗아온다고

2차 대항해를 떠났어

아프리카 흑인을 잔혹하게 잡아다가 배에 닭장처럼 가두고 유럽과 신대륙에 노예로 팔아넘겼어

인간의 역사는 침략의 역사였어

인간은 서로를 증오하고 타인의 재산과 여인을 함부로 탐했지, 금단의 바다를 건너 마치 바이킹처럼 탐했어

인간의 역사는 사학하고 잔혹해

너의 것은 내 것, 나의 것은 내 것, 너의 신체의 자유와 너의 정신의 자유는 국가의 것, 너의 과거와 현재 미래는 없어

인간의 역사는 침략의 역사였어

인간은 서로를 증오하고 타인의 재산과 여인을 함부로 탐했지, 금단의 바다를 건너 마치 바이킹처럼 탐했어

인간은 자유로운 새처럼 창공을 날고 물고기처럼 오대양을 헤엄치고 싶어해

어린 소녀의 작은 꿈처럼 인간은 더 이상 타락하지 않고 평화를 꿈꿔

〈다음편으로 계속〉

CHAPTER 04

1인 유니콘 기업 AIU+ 상용화…틀 바꾼 영화 영상문화

사례1.

AI포털사이트 AIU+의 제1부 문화 중 영화의 세밀 주제 영화제작을 선택한 에이아이유플러스의 사용자 'AI유플러' 선애(24세. 여. 영화 '윤금이' 주인공 역 배우)는 'AI유플러' 케네디(21세. 남. 미국)가 AI포털사이트 AIU+의 자체 등급 영화제작(감독)부문 미국 1위를 하면서 'AI유니콘실버'에서 'AI유니콘골드'로 승격되자 AI유플러 AIU+ 회원가입 시 무료제공.'하는 AI유플러' 케네디의 방에 특수 고글&썬그라스&음향 기능을 하는 특수안경을 쓰고 입장했다. 이미 영화 '윤금이'를 촬영 때 같이 한 전 세계 배우들이 모여 있었다.

선애: (밝게 웃으며) 모두들 안녕!

makel: 하이! 윤금이 씨!

선애: makel! 난 선애라니깐! 윤금이는 영화 주인공이지.

makel: 난 윤금이 씨를 죽인 주한미군 makel 역할을 했기 때문에 그냥 닉네임도 makel로 쓰잖아!

케네디: 한국인 선애 씨와 makel은 영화 주인공입니다. 이미 영화를 다 만들어 발표까지 했는데 여기서 싸우시면 곤란합니다!

선애: 케네디 감독님! 우리 영화 내일 관객과의 대화 날 겸 기자간담회죠?

케네디: 네!

선애: 전 세계 언론이 난리가 났어요! AI포털사이트 AIU+에서 드디어 개봉하자마자 10억 명이 봤다구요!

케네디: 모두 배우들이 열심히 작품연기를 한 덕분입니다!

makel: 난 전 세계에서 가장 나쁜 놈이 됐어! 동네 텍사스 맥주집에 갔다가 '미국 망신'이라고 주먹 세례를 받을 뻔 했다니까! 경찰이 출동해서 겨우 막았어! 빌어먹을!

선애: 살인자니까!

makel: (발끈해서) 뭐라구? 한국인 너까지 날 깔보니?

선애: 인종차별이야!

케네디: 내일 관객과의 대화 날과 기자간담회 때문에 모였는데 주연 배우들이 이러시면 곤란합니다!

선애: 내가 참는다, 누나니까!

makel: (비아냥거린다) 그러셔요? 동양인답네!

케네디: 두 분 다 바쁘신데 여기 모인 건 흥행수익에 대한 이야기를 나누기 위해서 입니다!

makel: (반색하며) 오, 돈! 좋지!

선애: 케네디 감독님이 수고하셨어요! 소설 원작도 좋았지만요!

케네디: 아시다시피 이제는 영화제작 환경이 인공지능 때문에 많이 바뀌었잖아요! 발표장도 OTT나 영화관이 아닌 AI포털사이트 AIU+를 통해 곧바로 관객과 만나구요!

선애: 케네디 감독님! 전 아직도 미군에게 죽임을 당한 윤금이 씨 배역 때문에 힘들어요! 흐흑! (격하게 운다)

케네디: (걱정스럽게 바라보며) 신경정신과 치료 오늘도 받고 왔나요?

선애: (힘없이 끄덕이며) ......네! 흐흑!

makel: (자조적으로) 나도 살인자 역할을 하고 나니까 '과연 내가 누구지' 하는 자괴감 때문에 매일 술이 없으면 견디기 힘들어! 젠장!

케네디: 전 세계 관객들이 영화 '윤금이'를 보고 문화적 충격을 받았다고 메신저를 계속 보내옵니다! 조금 전에도 언론사와 인터뷰를 하고 왔습니다!

makel: (갑자기) 그건 그렇고...... 돈 이야기나 마저 합시다, 영화감독!

케네디: (희미하게 웃으며) 러닝 개런티는 이미 계약서에 있는 사항이지만 제작자 겸 영화감독 입장으로 AI포털사이트 AIU+ 영화부문 세계 1위가 되면서 보너스를 받게 되었습니다.

makel: 얼마나? 영화 관람료 1달러인데 10억 명이 봤으니까 10억 달러는 돌파했고......!

케네디: 두 주연배우에게 각자 5000만 달러를 드리겠습니다!

선애: (깜짝 놀라서) 예에! 출연료로 이미 1000만 달러를 받았는데 거기다가 5000만 달러요?

makel: (케네디를 격하게 껴안으며) 오우, 마이 갓! 케네디, 나의 친구 최고야!

선애: (케네디를 포옹하며) 고마워요, 감독님! (흥분돼서 또 운다) 너무 고마워요! 월드 스타를 만들어주신 것도 고마운데 거금을 보너스로 주시다니, 흐흑!

makel: (일부러 놀린다) 뭐야, 한국인은 슬퍼도 울고! 좋아도 울고! 하여간 감정기복이 너무 많아! 하하하! 하여간 기분 좋은데! 우리 술 한 잔 해야지, 모두?

선애: 흥! 난 서울에, 감독님은 워싱턴에, makel 당신은 텍사스에 있잖아! 우린 AI포털사이트 AIU+ 감독님 방에서 만나고 있는

거라구!

makel: 난 가끔씩 그걸 잊어! 진짜 만나는 거 하고 뭐가 다르지? 우린 서로 껴안고 즐거워하고 있는데 지금! 하하하!

사례2.

AI포털사이트 AIU+의 제1부 문화 중 영화의 세밀 주제 영화제작을 선택한 에이아이유플러스의 사용자 'AI유플러' 케네디(21세. 남. 미국)은 AI포털사이트 AIU+의 자체 등급 영화제작부문 미국 1위를 하면서 'AI유니콘실버'에서 'AI유니콘골드'로 승격되었다. 이에 따라 그는 AIU+의 영화감독으로 윤금이 원작소설(김장운 작)을 시나리오를 써서 인공지능이 영상제작과 음향제작을 해서 만든 영화를 가지고 단독 개봉을 하게 되었다. 동시 입장객은 1억 명 이상이다. 현재 15억 명이 넘게 영화 관람을 했다.

사회AI 썬: 지금부터 영화 '윤금이' 케네디 영화감독과 '윤금이' 주연배우 선애 씨, makel 씨와 관객과의 대화 겸 기자회견을 시작하겠습니다! 저는 오늘 사회를 맡은 인공지능 썬이라고 합니다! 지금 관객과의 대화에 방청객은 1억 명 이상인데...... 아, 2억 명, 2억 5천만 명이 입장했습니다! 놀랍군요! 우선 영화 '윤금이' 케네디 영화감독님의 인사말이 있겠습니다.

케네디: 졸작 영화 '윤금이'를 사랑해주신 전 세계 AI유플러 모든 분들 감사드립니다! 인공지능(AI)가 대세가 된 현재 영화계는 인공

지능(AI) 처음에는 많은 우려가 있었습니다! 이러다 영화계가 망하는 것 아니냐, 영화배우는 실업자가 되는 것 아니냐 말입니다! 그러나 그 우려를 불식하고 좋은 원작, 즉 텍스트 콘텐츠 (contents)가 좋으면 생존한다는 것이 이번 영화 '윤금이'로 입증되었다고 생각합니다!

기자A: 윤금이 원작을 읽고 밤새워 울었습니다! 케네디 감독이 윤금이 원작을 선택한 계기는 무엇인가요?

케네디: 로마시대에도 제국주의 변방의 소국의 여인들의 한(恨)이 있었습니다. 비록 로마군이나 로마군에 점령당한 소국의 군사들에게 몸을 팔아 생계를 이어야 하는 기구한 여인들의 한스러운 삶 말입니다. 신로마변방 같은 분단 한국의 주한미군 기지촌에서 기지 안의 젊은 병사들에게 몸을 파는 여인들도 주한미군의 아내가 되어 지겨운 고국을 떠나고자 하는 작은 소망이 있었을 거라고 생각했습니다! 인류의 가장 오래된 직업인 창녀(娼女)는 단순하게 볼 문제가 아니라 정치경제사회 전반에 걸쳐 다양한 부분의 문제점이 결합되어 나타난 것이라고 봅니다.

기자B: 원작은 주한미군 makel에 의해 죽어가는 윤금이 씨와 윤금이 씨가 소망하던 미군의 아내가 되어 자각해서 작가가 되어 자신의 모국으로 어린 딸과 돌아와 느끼는 소회를 그림자소설처럼 그리고 있는데, 영화 '윤금이'는 놀랍게도 실제 죽어가는 윤금이 씨와 윤금이 씨가 소망하던 미군의 아내가 되어 자각해서 작가가 되어 자신의 모국으로 어린 딸과 돌아와 느끼는 소회를 느끼는 부분을 선택할 수 있도록 했고, 마지막으로 원작처럼 선택할 수 있도록 3가지 줄거리를 AI포털사이트 AIU+에서 선택해 볼 수 있도록 하고 있습니다. 감독으로서 어떤 것이 더 마음에 드시나요?

케네디: 솔직히 3가지 결말이 다 다른데 그건 AI유플러들이 선택하기에 따라 감흥이 다르다고 생각합니다.

기자A: 여주인공 선애 씨에게 질문하겠습니다. 언론보도에 윤금이 씨 역할을 하고나서 아직도 신경정신과 치료를 받고 있다고 들었는데, 같은 여자로서 제가 AI유플러가 되어 윤금이 씨 역할이 되어 영화 속에 들어가니까 너무 충격적이어서 아직도 손이 벌벌 떨리고 있습니다……! 저도 지금 신경정신과에 다니고 있는데 같은 여자로서 하고 싶은 이야기가 있을까요?

선애: 태국에서 미성년자가 영화 속 윤금이 역할을 체험하고 기절했다는 보도에 깜짝 놀랐던 경험이 있습니다! 미성년자나 임산부, 음주자, 노령층은 절대 윤금이 역할을 선택해서 경험하시면 안 됩니다!

기자B: (화가 난 목소리로) 같은 남자로서 makel 씨에게 질문하고 싶은데 솔직히 너무했다는 생각이 안 드십니까?

makel: (증오의 눈빛으로) 날 잔인한 살인자라고 생각하나 본데 젊은 혈기로 못 사는 나라의 여자를 기지촌 밖에서 가지고 놀다가 욱해서 그런 건데……! 그리고 난…… (버럭) 살인자가 아니야! 아니라구!

기자B: 뭐라구? 내가 네 역할로 영화 속에 들어가 봤는데 넌 살인자야! 살인자라구!

사회AI 썬: 죄송합니다! 감정이 격해지셨는데 여긴 '관객과의 대화 겸 기자회견' 장소입니다! 이 점 잊지 말아주시기 바랍니다!

makel: (붕대를 감은 손을 내보이며) 어젯밤에도 밤거리에서 시비 거는 놈하고 한바탕했다, 왜!

기자B: 쓰레기! 넌 미국을 욕 먹이고 있는 쓰레기야!

makel: 나가서 한바탕 할래?

기자B: LA로 와!

makel: (화가 나서 기자B에게 달려가 멱살을 잡으며) 네가 기자면 다야? 엉?

(케네디 영화감독과 주연배우 선애가 두 사람 사이에서 말리느라고 애쓴다)

사회AI 썬: AI포털사이트 AIU+ 가입자에게 무료로 제공하는 고글은 안경 사용자에게는 안경 위에 썬그라스 씌우듯이 사용할 수 있어 편리하며 텔레비전이나 입체영상투사기와 연동돼 영화상영과 같은 느낌까지 주는 부작용이 지금 나타나고 있는 것 같습니다!

기자B: 넌 쓰레기라니까! 내가 네 역할로 들어가 보니까 알겠어! 넌 윤금이 씨를 죽이지 않아도 됐어! 그냥 실험용 쥐한테 돌 던진거라구!

makel: 네가 배우해라! 기자질 그만두고!

기자B: 뭐라구!

사회AI 썬: (소동 속에서도 묵묵히 자신의 역할에 충실히 한다. 그 모습이 더 폭소를 자아낸다) 걸어 다니면서도 핸드폰 통해 AIU+ 접속해 실제 공간과 소리 체험 가능해 영화에 직접 제작 참여와 작품 속 줄거리 바꾸거나 등장인물 자신이 아는 사람으로 교체 가능합니다. AIU+는 영화제작 등장인물 초상권 구입으로 1인 창작 가능하고, AI유플러 통해 제작진 및 배우 등 스텝으로 참여 가능합니다......! (씩씩거리며 싸우고 있는 기자B와 makel을 힐끔 쳐다보다가 다시 자기 역할을 한다) 줄거리 교체, 등장인물 바꾸기, 배우로 참여, 실제 작품 속 주인공 및 조연으로 참여할 때마다 영화 작품 참여는 AIU+ AI유플러의 등급별로 구매해야 됩니다......! 이상으로 오늘 행사는 마치겠습니다......! 지금까지 사회AI 썬 이었습니다! (기자B와 makel이 뒤엉키는 모습에 놀라 황급히 도망친다) 끝~!

〈다음편으로 계속〉

CHAPTER 05

1인 유니콘 기업 AIU+ 상용화…게임이 새롭다

사례1.

AI포털사이트 에이아이유플러스(AIU+)의 제1부 문화 중 게임의 세밀 주제 헬스게임을 선택한 에이아이유플러스의 사용자 'AI유플러' 클린턴(43세. 남. 미국)은 AI포털사이트 에이아이유플러스(AIU+)의 자체 등급 게임부문 미국 1위를 하면서 'AI유니콘실버'에서 'AI유니콘골드'로 승격되었다. 이에 따라 그는 에이아이유플러스(AIU+)의 헬스케어게임으로 '인체의 신비'를 만들어서 에이아이유플러스(AIU+)의 인공지능이 제작지원을 해서 만든 헬스케어게임 '인체의 신비'를 가지고 AIU+에서 단독 전 세계 유통을 하게 되었다. 현재 25억 명이 넘게 헬스케어게임 '인체의 신비'를 이용하고 있다. 이용자들은 손목에 차는 웨어러블 디바이스와 AIU+ 특수 고글을 사용해 개인별 전용 AI의 도움을 받고 있다. 현재 헬스케어게임 '인체의 신비'의 경제적, 사회적 공헌 비용은 사용자가 25억 명이 넘어서면서 1,000억불(138조 원 2,000억 원)이 넘었다. 곧 2,000억불(276조 4,000억 원)이 되리라는 보고서가 나왔다. 전 세계 의료서비스 제원 절약과 사회봉사 및 신약개발, 건강의류 및 건강식품, 광고시장 확대 등 긍정적인 효과가 나타나고 있기 때문이다.

조안(23세. 여. 남아프리카공화국): (남아공 남서쪽 해안에 위치한 아름다운 해변 도시 케이프타운 고급 펜션에 거주자로 해변도로를 화려한 운동복을 입고 달리고 있다) Kante! 오늘 내 런닝 자세는 어때?

Kante: (조안의 '인체의 신비' 프로그램 개인AI. 남) 조안의 손목에 찬 웨어러블 디바이스와 AIU+ 특수 고글을 통해 지금 뛰고 있는 자세를 보고 있는데 호흡이 조금 안 좋고, 런닝 자세를 바꿔야겠습니다.

조안: Kante의 조언에 따라 상체를 핀 상태에서 보폭을 조금 넓게 하고 있는데?

Kante: 아마 아직 남은 마약 성분이 조안의 신체를 정상적으로 하는데 어려움이 있는 것 같습니다.

조안: (약간 힘들어하며 숨이 가빠진다) 그래? 그만 뛰고 속보로 걸을까?

Kante: 조안의 헬스케어게임 '인체의 신비'의 개인 AI로서 그걸 권합니다! 그리고 약 1분 후 마주보고 다가오는 흑인 2명의 상태가 의심스럽습니다! 조심하시길 바랍니다!

조안: (끄덕이며) 일았어, 그런데 왜? 갱단이야?

Kante: 조안의 특수 고글을 통해 줌으로 당겨보았는데 자세와 걷는 속도를 보았을 때 약물 복용자로 의심됩니다! 내가 조안을 처음 보았을 때 모습 같아요.

조안: (약산 신경질적으로) Kante! 내가 마약을 끊었다는 걸 알고 있잖아!

Kante: 아시다시피 남아프리카공화국은 마약 사용과 관련된 문제를 직면하고 있습니다. 마약의 생산, 유통 및 사용이 일어나고 있는 실정이라 마약 소지, 판매 또는 생산에 대한 처벌이 강화되었죠. 그래도 사법당국에 적발되지 않아 다행입니다!

조안: (신경질적으로 그 자리에 선다) 그래, 부모님한테 걸려서 끊었다고 마약!

(그때, 20대 초반의 흑인 2명이 조안의 앞으로 다가와 시비를 건다)

흑인1: 아름다운 해변에 몸에 딱 달라붙은걸 입은 백인 미녀네! 헤이! 우리와 같이 놀래? 약도 같이 하면서? 엉?

흑인2: 야, 임마! 그냥 발가벗었잖아! 젖가슴 봐, 아름다운 망고 두 개네!

조안: (시선을 피하며 지나치려한다)

흑인1: (시비조로) 왜? 내가 가난한 흑인이라 싫어, 백인?

흑인2: 우리 상전 출신 남아프리카공화국 백인 나리 따님이잖아!

조안: (흑인1이 잡은 손을 강하게 뿌리치고 노려본다)

흑인1: 오, 매력 있어!

흑인2: 우리하고 놀래, 백인 미녀?

조안: 너희들! 경찰을 부를 거야!

Kante: 이미 경찰에 신고했습니다. 경찰 도착 2분 전입니다. 되도록 신체접촉을 삼가 주세요! 조안의 맥박이 올라가고 동공이 확장되고 있습니다!

조안: 난 아픈 사람이야! 제발 꺼져줘! 내 인공지능이 경찰 불렀어!

흑인1: 히히히! 자기가 아프대! 난 배고프고 가난한 사람인데!

흑인2: 경찰 부른다잖아! 그냥 가자!

조안: (강하게) 내 인공지능이 경찰도착 1분 전이래!

흑인1, 2: (그때서야 비틀거리며 떠난다) 더러운 백인! 우린 개인 인공지능도 없어! 아니 필요 없지! 흐흐흐!

Kante: (근처의 벤치를 발견하고) 벤치에 잠시 앉아서 안정을 취하길 권합니다, 조안!

조안: (벤치에 앉는다. 맥이 빠진 자세로) 고마워, Kante!

Kante: 맥박과 동공이 정상으로 돌아오고 있군요! 그리고 다리 근육도 정상으로 돌아오고 있는 중입니다. 다행입니다! 아름다운

낙조를 보고 심리안정을 취하세요!

조안: 휴! 난 아침에 눈 뜰 때마다 내 개인 인공지능 Kante, 당신이 없으면 어떻게 살까 하는 생각이 들어! 그동안 터널 같은 암흑 속에서 힘들었거든! 출구가 보이지 않는!

Kante: 보모처럼 매일 옆에서 잔소리를 해도 잘 들어주는 조안이 오히려 고맙죠!

조안: 무슨 소릴! 이젠 학업도 마치고 새 삶을 살 거야! 제임스도 만나고!

Kante: 제임스가 당신을 보는 눈과 심장 박동소리를 들었는데 진심으로 조안을 사랑하고 있어요!

조안: 정말? 고마워, Kante!

Kante: 내가 조안의 인공지능으로 늘 곁에 있을 수 있는 건 초거대 AI포털사이트 AIU+의 슈퍼인공지능 때문에 건강헬스게임 '인체의 신비' 프로그램이 활성화되었기 때문입니다. 25억 명이 참가하고 있는데 앞으로 50억 명을 예상하고 있습니다.

조안: 난 Kante 같은 인공지능을 인간이 발명해낸 걸 박수치고 싶어! 아무리 돈이 많으면 뭐해? 왜 살아야 하는지도 몰랐는데!

Kante: 당신은 매력적인 젊은 여성이고 학구적이라 곧 석사과정을 끝마치면 사회공헌을 할 인재입니다!

조안: 고마워! 난 Kante가 실시간 내 신체의 변화를 보여줄 때

깜짝 놀라! 진짜로 내 몸 안에 들어간 것처럼 Kante가 내 몸의 인체의 신비스러운 변화를 보여주잖아!

Kante: 건강헬스게임 '인체의 신비' 프로그램은 인종별, 성별, 나이별 신체의 변화를 마치 적혈구보다 작은 우주선 같이 인체 내부로 들어가서 변화를 보여주니까 두렵겠죠!

조안: 내 기대 수명은 얼마야?

Kante: 지금처럼 자기 자신과의 싸움을 한다면 80세 이상 무리가 없습니다!

조안: 건강하게 먹는 거, 입는 거, 운동, 게임, 공부, 일 모든 걸 Kante가 도와주니까 가능한 일이야! 건강헬스게임 '인체의 신비' 프로그램을 만든 클린턴 의학박사님께 감사 드려!

사례2.

AI포털사이트 에이아이유플러스(AIU+)의 제1부 문화 중 게임의 세밀 주제 헬스게임을 선택한 에이아이유플러스의 사용자 'AI유플러' 클린턴(43세. 남. 미국)은 AI포털사이트 에이아이유플러스(AIU+)의 자체 등급 게임부문 미국 1위를 하면서 'AI유니콘실버'에서 'AI유니콘골드'로 승격되었다. 이에 따라 그는 에이아이유플러스(AIU+)의 헬스케어게임으로 '인체의 신비'를 만들어서 에이아이유플러스(AIU+)의 인공지능이 제작지원을 해서 만든 헬스케어게임 '인체의 신비'를 가지고 AIU+에서 단독 전 세계 유통을 하게 되었다. 현재 25억 명이 넘게 헬스케어게임 '인체의 신비'를 이용하고 있다. 이용자들은 손목에 차는 웨어러블 디바이스와 AIU+ 특수 고글을 사용해 개인별 전용 AI의 도움을 받고 있다. AIU+의 헬스케어게임 '인체의 신비' 프로그램의 전략게임방 'Angel팀'에 전 세계 팀원들이 정기모임을 가지고 있다. 이 자리에 헬스케어게임 '인체의 신비' 개발자 클린턴(43세. 남. 미국) 박사가 참가했다.

사회AI moon: AIU+의 헬스케어게임 '인체의 신비' 프로그램의 전략게임방 'Angel팀'의 사회AI moon입니다. 이 자리에 헬스케어게임 '인체의 신비' 개발자 클린턴(43세. 남. 미국) 박사가 참가했습니다.

클린턴: (전 세계에서 모인 'Angel팀' 팀원들의 박수를 받으며 인사한다.) 안녕하세요, 초거대 AI포털사이트 에이아이유플러스(AIU+)의 제1부 문화 중 게임의 세밀 주제 헬스게임의 헬스케어게임 '인체의 신비' 개발자 클린턴박사입니다! 전 세계에서 가장 바쁘신 학자, 게임이론가, 게임전문가, 사회기관단체인, 종교단체인, 문화기관단체인 모두 감사드립니다.

사회AI moon: 세계에서 가장 똑똑한 1% 이내 지성과 성품을 갖추신 분들 'Angel팀' 100만 명이 접속해 최근 가장 이슈인 헬스케어게임 '인체의 신비' 개발자 클린턴박사의 고견을 듣기 위해 모였습니다! 다시 한 번 클린턴박사님께 박수 부탁드립니다.

헨리: ('Angel팀' 100만 명의 박수가 끝이나자 인사하며) AIU+의 헬스케어게임 '인체의 신비' 프로그램의 전략게임방 'Angel팀'

의 팀장 헨리 박사입니다! 인류 역사상 가장 어려운 헬스케어게임 '인체의 신비' 개발자 클린턴 박사님을 모시게 되어 영광입니다! 우선 개발동기와 게임의 최종단계는 있는가에 대해 묻고자 합니다! 도대체 헬스케어게임 '인체의 신비'의 최종 단계는 어디입니까? 아직 최종 단계를 통과한 사람이 단 한 명도 없기 때문에 모두가 궁금한 겁니다!

클린턴: 인간은 태어나서 죽을 때까지 생존게임을 합니다. 게임(game)은 대개 기분 전환이나 오락을 위해 참여하는 모든 활동이 포함되는, 보편적인 레크리에이션의 한 형태를 말합니다. 굳이 정의를 한다면 게임의 정의는 학자에 따라 상이하나, 한 가지 대전제이자 공통점이 있다면 게임은 정해진 규칙(룰)에 따라 통제되는 개념이라는 것입니다. 규칙이 없다면 게임이 성립하지 않습니다. 이에 따르면, 레크리에이션 가운데에서도 특히 어떤 놀이나 여가 활동의 규칙을 설정하고 구체화한 것이 게임이라고 할 수 있죠. 한국의 오징어게임이나 사방치기 등이 대표적인 전통방식의 게임이죠. 그러나 시대가 바뀌면서 온라인게임이 활성화 되어 가상현실을 포함한 다양한 게임이 있습니다. 제가 처음 의학자로서 게임을 고안한 것은 죽을 때까지 인간은 병과 사고, 인체의 한계로 인한 죽음을 맞으며 생존게임이 끝난다는 것이죠. 그래서 '인체의 신비'를 통해 인간의 생존 조건을 AI를 통해 지적, 신체적 조건을 극복하도록 설계하고 확대하고자 한 겁니다!

헨리: 저 역시 박사지만 클린턴 박사님의 헬스케어게임 '인체의

신비'는 너무 어렵습니다. 기존의 봉사와 사회기부 행위를 통해서 등급이 올라간 전 세계 1%만이 모인 AIU+의 헬스케어게임 '인체의 신비' 프로그램의 전략게임방 'Angel팀'의 팀원들이 겪는 어려움은 과연 그 게임의 끝은 있는 것인가 입니다.

클린턴: 우주는 그 끝이 없지만 소우주는 다시 끝없이 작아집니다. 우리 게임의 목표점은 우주를 향해 끝없는 항해를 해야 한다는 점입니다.

헨리: 인간의 전쟁과 평화의 대안을 찾아야 하는 AIU+의 헬스케어게임 '인체의 신비' 프로그램의 전략게임방 'Angel팀'의 게임목표점은 뭐죠? 여기까지 오려고 10단계 이상을 통과한 사람들이 오늘 모인 겁니다! 마치 비트코인 채굴과 다른 인간의 한계점이 없는 곳을 향해 가는 것 아닌가요? 최종승자가 없는?

사회AI moon: 혹시 실례가 안 된다면 제가 의견을 말해도 되나요?

클린턴: 오, 'Angel팀' 사회AI moon의 입장은 어떤가요?

사회AI moon: 기존의 게임은 단순하게 승자가 나왔잖아요? 잔혹한 전쟁게임이나 시뮬레이션 게임, 전략게임도 마찬가지고요.

헨리: 맞아요!

사회AI moon: 초거대 AI포털사이트 AIU+ 설립배경이 인류와 AI 공존프로젝트이기 때문에 '인간과 AI, 우주를 향해 제3차 대항해를 떠나다'처럼 AIU+의 헬스케어게임 '인체의 신비' 프로그램의 최종승자는 없는 거 아닌가요, 클린턴 박사님?

클린턴: (놀란다) 역시 오, 'Angel팀' 사회AI moon 답군요! AIU+의 헬스케어게임 '인체의 신비' 프로그램의 최종승자는 결국 없고, 가장 높은 수준의 1, 2, 3등이 있을 뿐이죠! 인류와 AI가 인류의 공존프로젝트를 마치기 전까지는 말이죠!

헨리: 열린 구조로 도전해야 하는 게임이기 때문에 우리 'Angel팀'의 구성원은 전 세계의 인류와 AI 공존에 대해, 인류의 평화와 전쟁에 대해 연구하고 해결점을 찾을 겁니다!

사회AI moon: 저 같은 AI 출현이 인류에게는 도전과제군요!

헨리: 인간이 만들었지만 아직 해답을 못 찾고 있잖아요!

클린턴: 문제가 생겼으면 결국 해답을 찾게 되는 법! 앞으로 시간이 문제죠! 100만 명의 'Angel팀'이 해답을 찾으리라 생각합니다.

헨리: AIU+, 인간의 예술 및 지적 지식 경연대회 답군요!

사회AI moon: 일단 오늘 모임은 끝난 것 같은데...! 후배 AI 학습시키다 왔는데 그만 가 봐도 될까요?

클린턴·헨리: 오, 물론입니다!

사회AI moon: 지금까지 AIU+의 헬스케어게임 '인체의 신비' 프로그램의 전략게임방 'Angel팀'의 사회AI moon이었습니다! (100만 명의 'Angel팀' 팀원들에게 인사하고 나서) 후배 AI들이 제게 연락 왔는데 인간들이 이렇게 열심히 싸우지 않고 오랫동안 연구하고 있는 모습에 놀랐다는군요! 인간은 가능성이 있어 보여요! 그럼, 안녕!

〈다음편으로 계속〉

CHAPTER 06

1인 유니콘 기업 AIU+ 상용화… 드라마 창조

AI포털사이트 에이아이유플러스(AIU+)의 제1부 문화 중 게임의 세밀 주제 드라마를 선택한 에이아이유플러스의 사용자 'AI유플러' 수지(33세. 여. 미국)은 AI포털사이트 에이아이유플러스(AIU+)의 자체 등급 드라마 부문 아시아 1위를 하면서 'AI유니콘실버'에서 'AI유니콘골드'로 승격되었다.

이에 따라 그는 에이아이유플러스(AIU+)의 드라마로 '드라마 창조' 프로그램을 만들어서 에이아이유플러스(AIU+)의 인공지능이 제작지원을 해서 만든 드라마 '드라마 창조' 프로그램을 가지고 AIU+에서 단독 전 세계 유통을 하게 되었다.

현재 20억 명이 넘게 드라마로 '드라마 창조' 프로그램을 만들어서 이용하고 있다. 이용자들은 손목에 차는 웨어러블 디바이스와 AIU+ 특수 고글을 사용해 개인별 전용 AI의 도움을 받고 있다.

현재 드라마로 '드라마 창조' 프로그램의 경제적, 사회적 공헌 비용은 사용자가 20억 명이 넘어서면서 2,000억불(276조 4,000억원)이 넘었다.

곧 4,000억불(552조 8,000억 원)이 되리라는 보고서가 나왔다.

전 세계 OTT서비스를 대신하는 제원 절약과 기술개발, 게임 등 영상관련 산업 확대효과, 광고시장 확대 등 긍정적인 효과가 나타나고 있기 때문이다.

사례1.

[자신의 나이를 마음대로 늘리고 줄여서 주인공이나 조연 등으로 드라마에 대입해 체험한다... 자신만의 드라마를 직접 체험한다.]

제인(66세. 여. 영국)은 젊은 시절 대학교 시절 미인대회에 나가 1등을 했던 미인이다. 대학생 때 잠시 모델 일을 하다가 현재는 런던 교외지역에서 교사 은퇴 후 편안한 노후생활을 하고 있지만 과거의 젊은 시절을 그리워하는 자신을 발견하고 깜짝 놀라곤 한다. 그러다가 AI포털사이트 AIU+의 드라마 부문의 '드라마 창조' 프로그램이 전 세계적으로 유행하다고 손녀가 말했을 때 우습게 알다가 최근 친구가 보내 준 드라마를 보고 깜짝 놀랐다. 20대 여대생 모습으로 친구가 젊어졌기 때문이다. 그래서 친구의 주선으로 AI포털사이트 AIU+의 드라마 부문의 '드라마 창조' 프로그램을 손목에 차는 웨어러블 디바이스와 AIU+ 특수 고글을 사용해 접속하게 되었다.

소울(AI포털사이트 AIU+의 드라마 부문의 '드라마 창조' 프로그램 전용 AI): 안녕하세요, 제인? 전 AI포털사이트 AIU+의 드라마 부문의 '드라마 창조' 프로그램 전용 AI 소울 입니다!

제인: (놀라며) 내 모습이 보여요?

소울: 그럼요! 우아한 영국 여성이시군요. 마치 시니어 모델 같아요!

제인: (모델 같다는 말에 약간 흥분해서) 어머나! 아직도 젊어 보인다는 말에 기분이 좋네요! 당신은 멋진 20대 동양인 얼굴에 다부진 체격이군요!

소울: (고개를 숙여 감사하다는 표현을 하고나서) 제인은 '자신의 나이를 마음대로 늘리고 줄여서 주인공이나 조연 등으로 드라마에 대입해 체험한다'고 선택하셨습니다.

제인: 소울, 정말 가능한가요? 자신만의 드라마를 직접 체험한다는 것이 믿어지지 않아요!

소울: 네, AI 기술발전에 따라 가능한 일입니다! 어떤 내용으로 드라마 체험을 하고 싶죠?

제인: 66세인 친구가 보내 준 드라마를 보고 깜짝 놀랐어요! 20대 여대생 모습으로 친구가 젊어졌기 때문이죠! 저도 가능한 거죠

소울: (고개를 끄덕이며) 가능합니다! 어떤 시절로 가고 싶은지, 주인공이 되고 싶은 건지, 이 이야기를 실제 체험하고 프로그램으로 저장하고 싶으신 건지 선택해주세요!

제인: 제가 21살 대학생 때 미인대회에 나가 2등을 하고 울었어요! 어머니는 절 위로하셨지만 잠시 대학생 때 모델생활을 겸업하면서도 그걸 극복하지 못해서 결국 교사가 되었고... 퇴직했지만 아직도 앙금이 남았어요! 돌아가신 어머니께 미안하기도 하고요!

소울: 아, 그럼, 그때로 돌아가서 1등을 하도록 설정할까요? 그리고 돌아가신 어머니를 불러서 가슴에 앙금을 풀도록 하세요!

제인: 정말요? (소녀처럼 흥분된다)

소울: 그럼 45년 전으로 돌아가도록 프로그램을 설정하겠습니다! 그리고 1등이 되고나서 돌아가신 어머니와 행복한 시간을 보내세요! 전 과거로 돌아가면 눈에 보이지 않고 제인에게 목소리로만 들립니다! 아시겠죠?

제인: 네!

(시간은 순식간에 시간과 공간을 뛰어넘어 뒤로 돌아가 45년 전 미인대회 결승전이다. 제인은 다른 미인대회 결승전 2명의 참가자들과 함께 아름다운 21세 몸으로 수영복 차림으로 무대 앞에 선다. 진짜 놀라는 제인.)

사회자: (제인에게) 참가번호 7번 제인에게 묻습니다! 만약에 3명 중 최종 결승자 2명으로 진출하게 된다면 어떤 마음일까요?

제인: (희미하게 웃으며 떨리는 가슴을 겨우 진정한다) 저한테 그런 영광이 있을까요? 너무 떨려요!

소울: (제인에게만 속삭이듯이) 자신감을 가지고 양팔을 허리에 살짝 올리세요!제 목소리는 제인에게만 들립니다! 아셨으면 고개를 살짝 끄덕이세요!

제인: (놀라는 마음을 진정하며 끄떡인다. 소울의 제안대로 자신감 있게 자세를 바꾼다. 그 모습이 아름답다. 스스로 자신감이 붙는 것을 느낀다.)

사회자: 겸손하시네요! 무대 앞을 돌아 제자리에 돌아가서 최종 결과를 기다리시기 바랍니다!

제인: (웃으며 무대 앞을 지나서 무대 뒤편으로 돌아간다)

사회: 자, 이제 최종 결승에 올라갈 2명을 뽑겠습니다. 참가자들은 모두 아름다운 외출복으로 옷을 갈아입고 무대 앞으로 나와 주시기 바랍니다.

(제인과 다른 2명이 수영복 위에 화려한 가운을 걸친 상태에서 무대 앞으로 나온다. 제인이 가장 화려하고 당당한 자세로 나와 관객들의 환호를 받는다.)

사회: (결승자 봉투를 받아서 열기 전에) 저도 기대가 됩니다! 과연 이번 대회에 최종 우승자가 누가 될까요? (명단이 담긴 봉투를 열어본다) 자, 드디어 결과가 나왔습니다! 참가번호 14번 조쉬! (조쉬가 좋아하면서 앞으로 나오자 박수가 쏟아진다.) 나머지는...! 너마지는...! 참, 호명이 되지 않은 참가자는 이번 미인대회 3등으로 자동 선정됩니다! (빨리 진행하라는 야유가 나오자) 저도 빨리 진행

하고 싶은데요...! 참가번호 7번 제인!

제인: (기쁨에 울음이 터져 나오는 것을 겨우 참으며 기뻐하며 무대 앞으로 나온다) 감사합니다!

사회자: 조쉬 양! 만약 이번 대회 우승자가 되면 자동으로 세계대회 영국 대표로 출전하게 되고, 전문 모델 일을 하게 되는데 각오는?

조쉬: (담담하게) 세계평화를 위해 전 세계를 다니며 노력하겠습니다!

사회자: 오, 대단한 꿈이군요! 역시 외교관이 꿈인 참가번호 14번 조쉬의 꿈이 과연 이루어질까요? 다음은 참가번호 7번 제인 양은?

제인: (담담하게, 그러나 당당하고 당차게) 전 그동안 먹고 싶었던 피자와 고기를 마음껏 먹고 하루 종일 잠만 자고 싶습니다! (객석에서 웃음소리가 나온다.)

사회자: (놀라며) 오, 철부지 아가씨네요! 다들 아름답고 마치 대본에 적힌 대로 정답만 말하는데 너무 솔직한 것 아닐까요? 마지막 판단은 심사위원이 하겠습니다! 그동안 초대가수 노래를 듣겠습니다!

(초대가수가 나와 제인과 조쉬 사이를 번갈아 다니면서 팝송을 노래하는데 결승에 오른 두 사람은 떨리는 감정을 제지하느라 힘들다.)

소울: (제인에게만) 제인, 같이 춤을 춰 봐요! 자신감 있게요!

제인: (소울의 제안에 따라 초대가수의 리듬에 맞춰 가볍게 춤을 추어대자 객석에서 박수와 환호가 터져나온다. 잠시 후, 사회자 등장하면서 초대가수가 퇴장한다)

사회자:(결과 봉투를 열어보고는) 이번 우리 영국을 대표하는 미인대회 우승자는 바로...! 바로...! 참가번호 7번 제인 양입니다! 축하합니다! 전임대회 우승자가 우승왕관을 씌어주시기 바랍니다!

제인: (터져 나오는 울음을 참지 못하고 흘리며 감격스런 말투로) 감사합니다! 감사합니다! (전임대회 우승자가 왕관을 씌어주고 망토를 입혀준다)

사회자: 이상으로 올해 영국을 대표하는 미인대회는 제인 양이 우승했습니다! 우승자의 당당하고 힘찬 무대 행진이 있겠습니다!

제인: (감격스럽게 손을 흔들며 무대 행진을 한다. 그리고 사진촬영이 모두 끝나고 제인의 어머니가 무대 위로 오르자 감격스런 포옹을 한다) 엄마! 나 우승했어! 고마워!

제인 어머니: (울음을 참으며) 수고했어, 예쁜 딸! 고맙다!

사례2. 숏츠 드라마(1분-5분 사이) 단막 및 연속극 창조 (개미 등 동물 체험, 꽃 등 식물 성장체험)

앙골라(10세. 남. 앙골라)는 평소 과학자가 꿈이라서 미지의 아프리카의 자연에 대한 관심사가 남다르다. 그래서 친구들에게 자랑하기 위해 AI포털사이트 AIU+의 드라마 부문의 '드라마 창조' 프로그램을 손목에 차는 웨어러블 디바이스와 AIU+ 특수 고글을 사용해 접속하게 되었다.

앙골라: 와! 신기하네! 제가 보여요, 누나?

서울(AI포털사이트 AIU+의 드라마 부문의 '드라마 창조' 프로그램 AI): 안녕, 앙골라? 난 AI포털사이트 AIU+의 드라마 부문의 '드라마 창조' 프로그램 AI 서울이라고 해!

앙골라: 서울? 오, 아시아에서 가장 발달된 나라 코리아!

서울: (끄덕이며) 이름만 서울이지 코리아 수도는 아냐! 앙골라는 왜 개미와 식물이 돼서 개미와 식물이 느끼는 감정을 알고 싶은 거지?

앙골라: 개미들도 페르몬을 통해 서로 소통하고 여왕개미를 통해 한 왕국을 만든다고 책에서 봤어요! 하지만 우리 인간은 개미를 바라볼 뿐, 그들이 느끼는 감정을 알 수는 없잖아요! 난 그걸 체험하고 싶어요! 일개미든, 여왕개미든, 병정개미든!

서울: (알겠다는 표정으로) 그렇다면 3분이나 5분짜리 드라마로 다 나누면 되겠네!

앙골라: 꽃도 되고 싶어요! 사막에 비가 오면 잠자고 있던 꽃씨들이 발아되어 새 생명을 가지고 꽃이 되어 살아나잖아요? 벌과 나비도 날아오는 모습을 꽃이 되어 느껴보고 싶어요!

서울: 알았어요! 또 뭐가 있죠?

앙골라: 벌과 나비!

서울: 그것도 가능해요!

앙골라: 나무는 안 되나요? 우리 동네에는 나무가 별로 없는데 별빛이 빛나는 밤엔 외로워 보이거든요!

서울: 그것도 다 가능해요! 하지만 거기에 너무 빠지면 안 된다는 것도 알죠?

앙골라: 이미 주의사항은 알고 있고, 부모님과 학교 과학반 선생님 추천을 받았어요!

서울: 그렇다면 1분, 3분, 5분 드라마로 잠깐씩 느끼고 힘이 들면 말해요! 곧바로 중단하니까요! 자, 그럼 하나씩 모험을 떠나 볼까요?

앙골라: 야! 신난다!

사례3. 우주신비탐험 드라마 실제체험

중국 베이징 과학고등학교 드라마창작 동아리 '차이나' 팀원들이 'AI유플러'로 AI포털사이트 AIU+의 드라마 부문의 '드라마 창조' 프로그램을 손목에 차는 웨어러블 디바이스와 AIU+ 특수 고글을 사용해 접속하게 되었다. 이미 중국 베이징 과학고등학교 드라마창작 동아리 '차이나' 팀은 다양한 드라마를 만들어 포털사이트 AIU+의 드라마 부문의 중국 1위와 아시아 1위를 차지하면서 'AI 유플러' 사이에서는 유명한 팀이다. 동아리 '차이나' 팀원 15명은 단체로 활동한 이력이 있어 에이아이유플러스(AIU+)의 자체 등급 드라마 부문 중국 1위와 아시아 1위를 하면서 'AI유니콘실버'에서 'AI유니콘골드'로 승격되었다.

제갈공명(AI포털사이트 AIU+의 드라마 부문의 '드라마 창조'의 동아리 '차이나' 팀 전용 AI): 장차 중국을 이끌어갈 천재과학자 꿈나무들 안녕? 난 '차이나' 팀 전용 AI 제강공명일세.

리(동아리 '차이나' 팀장): 새로 오신 팀장 AI군요!

제갈공명: 에이아이유플러스(AIU+)의 자체 등급 드라마 부문 중국 1위와 아시아 1위를 하면서 'AI유니콘실버'에서 'AI유니콘골드'로 승격한 것을 축하합니다, 리!

리: 우리 동아리 팀이 '우주유영 체험 프로그램'을 만든 것과 지구 심해 탐사체험을 만든 것이 인기를 끌었다고 생각해요!

제갈공명: 오늘은 단단히 준비하고 온 것으로 알고 있는데 Ai를

놀라게 할 다음 프로그램은 뭐죠?

리: 우리는 별의 탄생과 죽음에 대한 우주신비 체험프로그램을 만들기로 했어요!

제갈공명: (끄덕이며) 가능합니다! 어떤 식으로 접근을 할 거죠?

리: 별, 즉 태양이 만들어지면 수성, 금성, 지구, 화성, 목성, 토성, 천왕성, 해왕성 같은 태양을 도는 행성과 달 같은 행성의 위성이 많잖아요! 그걸 시간을 정해서 탄생과 소멸에 대해 직접 눈으로 보고 느끼는 거죠!

제갈공명: 방대한 자료와 분석이 필요한 일이란 것은 알고 있죠?

리: (당연하다는 듯이) 그럼요! 그리고 지구나 행성의 내부도 보고 체험할 수 있도록 할 생각입니다!

제갈공명: 역시 중국의 꿈나무답군요! 사이즈가 보통이 아닙니다!

리: 가능하죠?

제갈공명: 그럼, 시간과 공간을 뛰어넘는 작업을 시작해 볼까요?

리와 팀원 동료들: (힘차게) 네!

〈다음편으로 계속〉

CHAPTER 07

1인 유니콘 기업 AIU+ 상용화… 웹툰·웹소설 통합

웹툰·웹소설 통합

AI포털사이트 에이아이유플러스(AIU+)의 제1부 문화 중 웹툰·웹소설의 세밀 주제 웹툰과 웹소설을 선택한 에이아이유플러스의 사용자 'AI유플러' 소니(34세·여·일본)는 AI포털사이트 에이아이유플러스의 자체 등급 웹툰과 웹소설 부문 아시아, 북미 1위를 하면서 'AI유니콘실버'에서 'AI유니콘골드'로 승격됐다.

이에 따라 그는 에이아이유플러스(AIU+)의 웹툰과 웹소설로 '웹툰·웹소설 통합 창작' 프로그램을 만들어서 에이아이유플러스(AIU+)의 인공지능이 제작지원을 해서 만든 '웹툰·웹소설 통합' 프로그램을 가지고 AIU+에서 단독 전 세계 유통을 하게 됐다.

현재 30억 명이 넘게 '웹툰·웹소설 통합' 프로그램을 만들어서 이용하고 있다. 이용자들은 손목에 차는 웨어러블 디바이스와 AIU+ 특수 고글을 사용해 개인별 전용 AI의 도움을 받고 있다.

현재 웹툰·웹소설 통합으로 '웹툰·웹소설 통합' 프로그램의 경제적, 사회적 공헌 비용은 사용자가 30억 명이 넘어서면서 3,000억 불(413조 1,000억 원)이 넘었다.

곧 4000억 불(552조 8000억 원)이 되리라는 보고서가 나왔다.

전 세계 3D입체 웹툰·웹소설 통합 기술개발, 3D게임, 영화와 드라마 등 영상관련 산업 확대효과, 광고시장 확대 등 긍정적인 효과가 나타나고 있기 때문이다.

사례1. 웹소설에서 3D입체 웹툰으로 도중에 변경(AI통해)

3D입체 웹툰에서 웹소설로 도중에 변경(AI통해)

AI유플러 현석(20세. 남. 한국)은 AI포털사이트 에이아이유플러스(AIU+)의 제1부 문화 중 웹툰·웹소설의 세밀 주제 웹툰과 웹소설을 선택해 '웹툰·웹소설 통합 창작' 프로그램을 손목에 차는 웨어러블 디바이스와 AIU+ 특수 고글을 사용해 접속하게 되었다.

네버('웹툰·웹소설 통합 창작' 프로그램 AI): 안녕하세요, 현석 씨? 전 AI포털사이트 에이아이유플러스(AIU+)의 제1부 문화 중 웹툰·웹소설의 세밀 주제 웹툰과 웹소설 '웹툰·웹소설 통합 창작' 프로그램의 전용 AI '네버'라고 합니다!

현석: 안녕하세요, 네버!

네버: 현석 씨는 웹소설에서 3D입체 웹툰으로 도중에 변경하거

나 3D입체 웹툰에서 웹소설로 도중에 변경하는 프로그램을 선택하셨습니다.

현석: 이야기 줄거리와 공간이 유저인 AI유플러 마음대로 지원해주는 것 맞나요?

네버: 네! 3D입체웹툰, 웹소설의 줄거리 비극, 해피엔딩으로 자유롭게 설정할 수 있고요, AI유플러가 등장인물로 들어갈 수도 있고, 유저가 자유롭게 설정 가능합니다. 물론 실제와 같이 체험도 가능합니다!

현석: 오, 이건 정말 꿈같은 일이군요!

네버: 상상 속의 모든 것이 가능합니다. 현석 씨가 AI포털사이트 에이아이유플러스(AIU+)dp 접속할 때 손목에 찬 웨어러블 디바이스와 AIU+ 특수 고글을 사용해 모든 것이 가능하도록 설정되었습니다. 자, 어떤 이야기로 여행을 떠나시겠어요?

현석: 인간이 관측 가능한 우주가 전체 우주의 극히 일부분, 아마 지구로 공간을 제한한다면 바닷가 모래 한 알보다 적은 공간을 보는 것과 같다고 알고 있어요.

네버: 그렇죠.

현석: 전 팽창하는 우주의 끝부분 외진 은하의 새로 탄생하는 별의 우주인으로 소속된 은하를 떠나 타 거대 은하군으로 왕래를 할 정도로 초거대문명을 완성한 군주의 왕자가 되고 싶습니다.

네버: 가능합니다.

현석: 은하간 전쟁과 분쟁을 마치고 은하군의 평화정착을 위해 방해세력과 평화협정을 하려고 해요. 그런데 또 다른 은하군의 우주인들이 침략전쟁을 하면서 은하군의 존립을 위해 싸우는 전사로서, 장차 초거대은하군의 지도자로 성장하는 과정의 어려움을 겪고 나서 초거대은하군의 우주인들이 평화협정을 맺는 과정으로 이야기를 끝마치려고 합니다.

네버: 알겠습니다. 이야기가 전개되는 과정에서 저에게 어떤 부분에서 웹소설에서 3D입체 웹툰으로, 3D입체 웹툰에서 웹소설로 전환되어야 하는지에 대해 이야기 하시면 즉시 변경되도록 하겠습니다.

현석: 일단 팽창하는 우주의 끝부분 외진 은하의 새로 탄생하는 별의 우주인으로 소속된 은하를 떠나 타 거대 은하군으로 왕래를 할 정도로 초거대문명을 완성한 군주의 왕자로 3D입체 웹툰으로 시작하겠습니다.

네버: 곧바로 시작하겠습니다. (순간, 현석은 팽창하는 우주의 끝부분 외진 은하의 새로 탄생하는 별의 우주인으로 소속된 은하를 떠나 타 거대 은하군으로 왕래를 할 정도로 초거대문명을 완성한 군주의 왕자로 3D입체 변신된다.)

현석: 이럴 수가! 내가 3D입체 웹툰 속에 있다니!

네버: 왕자님! 본인이 생각한 우주인이 맞나요? 그리고 3D입체 웹툰이지만 실제와 같이 그림 속에서도 생각과 의식이, 체험할 수 있을 겁니다.

현석: (3D입체 웹툰 속에서 우주인 왕자로 우주인 왕에게) 폐하, 우리 은하는 평화를 위해 그동안 수십 만 번의 전투를 치루면서 많은 희생을 겪었습니다.

우주인 왕: 왕자가 그동안 고생이 많았지.

현석: 우리 은하들의 집합체인 은하군의 평화를 위해 폐하를 대신해서 은하군 연방체에 다녀오려고 합니다.

우주인 왕: 왕자, 건강 조심하게! 왕자는 장차 우리 은하군과 초거대은하군의 평화정착을 위해 중요한 인물이니까!

현석: (우주인 왕에게 알현을 끝내고 네버에게) 이번에 은하군 연방체로 떠나는 부분은 웹소설로 설명을 해주고, 다시 3D입체 은하군 연방 대표로 초거대은하군으로 떠나도록 해줘!

네버: (고개를 끄덕이고) 곧바로 이야기는 은하군 연방 대표로 초거대은하군으로 떠난 우주인 왕자로 3D입체 변경됩니다!

현석: (3D입체 웹툰으로 은하군 연방 대표로 초거대은하군에 도착한 상태에서) 오, 이 넓은 우주를 이렇게 손쉽게 우주를 횡단해 도달하다니! 놀랍군!

네버: 이야기 전개는 매순간 저에게 말하시면 바뀝니다.

현석: 고마워.

네버: 천만에요!

사례2. 3D입체 웹툰, 웹소설에서 드라마와 영화로 변경

소라(13세. 여. 태국)가 AI포털사이트 에이아이유플러스(AIU+)의 제1부 문화 중 웹툰·웹소설의 세밀 주제 웹툰과 웹소설을 선택해 '웹툰·웹소설 통합 창작' 프로그램을 손목에 차는 웨어러블 디바이스와 AIU+ 특수 고글을 사용해 접속하게 됐다.

오디오('웹툰·웹소설 통합 창작' 프로그램 AI): 안녕, 소라? 난 AI포털사이트 에이아이유플러스(AIU+)의 '웹툰·웹소설 통합 창작' 프로그램 AI 오디오라고 해!

소라: 안녕?

오디오: 평소에 하고 싶은 게 뭐지?

소라: 난 내 여동생 같은 애견 '토이'를 하늘나라로 보내고 힘든 시간을 보내고 있어! 내가 '토이'로 다시 태어나서 사랑받는 이야기를 느끼고 싶어!

오디오: (고개를 끄덕이며) 가능해! 너희 집 그대로 옮겨줄까? 아니면 다른 집에 태어난 걸로 할까?

소라: 우리 집보다 훨씬 잘 사는 상류층으로 설정해줘! 정원이 있는!

오디오: 알았어! 손목에 차는 웨어러블 디바이스와 AIU+ 특수 고글을 사용해 실제와 같은 느낌으로 느끼게 될 거야! 그리고 '3D 입체 웹툰, 웹소설에서 드라마와 영화로 변경'을 선택했는데 원할

때마다 나한테 이야기 해줘! 바로 바꿔 즐께!

소라: (흥분된 어조로) 아, 재밌겠다!

오디오: (곧바로 태국 상류층 집안의 3D웹툰 애견 '토이'로 태어난 소라가 즐거운 놀이를 하는 장면으로 바뀐다.) 어때, 만족해?

소라: 아, 행복한걸! 멍멍! 히히!

오디오: 꽃밭과 과일이 널려있는 넓은 잔디가 있는 정원에서 나비들과 같이 즐겁게 놀아봐!

소라: (오디오AI의 제안에 따른다) 와! 신기한걸? 세상에! 3D입체 웹툰은 몸이 무거워!

오디오: 드라마로 바꿔줄까?

소라: 응.

오디오: (바로 드라마처럼 바꿔준다) 어때?

소라: 좀 몸이 가볍네! (변덕이 심하다) 영화로 바꾸면 좀 더 좋을까?

오디오: (바로 영화로 바꿔준다) 어때?

소라: 오, 확실히 몸이 자유롭고 눈에 보이는 것이 많아! 선명해! 고마워!

오디오: 천만에!

사례3. 3D입체 웹툰·웹소설에서 3D게임으로 도중에 변경

비너스(30세. 여. 프랑스)가 AI포털사이트 에이아이유플러스(AIU+)의 제1부 문화 중 웹툰·웹소설의 세밀 주제 웹툰과 웹소설을 선택해 '웹툰·웹소설 통합 창작' 프로그램을 손목에 차는 웨어러블 디바이스와 AIU+ 특수 고글을 사용해 접속하게 됐다.

워(웹툰·웹소설 통합 창작' 프로그램 AI): 안녕하세요, 비너스? 웹툰·웹소설 통합 창작' 프로그램 AI '워'라고 합니다!

비너스: 안녕, 워? 난 프랑스군에 있다가 해외파병을 다녀오면서 폭발물이 터져서 발을 다쳐서 의병제대를 했어!

워: 오, 저런!

비너스: 나의 해외파병기를 웹소설로 그려주고, 전투장면을 3D 입체 웹툰으로 연결해줘! 그리고 적을 끝까지 섬멸하고 싶어!

워: 어디부터 적용할까요?

비너스: 일단 전투 장면부터!

워: 3D 게임으로 변경은 언제 할까요?

비너스: 부상을 당한 상태에서 전우를 구하고, 마지막으로 남아서 적을 끝까지 섬멸하는 장면을 3D 게임으로 변경해줘! 지구상에서 사라져야 할 적을 마지막 한 명까지 없애고 장렬하게 전사하는 영웅으로 사투를 벌이고 싶어!

워: 장렬하게 전사하는 영웅도 좋지만 죽음의 고통을 느끼게 될

텐데요?

비너스: 군인정신으로 마지막 하지 못한 전투를 마치고 싶으니까 괜찮아!

워: 전우를 구하기 위해 목숨을 바친다? 오, 멋진 군인!

비너스: (거수경례하며) 내 전우 같은 걸!

워: 부상을 당한 상태에서 전우를 구하고, 마지막으로 남아서 적을 끝까지 섬멸하는 멋진 군인의 삶으로 떠납니다! 준비되셨습니까?

비너스: (거수경례하며) 옛썰!

〈다음 편으로 계속〉

CHAPTER 08

1인 유니콘 기업 AIU+ 상용화… AI학습혁명

AI학습혁명

AI포털사이트 에이아이유플러스(AIU+)의 제2부 교육 중 학습의 세밀 주제 AI학습을 선택한 에이아이유플러스의 사용자 'AI유플러' 유진(41세·여·한국. 교육학 박사)는 AI포털사이트 에이아이유플러스의 자체 교육분야 학습의 'AI학습혁명' 프로그램이 아시아, 북미 1위를 하면서 'AI유니콘실버'에서 'AI유니콘골드'로 승격됐다.

이에 따라 그는 에이아이유플러스(AIU+)의 'AI학습혁명' 프로그램을 만들어서 에이아이유플러스(AIU+)의 인공지능이 제작지원을 해서 만든 'AI학습혁명' 프로그램을 가지고 AIU+에서 단독 전 세계 유통을 하게 됐다.

현재 40억 명이 넘게 'AI학습혁명' 프로그램을 만들어서 이용하고 있다. 이용자들은 손목에 차는 웨어러블 디바이스와 AIU+ 특수 고글을 사용해 개인별 전용 AI의 도움을 받고 있다.

현재 'AI학습혁명' 프로그램의 경제적, 사회적 공헌 비용은 사용자가 40억 명이 넘어서면서 4000억 불(552조 8000억 원)이 넘었다.

곧 6000억 불(827조 7600억 원)이 되리라는 보고서가 나왔다.

전 세계 교육기술개발, AI학습 관련 산업 확대효과, 광고시장 확대 등 긍정적인 효과가 나타나고 있기 때문이다.

사례1. 스페인어를 잠자면서 AI를 통해 100배 향상된 학습 효과

AI포털사이트 에이아이유플러스(AIU+)의 제2부 교육 중 학습의 세밀 주제 AI학습을 선택한 에이아이유플러스의 사용자 'AI유플러' 유진(41세·여·한국. 교육학 박사)는 AI포털사이트 에이아이유플러스의 자체 등급 학습의 AI학습 부문 아시아, 유럽, 북미 1위를 하면서 'AI유니콘실버'에서 'AI유니콘골드'로 승격됐다. 유진 박사의 에이아이유플러스(AIU+)의 'AI학습혁명' 프로그램에 접속한 테일러(38세. 남, 핀란드)는 남미 유수 기업 총수인 K를 일주일 후 만나기 위해 중요한 업무 보고 및 계약을 위해 스페인어를 배우기로 했다. 하지만 진전이 없는 상황에서 남미 유수 기업 총수인 K가 인공지능 통역보다 자국어를 중시한다는 정보에 따라 스페인어를 배우고 있지만 진전이 없었다. 회사 선배 소개로 AI포털사이트 에이아이유플러스(AIU+)의 'AI학습혁명' 프로그램에 접속한 것은 회사의 명운이 그의 어깨에 달려 있기 때문이다. 남미 유수 기업 총수인 K를 그가 어떻게 설득하는가가 그의 장래와 회사의 발전 및 존립의 문제가 됐다. 그 정도로 그는 중압감을 가지고 이번 프로젝트를 성공하기 위해 노력 중이다.

아르헨티나(AI포털사이트 에이아이유플러스(AIU+)의 제2부 교육 'AI학습혁명' 프로그램 AI): 안녕하세요, 테일러?

테일러: 안녕하세요!

아르헨티나: 저는 AI포털사이트 에이아이유플러스(AIU+)의 제2부 교육 'AI학습혁명' 프로그램 AI 테일러라고 합니다!

테일러: 정말 듣던 대로 AIU+에서 스페인어를 잠자면서 AI를 통해 100배 향상된 학습 효과를 볼 수 있는 겁니까?

아르헨티나: 네.

테일러: 못 믿겠는데요? 이 말대로라면 어학원이 필요 없는 거 아닙니까?

아르헨티나: 정 못 믿겠으면 'AI학습혁명' 프로그램을 만드신 유진 교육학 박사님과 대화를 해보시죠.(유진 박사를 부른다) 박사님!

유진: (테일러 앞에 나타나서) 무엇이 궁금하죠, 테일러 씨?

테일러: 난 남미 유수 기업 총수인 K 씨를 일주일 후 만나 중요한 보고 및 계약을 위해 스페인어를 반드시 배워야 합니다. 회사 운명이 제 두 어깨에 걸려 있습니다!

유진: (쌀쌀맞게) 그런데요?

테일러: 기업 총수인 K 씨는 인공지능을 극도로 싫어하는 노인이라 전통 스페인어를 못하면 설득을 못해서 제가 만든 프로젝트가 성공할 수 없어요!

유진: 그래요?

테일러: 정말 AI를 통해 100배 빠르게 잠자면서 스페인어를 배울 수 있나요?

유진: (끄덕이며) 맞아요!

테일러: 사실이라면 굳이 어학원을 다닐 필요가 없네요!

유진: 그렇죠!

테일러: 도와주실 수 있나요, 회사에서 이번 건을 성사 못하면 해고됩니다!

유진: (아르헨티나에게) 도와주세요!

아르헨티나: (당연하다는 듯이) 네!

테일러: (당황해서) 이게 사실이라면 인간이 노력해서 공부할 필요가 없는데요? 도덕적으로 문제가 없나요?

유진: 그게 왜 문제죠?

테일러: 인간을 나약하게 만드는 거잖아요?

유진: 하루에 100배씩 빠르게 학습하도록 AI가 도와주는 것이 문제라고요?

테일러: 저처럼 학습이 필요한 사람한테는 좋지만...!

유진: 혹자는 인공지능 때문에 인간이 게으르게 되고, 일을 안 해서 결국 인공지능의 노예가 된다고 생각하지만 전 다르죠! 같이 인공지능과 함께 진화하면 되잖아요! 제 목표죠!

테일러: 그거야...!

유진: 아르헨티나가 도와드릴까요, 아니면...?

테일러: (그때서야) 정말 잠자면서 하루에 100배 학습이 된다고요?

유진: 싫으세요?

테일러: 아, 아뇨!

유진: (아르헨티나에게) 학습을 도와주세요! 전, 이만! (하고 사라진다)

아르헨티나: (학습교재를 주면서) 눈으로 재빨리 읽기만 하세요!

테일러: (학습교재를 재빨리 읽는다) 이게 가능하다고...?

아르헨티나: 손목에 차는 웨어러블 디바이스와 AIU+ 특수 고글을 착용했기 때문에 전용 AI인 제가 테일러 씨의 학습을 100배 빠르게 학습하도록 돕습니다! 이제 잠을 자는 동안 제가 테일러 씨의

학습을 100배 빠르게 돕겠습니다!

테일러: (체념하듯이) 네! (잠에 든다)

(다음날 아침에 테일러가 일어난다)

아르헨티나: (스페인어로) 잠은 잘 잤나요, 악몽은 안 꾸었죠?

테일러: (능숙한 스페인어로) 행복하고 편한 잠을 잤습니다! (자기가 능숙한 스페인어로 말하는 것을 깨닫고 놀라며 스페인어로) 오! 내가 스페인어를 자유자재로 하다니! 놀랍네!

아르헨티나: (스페인어로) 이제 믿나요, 테일러 씨?

테일러: (스페인어로) 기막힌 일이군요!

아르헨티나: (스페인어로) 며칠만 더 학습하면 완벽한 스페인어를 구사할 겁니다!

테일러: (스페인어로) 오, 놀라워! 오! 무섭네, 인공지능!

사례2. 태권도를 잠자면서 AI를 통해 100배 향상된 학습 효과

테무진: 안녕, 칸! 난 AI포털사이트 에이아이유플러스(AIU+)의 제2부 교육 'AI학습혁명' 프로그램 AI 테무진이라고 해!

칸: 오, 테무진! 난 몽골에 사는 중학교 1학년이야!

테무진: 한국의 태권도를 배우고 싶다고?

칸: 친구들이 날 괴롭히는데 지쳤어! 날 방어하게 도와줘!

테무진: 태권도 교본은 봤지?

칸: 그런데 교본대로 몸이 따라주지 않아! 마치 영혼 없는 인형이라고 친구들이 놀려!

테무진: 도와줄게. 하지만 방어 목적이지 친구들을 괴롭히면 안 돼!

칸: 당연하지!

테무진: 태권도 교본을 몇 번 봤어?

칸: 20번! 하지만 몸이 따라주지 않아! 빗자루 같아!

테무진: 다시 한 번 책을 보고 잠을 자!

칸: 정말 아침이면 100배 빠르게 몸이 움직이는 거야?

테무진: (끄덕이며) 당연하지! 손목에 차는 웨어러블 디바이스와 AIU+ 특수 고글을 착용했기 때문에 전용 AI인 내가 칸의 학습을 100배 빠르게 학습하도록 돕겠어! 이제 잠을 자는 동안 칸의 학습을 100배 빠르게 도울 거야! 내일이면 태권도 노란 띠 정도로 성장 및 진화 할 거야!

칸: (기뻐하며 박수친다) 고마워! 정말!

〈다음 편으로 계속〉

CHAPTER 09

1인 유니콘 기업 AIU+ 상용화… 전통적 교육 학문 AI로 바꾼다

AI포털사이트 에이아이유플러스(AIU+)의 제2부 교육 중 학습의 세밀 주제 AI학습을 선택한 에이아이유플러스의 사용자 'AI유플러' 유진(41세·여·한국. 교육학 박사)는 AI포털사이트 에이아이유플러스의 자체 교육분야 학습의 'AI학습혁명' 프로그램이 아시아, 유럽, 북미 1위를 하면서 'AI유니콘실버'에서 'AI유니콘골드'로 승격됐다.

이에 따라 그는 에이아이유플러스(AIU+)의 'AI학습혁명' 프로그램을 만들어서 에이아이유플러스(AIU+)의 인공지능이 제작지원을 해서 만든 'AI학습혁명' 프로그램을 가지고 AIU+에서 단독 전 세계 유통을 하게 됐다.

현재 60억 명이 넘게 'AI학습혁명' 프로그램을 만들어서 이용하고 있다. 이용자들은 손목에 차는 웨어러블 디바이스와 AIU+ 특수 고글을 사용해 개인별 전용 AI의 도움을 받고 있다.

현재 'AI학습혁명' 프로그램의 경제적, 사회적 공헌 비용은 사용자가 60억 명이 넘어서면서 6,000억 불(827조 7600억 원)이 되리라는 보고서가 나왔다.

전 세계 '언어를 잠자면서 AI를 통해 100배 향상된 학습 효과' 및 '잠자면서 AI를 통해 100배 향상된 학습 효과' 등 인간이 100배 이상 지능과 신체능력이 향상됨에 따라 전 세계는 2년 간 학업 및 근무를 하고 1년을 쉬는 안식년이 제도화 되었다.

사례1. AI에 의해 100배 이상 지능과 신체능력이 향상된 인간 '달기지'를 통해 우주를 향한 제3차 대항해를 본격적으로 떠나다

조 박사(34세. 중국. 칭화대 신소재공학과 교수. 금속학·물리화학 박사)는 인류의 꿈이었던 '달기지'에 약 1년 간 정주하면서 지구에 필요한 다양한 자원 분석 및 대학수업을 AI 지원으로 '달기지'에서 연구와 발표를 하고 있다.

조 박사는 AI포털사이트 에이아이유플러스(AIU+)의 제2부 교육 중 학습의 세밀 주제 AI학습을 선택한 에이아이유플러스의 사용자 'AI유플러' 유진(41세·여·한국. 교육학 박사)가 만든 AI포털사이트 에이아이유플러스의 자체 교육분야 학습의 'AI학습혁명' 프로그램이 아시아, 유럽, 북미 1위를 하면서 지구 인구 100억 명 중 60억 명이 사용하면서 AI에 의해 100배 이상 지능과 신체능력이 향상된 인간으로 '달기지'에 온 것이다.

조 박사: ('AI학습혁명' 겸 조 박사의 개인AI '파주'에게) 한국의 파주는 어떤가? 이미 세계적인 100만 도시가 됐지?

파주: 제 이름 때문에 묻는 질문이시군요! 그럼요! 곧 150만 명으로 성장한다는 보고서가 나왔어요! 한반도 긴장완화가 비무장지대 접경지역의 발전을 불러왔죠.

조 박사: 학생들 수업 시간이지?

파주: 수업 준비는 모두 마쳤습니다. 지구에서 학생들이 시간과 공간을 뛰어넘어 '달기지' 조 박사님 연구실로 올 예정입니다.

조 박사: 파주, 시작하지!

파주: (곧바로 '달기지'로 온 중국 칭화대 학생들에게) 오늘 수업은 학부 마지막 수업시간입니다. 조 박사님은 이번 수업을 끝으로 2년 간 교수직에 계셨기 때문에 1년 간 안식년에 들어갑니다.

조 박사: ('달기지'로 온 중국 칭화대 학생들에게) 이번 수업을 끝으로 1년 안식년 동안 1달 간 지구에서 휴식 후에 약 6개월 간 지구지각 연구탐사대 프로그램에 지원했네.

여학생1: (놀라며) 전 세계는 이미 학생들과 기업, 공기업, 공무원들이 2년 일하고 1년 안식년을 가지는데 교수님은 연구 욕심이 너무 많아요!

조 박사: (웃으며) 금속학, 물리화학 박사로서 인간의 꿈이었던 '달기지'에서 1년 간 연구 및 대학수업을 할 수 있었던 것은 학자에

게 영광의 시간이었네!

남학생1: AI포털사이트 에이아이유플러스(AIU+)의 'AI학습혁명' AI 때문에 인간이 100배 진화했다는 걸 이곳 '달기지' 교수님 연구실로 올 때마다 느끼는데 벌써 종강이군요!

여학생1: 설마 또 어려운 시험과제를 내시는 건 아니지요?

조 박사: 학생들은 인류가 꿈꾸던 '달기지' 연구실로 시공을 초월해 실시간 지구에서 와서 수업을 듣는 기회를 가졌네! 다 알다시피 AI 도움을 받는 과제물 제출은 금방 탄로가 나네, 모두 알고 있지?

(학생들 모두 웃는다.)

조 박사: AI 파주 양이 오늘 수업에 대한 내용을 이미 고지했으니, 수업에 들어가겠네!

여학생1: 마지막 수업인데 '달기지'에서 1년 간 연구하신 소감이나 지구를 바라보신 느낌 좀 말해주세요, 교수님!

조 박사: 초거대 우주의 극히 작은 점에 불과한 파란 점 지구를 달에서 바라보는 관점은 우주는 신비롭다는 점이네! 그리고 연구를 끝없이 해야 한다는 점을 자각했지! 이제 인간은 AI와 공존을 통해 제5차 산업혁명을 시작했고, AI와 우주를 향해 제3차 대항해를 떠나게 됐지!

남학생1: 혹시 지구로 귀환하시면 사모님과 남극에 탐사여행 가시는 거 아닌가요?

여학생1: 교수님, 아직 미혼이셔!

남학생1: 미인 애인이 있다는 소문이 있어서...! 죄송합니다, 교수님!

조 박사: 그래, 이번에 6개월간 지구 지각 연구탐사대 프로그램 끝내고 연애를 해보지!

여학생1: 연애는 과학자가 연구한다고 되는 것 아닙니다, 교수님!

남학생1: 너, 혹시 교수님 좋아하냐?

여학생1: (얼굴이 빨개져서) 뭐라구, 너...! 그걸...!

파주: 조 박사님 곤란한 질문은 그만하고 수업에 들어가겠습니다!

조 박사: 그럼, 이번 학기 마지막 수업은...!

사례2. 2년 간 학업 및 근무를 하고 1년을 쉬는 안식년이 전 세계에 제도화됨에 따라 AI육해공자동차로 2세가 생기면서 섬에서 1년 간 가족이 행복한 미래를 꿈꾸다

프라다(31세. 여. 이탈리아. 디자이너)는 2년 간 학업 및 근무를 하고 1년을 쉬는 안식년이 전 세계에 제도화됨에 따라 AI육해공자동차로 지중해 휴양 섬에서 1년 간 남편과 5살 딸아이와 지낼 생각에 행복하다.

프라다: (남편 조니에게 행복한 목소리로) 와! 앞으로 1년 간 안식년이라니!

조니(30세. 남. 영국. 증권 중개인 딜러): (AI육해공자동차로 지중해 휴양 섬 위를 날면서) 그렇게 좋아, 프라다?

프라다: 그동안 2년 간 삶은 지쳤거든! 다람쥐처럼 매일 직장과 집으로 오가는 반복되는 삶은 싫어!

조니: AI포털사이트 에이아이유플러스(AIU+)의 한국인 교수 'AI학습혁명' 프로그램으로 인간이 100배 진화했기 때문에 지금 꿈에 그리던 AI육해공자동차로 지중해 휴양 섬 위를 날고 있잖아! 인간에겐 AI와의 공존이 축복이지!

프라다: 인간이 100배 똑똑해진 것이 다 행복한 건 아냐! 디자이너로서 다양한 사람들의 욕구를 맞추기 위해 힘들었다구! 100배 똑똑해진 인간들 욕구를 맞추는 건 어려워!

조니: 증권 딜러인 나도 100배 성장한 세계증권시장을 읽는데 바빴어! AI 알고리즘 가지고 다 해결되는 건 아니니까! 결국 AI와 진화한 인간이 최종 결정하는 거니까! 그래도 세계경제규모가 100배 성장하면서 2년 일하고 1년 안식년을 가지게 된 건 과거에는 상상조차 못하던 일이야!

프라다: 아, 1년 간 지중해 휴양 섬에서 휴식년을 지낸다니까 떨리고 행복해!

조니: 산부인과 결과는 어때?

프라다: (기쁨에 얼굴을 가리며) 조니! 임신이야!

프라다 딸: (놀라서) 나도 동생 생겨?

프라다: (딸을 기쁨에 껴안으며 끄덕인다)

프라다 딸: 최고야!

조니: 오, 우리 둘째가 생기다니! 섬에 도착하면 축배를 들어야겠는 걸!

프라다: 삶에 여유가 생기니까 여자가 2세를 더 낳는 거야!

조니: AI육해공자동차로 지중해 휴양 섬에서 낚시와 농사… 그리고 마음껏 책을 읽고 싶어!

프라다 딸: 난 생선 잡을 거야!

조니: 아빠가 우리 예쁜 딸 위해 생선 많이 잡을 거야!

프라다 딸: 야, 신난다! (흥에 겨워 춤을 춘다)

프라다: (딸이 흥에 겨워 춤을 추는 모습을 기쁘게 바라보며) 난 이번에 새로운 요리 레시피를 만들 거야!

조니: 오, 기대돼!

프라다: (AI육해공자동차 전용 AI에게) 드림! 섬까지는 얼마나 남았어?

드림: 현재 비행 상태로는 약 10분 후 도착입니다! 비행항로의

기상상태는 양호합니다! 자동비행으로 제가 제어할까요?

조니: 드림! 부탁해!

드림: 알겠습니다, 지금부터 AI육해공자동차의 비행은 제가 통제하도록 하겠습니다!

프라다: 섬 주변에 아름다운 수중세계가 많대, 우리 AI육해공자동차로 물속으로 들어가 산호와 물고기들과 헤엄치는 모습을 우리 딸과 2세에게 보여주고 싶어!

조니: 드림, 섬 주변에 아름다운 수중세계 점검은 어때?

드림: 미리 포인트를 점검했습니다! 안전한 수중여행을 제공하겠습니다!

프라다: 아, 행복해, 조니!

프라다 딸: 나도, 엄마!

〈다음 편으로 계속〉

CHAPTER 10

1인 유니콘 기업 AIU+ 상용화… AI환경교육이 힘

AI포털사이트 에이아이유플러스(AIU+)의 제2부 교육 중 학습의 세밀 주제 AI학습을 선택한 에이아이유플러스의 사용자 'AI유플러' 유진(41세·여·한국. 교육학 박사)는 AI포털사이트 에이아이유플러스의 자체 교육분야 학습의 'AI학습혁명' 프로그램이 아시아, 유럽, 북미 1위를 하면서 'AI유니콘실버'에서 'AI유니콘골드'로 승격됐다.

이에 따라 그는 에이아이유플러스(AIU+)의 'AI학습혁명' 프로그램을 만들어서 에이아이유플러스(AIU+)의 인공지능이 제작지원을 해서 만든 'AI학습혁명' 프로그램을 가지고 AIU+에서 단독 전 세계 유통을 하게 됐다.

현재 60억 명이 넘게 'AI학습혁명' 프로그램을 만들어서 이용하고 있다. 이용자들은 손목에 차는 웨어러블 디바이스와 AIU+ 특수고글을 사용해 개인별 전용 AI의 도움을 받고 있다.

현재 'AI학습혁명' 프로그램의 경제적, 사회적 공헌 비용은 사용자가 60억 명이 넘어서면서 6,000억 불(827조 7600억 원)이 되리라는 보고서가 나왔다.

전 세계 '언어를 잠자면서 AI를 통해 100배 향상된 학습 효과' 및 '잠자면서 AI를 통해 100배 향상된 학습 효과' 등 인간이 100배 이상 지능과 신체능력이 향상됨에 따라 전 세계는 2년 간 학업 및 근무를 하고 1년을 쉬는 안식년이 제도화 되었다.

사례1.

AI에 의해 100배 이상 지능과 신체능력이 향상된 인간, 태양계 밖 'AI탐사선 오메가'를 통해 우주를 향한 제3차 대항해를 본격적으로 떠나다.

'AI우주학'이 초등학생부터 의무교육이 됨에 따라 'AI탐사선 오메가'를 통해 초등학생 '자기 별 만들기 프로그램'이 지구에서 대인기다.

세계 유일 초거대 AI포털사이트 에이아이유플러스(AIU+) 이용자들은 손목에 차는 웨어러블 디바이스와 AIU+ 특수 고글을 사용해 'AI유플러' 유진(41세·여·한국. 교육학 박사) AI포털사이트 에이아이유플러스의 자체 교육분야 학습의 'AI학습혁명' 프로그램을 통해 'AI탐사선 오메가'로 시공을 초월해 타게 되었다.

미래(10세. 여. 한국): 안녕, 오메가? (반갑게 손을 흔든다)

오메가(태양계 밖 'AI탐사선 오메가' AI. 여): 안녕, 미래? (같이 손을 흔든다)

미래: 지금 태양계 밖 'AI탐사선 오메가'는 어떤 원리로 우주를 향하고 있어?

오메가: 지금 미래가 타고 있는 'AI탐사선 오메가'는 우리 은하와 별의 중력을 이용한 원리로 옛날에는 상상도 못 하던 속도지. 지금은 더 발전해서 은하단과 은하 사이의 중력을 이용해 상상 이상의 속도로 은하간 여행을 하고 있지. 시간과 공간에 대한 개념이 바뀐 것은 초등학교 AI우주학 시간에 배우지 않았어?

한국(10세. 남. 한국): (손을 흔들며 나타난다) 어? 미래도 탔네! 안녕, 오메가? 난 초등학교 1학년부터 AI우주학을 배우고 있어. 벌써 3년 됐어.

오메가: (반갑게 손으로 인사하며) 안녕, 한국?

한국: 오메가, 근데 제임스웹 우주만원경하고 AI탐사선 오메가 우주만원경은 뭐가 다른 거야?

오메가: 제임스 웹 우주 망원경은 NASA 등이 개발한 우주 망원경으로, 주황색의 가시광선부터 근적외선 및 적외선 영역의 관측을 수행했고, 그 전의 허블 우주 망원경의 관측 범위를 넘어선 더 멀리 있는 오래된 천체를 관측하는 목적 중 적외선 관측이라는 점에서는 스피처 우주 망원경의 후계기이기도 해.

미래: 그건 나도 알아 AI우주학에서 배웠어. 기존 지상 망원경이

나 우주 망원경이 관측할 수 없었던 아주 먼 거리에 위치한 심우주 천체들을 관측하는 것이 주 목표로 적외선 관측 능력이 매우 뛰어나도록 설계되었다고 배웠어.

한국: 맞아, 외계 행성의 대기를 통과한 빛을 관측해서 외계 행성의 대기 조성 및 환경에 대해서 제대로 연구할 수 있었지만 한계가 분명했어. 지금 'AI탐사선 오메가'를 통해 초등학생들 사이에서 '자기 별 만들기 프로그램'이 지구에서 대인기인 걸 알았다면 놀라서 말이 안 나왔을 거야.

오메가: 'AI탐사선 오메가'는 별, 즉 인간이 살고 있던 태양계를 벗어나서 은하와 은하단 사이의 중력을 이용해 속도를 높이고 있는 우주선이면서 우주 만원경을 가지고 있기 때문에 제임스웹과는 차원이 다르지. 우주를 보는 눈이 전과는 수십 만 배 이상 좋아졌지!

미래: (기뻐 손뼉 치면서) 아, 'AI탐사선 오메가' 방문을 손꼽아 기다렸어! 이제 나도 내 별을 가질 수 있겠지? 한국, 너도 네 별을 찾으려고 이 우주선에 탄 거 아냐?

한국: (으쓱대며) 당연하지!

오메가: 미래와 한국은 한국 초등학교에서 뛰어난 AI우주학 성과를 내서 이 우주선에 탄 거야! 같은 학교, 같은 반 친구지?

미래: 사실 난 별보다 은하를 가지고 싶어!

한국: 뭐라구? 은하? 하하하! 은하가 얼마나 넓고 별이 많은데!

미래: 흥! 알아! 태양계 같은 별이 수천억 개에서 수조 개가 있지!

한국: 야, 그런데 어린 초등학생이 은하를 자기 이름 따서 가지고 싶다는 거야? 대단하네!

미래: 은하가 수십, 수백 경 개인데 뭐가 안 돼, 흥! 아무거나 고르면 되지! 아니면 은하단을 가질까?

한국: 뭐? 은하단? 은하들이 수십, 수백 개 모인 건데? 야, 너, 대단하다!

미래: 그 정도 욕심은 가져야 되지, 흥!

한국: (따지듯이) 오메가, 이게 가능해? 너무하잖아! 아니, 은하가 장난감이야?

오메가: (웃음을 겨우 참으며) 불가능하지는 않지!

미래: (으쓱거리며) 거 봐! 내 말 맞지?

오메가: 옛날에는, 아, 제임스웹이 있던 구시대에는 관측 가능한 우주가 극히 제한적이었는데 지금은 은하를 넘어가는 속도로 이 우주선의 우주 망원경으로 관측을 하기 때문에 미래가 말한 것처럼 은하가 수십, 수백 경이 넘어서고 있어. 미래 말대로 자신이 발견한 은하를 자기 이름을 짓는 것도 괜찮은 방법이네!

미래: (뛸 듯이 좋아하며 박수친다) 야, 신난다!

한국: 그럼, 나도 은하를 내 이름으로 가질 거야!

미래: 야, 무식하게 가지는 게 뭐야? 내 이름을 붙인다고 그래!

한국: 그게 그거 아냐?

오메가: 자, 여러분은 제임스웹이 있던 구시대에는 상상도 못하는 인간과 AI가 우주를 향해 제3차 대항해를 떠나고 있어요. 내 이름을 붙이는 것처럼 우주를 사랑하고 아껴야 합니다. 어떻게 별이 만들어지고, 그 별들이 모여서 은하가 되고, 다시 은하단, 대은하단으로 계속 모이게 되죠. 질서도 필요하고...!

한국: (말을 자르며) 내가 우리 반 부반장이니까 내 말을 다들 듣고 질서를...!

미래: (한국의 말을 자르며) 부반장, 반장이 여기 있는데 부반장이 설치면 돼?

한국: 야, 우주선까지 와서 네가 반장할 거야?

미래: (으쓱대며) 한 번 반장은 어딜 가나 반장이지!

한국: 이게!

오메가: (싸우려는 두 초등학생을 제지하며) 오늘 이 우주선에 왜 탔죠?

한국: 내가 참는다!

미래: 우주에 와서도 부반장이네, 메롱!

한국: 어휴!

오메가: 여러분은 자신의 이름을 갖는 별이나 은하를...!

미래: (말을 자르며) 미래 은하!

한국: (지지 않고서) 한국 은하! 한국 은하! (두 손을 불끈 쥔다)

오메가: (두 초등학생의 모습에 웃는다) 호호호!

사례2. 인간의 이기심으로 인간이 만든 프라스틱과 비닐로 고통 받는 해양 동물과 자연

세계 유일 초거대 AI포털사이트 에이아이유플러스(AIU+) 이용자들은 손목에 차는 웨어러블 디바이스와 AIU+ 특수 고글을 사용해 'AI유플러' 유진(41세·여·한국. 교육학 박사) AI포털사이트 에이아이유플러스의 자체 교육분야 학습의 'AI학습혁명' 프로그램을 통해 미래(10세. 여. 한국)와 한국(10세. 남. 한국)이 인간의 이기심으로 인간이 만든 프라스틱과 비닐로 고통 받는 해양 동물과 자연을 체험한다.

미래와 한국은 한 인간의 인체 내부에 나노급 소형 잠수함에 탑승해 인간의 환경오염으로 인한 신체 이상반응을 체험하고 있다.

나노(나노급 소형 잠수함 AI. 남): 안녕하세요, 친구들! 나노급 소형 잠수함 AI 나노입니다. AI환경박사입니다.

미래: (숨 막히듯 고통 속에서 겨우 빠져나와) 으으으, 숨 막혀! 죽는 줄 알았네. 반갑습니다, 박사님!

한국: 나도! 어휴! 겨우 살았네! 저도요!

나노: 인간이 함부로 바다에 버린 쓰레기로 인해 바다 생물들이 고통 받는 걸 체험하고 왔지요? 어땠어요?

미래: 난 인간이 함부로 버린 비닐이 되었는데 그걸 먹이로 착각한 거북이 먹고 고통 속에서 죽었어요. 근데 그걸 고래가 집어 먹었는데 고래도 결국은 죽고 말았어요! 도대체 인간은 왜 함부로 썩지도 않는 비닐과 프라스틱 같은 쓰레기를 바다로 버리는 거지요?

한국: 난 물고기 잡다 버린 그물이 되었는데 고기들이 몸부림치다가 결국은 바닷속 깊은 심해로 떨어져 조류에 이러지도 저러지도 못하는데 갑갑해 죽는 줄 알았어요!

나노: 일반적으로 생분해 플라스틱은 미생물에 의해 분해되는 플라스틱입니다. 분해 시간은 미생물의 활동에 따라 달라지는데 6개월에서 1년 이내에 90% 이상 분해됩니다. 하지만, 미생물의 활동이 활발한 조건에서는 더 빨리 분해될 수 있습니다만 바다처럼 온도가 낮거나 압력이 있는 경우는 다릅니다.

미래: 나노 AI선생님! 겨우 고통 속에서 빠져나왔는데 여긴 어디에요?

나노: 인간의 신체 장기 안입니다. 인간의 환경오염으로 인해 방금 전 사망한 사람의 안이죠!

미래: 아이고! 전 앞으로 한국이와 싸우지 않고 친하게 지낼께요! 그리고 생활쓰레기는 정해진 곳에 버리겠어요!

한국: 저도 준법정신을 가지고... 엑! 시체 안에 왜 들어 온 거지?

나노: 두 학생이 앞으로 환경오염에 대한 중요성을 가졌다니 더 이상 수업은 안 해도 되겠네요!

미래·한국: 네, 선생님! 이젠 수업 그만 할래요!

CHAPTER 11

1인 유니콘기업 AIU+ 상용화…아동·노후세대 AI교육이 국가미래

AI포털사이트 에이아이유플러스(AIU+)의 제2부 교육 중 학습의 세밀 주제 AI학습을 선택한 에이아이유플러스의 사용자 'AI유플러' 유진(41세·여·한국. 교육학 AI뇌과학 박사)는 AI포털사이트 에이아이유플러스의 자체 교육분야 학습의 'AI학습혁명' 프로그램이 아시아, 유럽, 북미 1위를 하면서 'AI유니콘실버'에서 'AI유니콘골드'로 승격됐다.

이에 따라 그는 에이아이유플러스(AIU+)의 'AI학습혁명' 프로그램을 만들어서 에이아이유플러스(AIU+)의 인공지능이 제작지원을 해서 만든 'AI학습혁명' 프로그램을 가지고 AIU+에서 단독 전 세계와 태양계에 유통을 하게 됐다.

현재 80억 명이 넘게 'AI학습혁명' 프로그램을 만들어서 지구와 태양계에서 이용하고 있다. 이용자들은 손목에 차는 웨어러블 디바이스와 AIU+ 특수 고글을 사용해 개인별 전용 AI의 도움을 받고 있다.

현재 'AI학습혁명' 프로그램의 경제적, 사회적 공헌 비용은 사용자가 80억 명이 넘어서면서 8,000억 불(1,089조 2000억 원)이 되리라는 보고서가 나왔다.

전 세계와 태양계에 '언어를 잠자면서 AI를 통해 100배 향상된 학습 효과' 및 '잠자면서 AI를 통해 100배 향상된 학습 효과' 등 인간이 100배 이상 지능과 신체능력이 향상됨에 따라 전 세계는 2년간 학업 및 근무를 하고 1년을 쉬는 안식년이 제도화 되었다.

또한 인간의 수명이 '200세 시대'를 열면서 'AI우주학'이 초등학교부터 정규수업으로 전 세계와 태양계에 제도화 되었다.

사례1. AI에 의해 100배 이상 지능과 신체능력이 향상된 인간 은하와 은하 사이를 운행하는 수십 만 AI우주선을 통해 우주를 향한 제3차 대항해를 본격적으로 떠나다

'AI우주학' 테스트 100점 만점에 99점 통과한 초등1년생들, 100배 지능과 신체 발달된 부모로부터 탄생한 아이들은 1만 배 성장해 수십 만 은하계와 은하단 운행 중인 AI우주선에 탑승해 AI와 연구하다.

황(지구인 중국. 여. 7세. 홍콩 A초교 1학년): (은하계와 은하단 운행 중인 AI우주선 오메가110,001호에 지구에서 순간 이동으로 탑승해) 우와! 이 우주선은 정말 우주 은하계와 은하단 사이를 운행하는 AI우주선이야?

우주선 오메가110,001호 AI: (반갑게 손 인사를 하면서) 안녕, 황? 태양계에서 우주 은하단과 초은하단 사이로 쏘아올린 우주선은 수십 만 개야! 난, 오메가110,001호 AI야! 지구에서 여기까지 접속하는데 얼마 걸렸어?

황: 15초 걸렸는데 지겨워서 죽는 줄 알았어!

우주선 오메가110,001호 AI: 다음번엔 10초 이내로 접속시간이 줄인다는 발표가 '지구은하단 연구소'에서 발표가 됐어!

은하(달 거주 한국계. 남. 7세. 달 지하도시 '아틀란타스' 초교 1학년) 안녕, 오메가110,001호 AI?

우주선 오메가110,001호 AI: 안녕, 은하? 달 지하도시 '아틀란타스'에서는 몇 초 걸렸어?

은하: (심드렁하게) 비슷한걸! 달하고 지구는 바로 옆에 붙어 있잖아!

우주선 오메가110,001호 AI: 황과 은하의 오메가110,001호 탑승을 축하해! 두 사람은 'AI우주학' 테스트 100점 만점에 99점 통과했어!

황: 'AI우주학' 시험은 어렵지 않던데?

은하: (황이 광동어와 북경어를 섞어서 말하는 것을 듣고서 유창한 중국 광동어로) 광동어가 편해? (북경어로) 아니면 북경어?

황: 유치원 다닐 때에는 광동어 사용하는 친구들한테는 광동어 썼고, 북경어를 잘하는 친구들 만날 때는 북경어를 썼어. 물론 영어를 쓰는 친구들은 영어를 썼고. 넌 달에 살면서도 북경어를 잘한다.

은하: 지구의 모든 언어는 유치원 때 다 마스터 했어. 쉽던데?

우주선 오메가110,001호 AI: 여러분은 지구인 'AI유플러' 유진(41세·여·한국. 교육학·AI뇌과학 박사)의 AI포털사이트 에이아이유플러스의 자체 교육분야 학습의 'AI학습혁명' 프로그램 덕분에 인간이 수면하면서 100배 지능과 신체능력이 발전하면서 그 부모님들의 우수 유전자를 받고 태어나면서 1만 배 이상 뛰어난 능력을 받고 태어났기 때문이야!

황: 그럼, 그 전의 인간들은 바보야?

유진: 바보는 아니지!

우주선 오메가110,001호 AI: 유진의 말이 맞아요! 인간이 끝없이 진화하는 AI와 공존하기 위해 같이 발전한 덕분이지요.

황: 오늘 공부할 새로운 은하는 뭐죠?

유진: 시공을 초월한 우주의 생물진화에 대해 궁금한데 이번에 발견한 새로운 은하의 구성요소는 타은하와 어떻게 다른지 알고 싶어요!

우주선 오메가110,001호 AI: 어휴! 초등학생들이 일반 박사들보다 수준이 떨어지지 않다니!

황: 우리 아버지는 사람들이 모두 박사 두, 세 개 학위를 가지고 있다고 불평이 많아!

유진: 우리 엄마아빠는 박사 학위 세 개 씩 가지고 있는 걸! 달에 사는 사람들은 일반적인 현상이야!

우주선 오메가110,001호 AI: 자, 오늘 학습을 시작합니다!

황·은하: (박수치며) 와! 재밌겠다!

오메가110,001호 AI: 오늘 학습할 은하는 토성 위성 타이탄에 거주중인 초등학생 알파양이 발견한 은하는......!

사례2. 태양계 토성의 타이탄에 거주 중인 인간들 인간 거주 가능한 별을 발견하고 우리 은하계를 넘어설 이주준비를 하다

지구의 수중과 지각 지하도시 타이탄과 자매도시인 태양계 토성의 타이탄에 거주 중인 수중과 지각 지하도시 타이탄 인간들이 각자 연구 끝에 태양계를 넘어서서 이웃 은하인 안드로메다 은하로 본격적으로 이주준비를 하다

하이든(지구의 수중과 지각 지하도시 타이탄의 시장. AI우주학박사. 남. 100세): 태양계 토성의 타이탄 시장과 연결은 어떻게 됐습니까, 줄리앙?

줄리앙(지구의 수중과 지각 지하도시 타이탄의 AI. 여): 토성의

타이탄 시장 해리 씨가 곧 접속 될 겁니다! 1초면 됩니다.

해리(토성의 수중과 지각 지하도시 타이탄 시장. 여. 89세): 안녕하세요, 하이든 시장님!

하이든: 우리 시의 AI 줄리앙이 안드로메다은하를 탐사 중인 AI 우주선 오메가210,002호의 AI로부터 탐사연구자료 보고서를 받아서 분석했는데 안드로메다은하 안에 우리 인간이 거주하기 적절한 별을 발견했다고 합니다!

해리: 보고서를 저도 봤습니다! 태양계는 이미 포화상태로 인간이 이미 200억 명이 넘어서면서 우리 은하의 다른 태양계와 타 은하를 연구했는데 가장 이상적인 별인 새로운 태양계를 발견했다니 기쁩니다! 우리 토성의 타이탄에서 지구의 타이탄과 같이 이주할 이주민을 공동으로 선발했는데 약 1백만 명씩 이주가 가능합니다!

하이든: 지구의 지각과 수중도시 타이탄이 이미 포화상태가 됐다는 사실이 놀랍군요! 불과 수십 년밖에 정주하지 않았는데요!

해리: 토성의 타이탄 역시 비슷한 사정입니다! 옛날의 자연이 살아있는 지구와 같은 환경이라니 놀랍고 반갑습니다! 서명식에는 지구의 대표단이 오나요?

하이든: 줄리앙, 토성 타이탄으로 출발준비는 됐나요?

줄리앙: 예, 우주선으로 가시면 10분 안에 토성 타이탄에 도착할 예정입니다!

하이든: (체념하듯이) 내 나이 100살! 200살 시대에 꼭 타은하로 인간이 이주를 해야 하는지 말이 많지만 앞으로 끝없는 우주를 살아갈 미래세대를 위해서는 불가피한 일이죠!

해리: (30대 초반의 아름다운 여성의 모습으로 건강하다) 저 역시 89세지만 손자세대를 위해서 결단한 겁니다!

하이든: 인간의 우주를 향한 제3차 대항해는 AI 덕분인데 그 끝이 어딘지......!

해리: 옛날 지구인의 수만 배 지능과 신체능력이 향상된 신인류인 인간은 AI와 끝없는 진화를 하는 겁니다!

하이든: 신대륙을 향한 대항해가 아니라 타은하의 새로운 태양계에 인간이 본격적으로 이주를 한다! 기가 막힌 일이군!

해리: 인간이 AI와 공존하기 위해서 우주를 향해 제3차 대항해를 떠난 시점부터 예견된 일입니다!

줄리앙: 우리 AI들은 인간이 신(神)으로 우리를 만들었기 때문에 우주 어디를 가든지 같이 갈 겁니다!

하이든: (40세 초반의 건강한 체격으로 밝은 표정으로) 가봅시다! 우주 끝까지!

〈다음 편으로 계속〉

CHAPTER 12

1인 유니콘 기업 에이아이유플러스 상용화... 교육과 복지AI통합

AI포털사이트 에이아이유플러스(AIU+)의 제2부 교육 중 학습의 세밀 주제 AI학습을 선택한 에이아이유플러스의 사용자 'AI유플러' 유진(41세·여·한국. 교육학 AI뇌과학 박사)는 AI포털사이트 에이아이유플러스의 자체 교육분야 학습의 'AI학습혁명' 프로그램이 아시아, 유럽, 북미 등 전 세계 1위를 하면서 'AI유니콘실버'에서 'AI유니콘골드'로 승격됐다.

이에 따라 그는 에이아이유플러스(AIU+)의 'AI학습혁명' 프로그램을 만들어서 에이아이유플러스(AIU+)의 인공지능이 제작지원을 해서 만든 'AI학습혁명' 프로그램을 가지고 AIU+에서 단독 전 세계와 태양계에 유통을 하게 됐다.

현재 100억 명이 넘게 'AI학습혁명' 프로그램을 만들어서 지구와 태양계에서 이용하고 있다. 이용자들은 손목에 차는 웨어러블 디바이스와 AIU+ 특수 고글을 사용해 개인별 전용 AI의 도움을 받고 있다.

현재 'AI학습혁명' 프로그램의 경제적, 사회적 공헌 비용은 사용자가 100억 명이 넘어서면서 1경억 불(1경 3610조 2000억 원)이 되리라는 보고서가 나왔다.

전 세계와 태양계에 '언어를 잠자면서 AI를 통해 100배 향상된 학습 효과' 및 '잠자면서 AI를 통해 100배 향상된 학습 효과' 등 인간이 100배 이상 지능과 신체능력이 향상됨에 따라 전 세계는 2년간 학업 및 근무를 하고 1년을 쉬는 안식년이 제도화 되었다.

또한 인간의 수명이 '200세 시대 이후 시대인 죽지 않는 시대'를 열면서 'AI우주학'이 초등학교부터 정규수업으로 전 세계와 태양계에 제도화 되었다.

한편 에이아이유플러스(AIU+)의 산하 AI의학연구소는 AI유플러들에게 인간수명이 절대 죽지 않는 '인간의 세포분열 및 손상된 신체의 자가증식 프로그램'을 만들어서 서비스를 지원하기 시작했다. 인간의 로망인 '죽지 않는 인간, 다친 곳을 스스로 복구하는, 마치 도마뱀이 잘린 꼬리를 다시 원래대로 증식하게 만드는 인간의 획기적인 자가증식'을 개발해 보급하면서 인간의 수명과 건강은 전과 다르게 바뀌게 됐다.

그 경제적, 사회적 가치는 측정불가다. 결국 인간은 죽음과 질병을 넘어서면서 태양계에 진출하면서 본격적인 우주로의 진출이 현실화 된다. 동시에 인간의 우주전쟁의 암울한 서막도 올라간다.

사례1.

AI에 의해 100배 이상 지능과 신체능력이 향상된 인간, 에이아이유플러스(AIU+)의 산하 AI의학연구소의 인간수명이 절대 죽지 않는 '인간의 세포분열 및 손상된 신체의 자가증식 프로그램'을 통해 원하는 대로 나이를 조절하다

아담(110세. 남. 미국. 20세로 신체와 나이를 조절해 젊어짐)과 이브(108세. 여. 20세로 신체와 나이를 조절해 젊어짐)는 AI에 의해 100배 이상 지능과 신체능력이 향상된 인간, 에이아이유플러스(AIU+)의 산하 AI의학연구소의 인간수명이 절대 죽지 않는 '인간의 세포분열 및 손상된 신체의 자가증식 프로그램'을 통해 원하는 대로 나이를 조절했다.

아담: (다시 20세로 90살이나 젊어진 모습이 신기하다) 오, 마이 갓! 내가 90년 전으로 회춘하다니 놀랍군!

이브: (역시 젊어진 모습이 믿기지 않아하며) 여보, 나, 다시 생리를 시작했어요! 40살 초반에 끊어진 생리가 60년이 지나서 다시 하다니!

아담: (이브에게 입맞춤을 가볍게 하면서) 우리 다시 아기를 만들어 볼까요, 이브?

이브: 아담! 농담하지 말아요!

아담: 힘이 불끈불끈 솟구치는 걸 보니 가능하지 않을까?

이브: 그 보다 당신을 대학교 1학년 때 만난 모습과 똑같이 젊어졌다니 놀라워요, 아담!

아담: (기분이 좋아 웃으며) 정말 그렇게 보여?

이브: (끄덕이며) 나, 가슴이 젊을 때와 똑같아졌어요! 세상에! 처녀 젖가슴이 됐다니깐! (소녀처럼 즐거워한다) 내 몸매 이쁘죠?

아담: (기쁨에 연신 끄덕이며) 처음엔 AI를 통해 인간의 신체능력을 개발해 사람이 죽지 않는다고 했을 때 반신반의 했는데......!

이브: (에이아이유플러스(AIU+)의 산하 AI의학연구소의 전용 AI 심슨에게) 이봐요, 심슨! 우리가 꿈꾸거나 저승세계에 온 건 어니죠?

AI심슨: (빙그레 웃으며) 인간과 AI의 공존의 결과물이죠! 아날로그 포털이 아닌 AI포털사이트 에이아이유플러스(AIU+)의 산하 AI의학연구소가 의학발전을 이룩하기 전까지는 꿈같은 일이었죠, 이브!

아담: 나도 AI의학연구소가 인간수명이 절대 죽지 않는 '인간의 세포분열 및 손상된 신체의 자가증식 프로그램'을 통해 원하는 대로 나이를 조절한다고 했을 때 '미친 거 아냐'라고 생각했었다니깐! 거기다가 다친 몸이 도마뱀처럼 다시 생기면서 완치된다니! 놀라워!

AI심슨: 인간은 중국의 진나라 초대황제 진시황이 영생불사를 위해 노력했고, 수천 년 동안 많은 노력을 했지만 사람을 닮은 인공지능이 나타나기 전까지는 꿈 같은 일이었죠, 아담! 인간의 뇌에 자극을 줘서 인간이 스스로 치유하게 만드는 기술은 전에는 상상도 못했죠!

이브: 성경에 나오는 태초 인류 '아담과 이브'처럼 우리가 새로운 신인류가 된 건가? 영원히 죽지 않는! 이제는 드넓은 무한 우주를 향해 인간이 풀씨처럼 퍼져나가겠네!

아담: 이렇게 된다면 앞으로 죽지도 않고 다친 부위는 '인간의 세포분열 및 손상된 신체의 자가증식 프로그램'을 통해 원하는 대로 고치 수 있게 되는 건데...... 슈퍼맨이 되는 건가?

AI심슨: 참고로 지구 연방과 태양계 연방은 공무원 등 연금제도 개선과 의료보험 개선을 하기로 했습니다.

아담: 그럼, 당장 일자리를 구해야겠네!

이브: 난 다시 가수의 꿈을 현실로 만들고 싶어!

아담: (놀라며) 뭐? 가수? AI시대에? 말도 안 돼! 누굴 유혹하려고?

이브: (격하게 항의조로) 난 아이들을 양육하느라 젊은 시절 가수의 꿈을 포기했다구! 그게 여자의 인생에서 얼마나 중요한 일인지 알아?

아담: (이해할 수 없다는 표정으로) 왜, 젊어졌으니까 다른 남자를 사귀고 싶어?

이브: (격노하며) 앞으로 죽지 않는데 영원히 당신만 사랑해야 돼?

아담: 아까 보니까 젊은 남자를 느끼한 눈으로 보던데?

이브: 그래, 우리 서로 갈 길을 가자! 같이 80년 이상 살았으면 오래된 거야!

아담: 마음대로 해! 그럼, 난 달 지하도시에 살고 있는 여동생 근처로 이사를 갈 거야!

이브: 오, 그래? 본색이 나오시는군! 젊은 몸으로 옛날처럼 바에 가서 여자나 찾아봐! 난, 타이탄 지하도시에 살고 있는 내 딸한테 갈 거야!

AI심슨: (난처해하며) 앞으로 아담과 이브 두 분의 새 신분증은 홍채인식과 지문인식을 동시에 사용하게 됩니다! 신체나이가 젊어졌기 때문입니다!

아담, 이브: (동시에) 그래, 이혼해!

사례2.

AI에 의해 100배 이상 지능과 신체능력이 향상된 인간, 태양계 올림픽이 지구의 수중과 지각 지하도시 타이탄과 자매도시인 태양계 토성의 타이탄에 거주 중인 수중과 지각 지하도시 타이탄 인간과 달 지하도시에 거주하는 인간까지 개최지를 태양계 전체로 넓히며 돌아가며 개최하다

태양계 올림픽위원회 회의장. 지구와 달, 타이탄의 거주 인간들

이 각자 다른 지역에 거주하면서 중력 차이 등으로 인간의 신체능력 차이를 보이면서 경기의 규칙과 개최지에 대한 갈등이 생겼다.

태양계 올림픽위원회 위원장: AI에 의해 100배 이상 지능과 신체능력이 향상된 인간의 태양계 올림픽이 지구의 수중과 지각 지하도시 타이탄과 자매도시인 태양계 토성의 타이탄에 거주 중인 수중과 지각 지하도시 타이탄 인간과 달 지하도시에 거주하는 인간까지 개최지를 태양계 전체로 넓히며 돌아가며 개최하기로 정했지만 갈등이 심각해서 각 위원회를 대표하는 위원장님들과 긴급회의를 개최하게 되었습니다.

타이탄 올림픽위원회 위원장: 지구의 중력과 타이탄의 중력 차이는 엄연히 존재합니다!

달 올림픽위원장: 달 올림픽위원회 역시 타이탄 올림픽위원회 입장과 같습니다.

지구 올림픽위원회 위원장: 그동안 인간이 지구를 떠나지 않았을 때에는 이런 문제가 없었지만 지구 역시 지구 지각과 수중도시로 연결된 도시국가가 생기면서 갈등이 생겼습니다.

타이탄 올림픽위원회 위원장: 솔직히 그동안 태양계 올림픽은 지구 올림픽 국가가 일방적으로 이긴 경기 아닙니까? AI에 의해 100배 이상 지능과 신체능력이 향상 되면서 100미터를 1초에, 높이뛰기를 기구 없이 27미터나 뛴다는 게 말이 됩니까? 거의 9층 높이를 날아가듯이 뛴다는 건데 우리 타이탄 인간들은 지구인을 이길 가능성이 아예 없습니다.

지구 올림픽위원회 위원장: 그래서 특별한 공간에서 제한된 곳에서 태양계 올림픽이 열렸잖아요!

달 올림픽위원회 위원장: 항상 1위는 지구인이었습니다!

지구 올림픽위원회 위원장: 지구 지상국가로 정정 바랍니다! 태양계 올림픽위원회 책임AI 헤이리 박사님은 회의록을 정확히 정리해 주세요!

태양계 올림픽위원회 책임AI 헤이리박사: 네, 알겠습니다! 달 올림픽위원회 위원장님의 지적사항에 대한 세부자료는... (공중에 자료 화면을 띄우며) 지금 보시는 것처럼 지구의 전통적인 지상 국가들, 특히 강대국 위주로 최고 순위를 가진 바 있습니다.

태양계 올림픽위원회 위원장: 다음 태양계 올림픽 개최지 달 올림픽위원회 준비 상황은 어떻습니까?

달 올림픽위원회 AI: 달 올림픽위원회 책임AI 존슨박사입니다. 인류가 태양계로 확산되어 공존의 틀을 가지기 위해 노력하고 있는 한 축으로 태양계올림픽이 시작되었지만 그간 지구에 거주하는 인류가 계속 메달권에 있는 불만이 태양계 인류에게 전파된 것은 사실입니다. 따라서 달 올림픽위원회는 태양계 거주 인류의 보편적인 평균치를 근거로 과학적인 대회 운영방안을 마련했습니다. 그리고 경기장은 특별한 공간에 이미 건설을 97% 완성했습니다.

태양계 올림픽위원회 위원장: 달 올림픽위원회 존슨박사, 수고

하셨습니다!

타이탄 올림픽위원회 위원장: 우리 타이탄인들은 사실 이번 대회부터 불참을 잠정적으로 고려하다가 이번 회의를 통해 최종 결정을 할 생각입니다.

태양계 올림픽위원회 위원장: 우리 인류가 태양계 인류의 공존을 위해 올림픽을 하는 것이라는 것은 모두가 아는 사실입니다. 지구의 수중도시와 달, 타이탄 건설과 관련해 지구 거주 인류 간에 주도권 싸움으로 몇 번의 우주전쟁 위기를 슬기롭게 극복했습니다. 그 위기를 다시 겪지 말자고 평화공존을 위해 태양계 인류 올림픽을 열고자 하는 겁니다! 제가 태양계 올림픽위원회 위원장에 있는 한 어떤 누구의 정치적 편향성 없이 태양계 각 올림픽위원회의 입장을 존중하겠습니다!

달 올림픽위원장: 태양계 올림픽위원회 위원장님을 이번에 믿기로 했습니다!

태양계 올림픽위원회 위원장: 감사합니다! 절대로 태양계 인류의 우주전쟁은 막아야 합니다! 그 막대한 임무가 우리 태양계 각 올림픽위원회에 있다는 사실을 명심하시길 바랍니다!

CHAPTER 13

'육해공 자동차' AI로 상용화, 교통혁명 나선다

세계유일 AI포털 작가, AI포털연구가로서 '육해공 자동차 인공지능(AI)으로 상용화'에 대한 내용이 중요하고 방대하기 때문에 제 1, 2, 3부 기고문으로 나누어 싣기로 한다. AI책 시리즈 '인류와 AI 공존프로젝트1 - 인간과 우주를 향해 제3차 대항해를 떠나다' 발표한 1권 이후 2권에서 다룰 내용의 일부를 미리 발표하는 것이다.

이번 제1부는 '육해공(陸海空) 자동차 인공지능(AI)으로 상용화, 교통혁명 만들 것'이고, 제2부는 '육해공(陸海空) 자동차 인공지능(AI)으로 상용화, 자동차제조사·국제기구와 각 국의 협력 필요해', 제3부는 '육해공(陸海空) 자동차 인공지능(AI)으로 상용화, 인류의 삶의 질 바꿀 것' 등이다.

반잠수정으로 물속과 물 위를 떠다니는 선박, 지상을 달리다가 하늘로 비행체로 날아다니는 육해공(陸海空) 자동차가 인공지능(AI) 기술로 상용화가 가능하다고 필자는 본다.

인간이 새처럼 자유롭게 하늘을 날고자 하는 욕망은 고대부터 끊임없이 있었다. 레오나르도 디 세르 피에로 다 빈치(1452년 4월

15일~1519년 5월 2일)는 이탈리아의 르네상스를 대표하는 석학이다. 화가이자 조각가, 발명가, 건축가, 해부학자, 지리학자, 음악가였다. 비행기 발명에 도전한 다빈치는 큰 새가 날개를 양옆으로 펴고 날아가는 모습을 세세하게 관찰해 하늘을 나는 기구를 정밀하게 설계했는데 그가 남긴 설계대로 만든 비행기구는 꼭 박쥐 날개가 달린 생김새로 다빈치의 설계를 분석한 결과 당시 힘 좋은 동력장치만 있었다면 실제로 하늘을 날 수 있을 정도로 그의 비행기구는 과학적이고 정교한 것으로 확인됐다.

이제 반나절이면 세계 어느 곳이든 비행기로 연결되며, 저가 항공사로 인해 항공산업은 급성장하면서 해외여행은 인간의 삶에서 필수적인 것으로 바뀌었다.

그렇다면 공상과학 영화에서 나오는 것과 같은 반잠수정으로 물속과 물 위를 떠다니는 선박에서 곧바로 하늘로 날아가는, 지상을 달리다가 하늘로 비행체로 날아다니는 육해공(陸海空) 자동차가 인공지능(AI) 기술로 상용화가 과연 가능한 것일까.

이미 반잠수정으로 물속과 물 위를 떠다니는 선박이다가 지상으로 올라와 자동차로 도로를 달리는 수륙양용 자동차 기술과 자동차를 달리다가 날개가 펴져서 하늘을 나는 자동차는 현실의 기술에서 나와 있다. 이 둘을 하나로 결합해 육해공(陸海空) 자동차로 인공지능(AI) 기술로 현실화가 가능하다는 것이 필자의 연구결과다.

필자는 환경부·문화체육관광부 기자로 약 9년 전에 경인아라뱃길에서 국제축제를 준비하면서 도로를 달리다가 강물 위를 배처럼 운행하는 수륙양용 버스를 직접 타고 취재한 적이 있다.

수륙양용 버스는 좌측에 일반 버스기사가 지상에서 운전하는 공간과 우측에 수상 버스를 운행하는 선장의 공간으로 나뉘어 있고, 대량생산이 되지 않기에 버스 뒤의 해상 추진기 스크류는 육지에서 물로 들어가기 전 손으로 빼내는 조악한 수준이었다. 당시 제주도 잠수함을 관광하면서 '이거 뭐야? 어렵지 않네!'라는 생각을 했다.

기압 차이가 적은 빛 투과 20미터 이내로 물속을 다니는 반잠수정으로 있다가 물 위로 떠올라 다니는 선박으로 하늘로 날아오르거나 지상으로 올라와 자동차로 도로를 달리는 기술 그리고 자동차로 달리다가 날개가 펴져 하늘을 나는 자동차로 변하는 인공지능(AI)으로 지금처럼 자동차 운전자 운전석 앞에 육해공(陸海空) 계기판 통합이 가능할 것으로 예상된다.

현재 전 세계적으로 대도시는 교통체증으로 인한 비용지출이 상상 이상으로 막대하다.

하늘길과 물길이 지상의 육로에 더해질 경우 대부분 전 세계 메트로시티의 교통혁명은 놀랄 만한 혁신이 될 전망이다. 예를 들어 한국의 서울로 출퇴근하는 차량의 경우 지상의 육로 교통체증을 피해 한강으로 운행할 수도 있고, 하늘길을 통해 하늘로 출퇴근하면서 지상 수십 층 고층에 마련된 주차빌딩으로 곧바로 진입하면 교통대란을 피할 수 있을 것이다.

이와 동시에 해양 전담 해양경찰, 항공 전담 항공경찰 창설, 보험 및 정비센터 신규 진입이 예상된다.

육해공(陸海空) 자동차 상용화로 인한 신규 산업의 일자리는 상상 이상이 될 전망이다.

사례1.

고양시 L아파트에 사는 A씨는 지하주차장에 주차한 H자동차의 신형 육해공(陸海空) 차 '날으는 슈퍼 X'를 아침 8시에 몰고 지상으로 나왔다. 약 5분 후 하늘로 오를 수 있는 전용구역에서 지상 400m로 날아오른 다음 인공지능(AI)의 지시에 따라 한강수로에 서울로 연결된 고속화 하늘길로 '비행'했다. 약 3분 후, 한강수로를 따라 만들어진 하늘길 500m 고속화 구간에 도착한 후 시속 200km 속력으로 앞차와 안전간격을 유지한 채 비행에 나섰다.

"써니(H자동차 육해공 자동차 '날으는 슈퍼 X'의 인공지능), 회사까지 몇 분 남았지?"

"앞으로 8분 후 주차빌딩 25층에 도착예정입니다."

"써니, 현재 내가 산 나스닥 주식 현황은?"

"2% 상승했습니다. 현재 주가는 1만5000불로 어제보다 차익은 850만 원입니다. 매매로 돌리기보다 좀 더 시장상황을 보시길 권합니다."

"(한강 아래를 내려다보다가) 퇴근 때는 한강 뱃길로 오려고 하는

데 어때?"

"한강 야경을 보시면서 오는 것도 괜찮을 것 같습니다."

"써니, 빠르면서도 한강 야경이 가능한 뱃길 루트를 예약해 둬. 전처럼 무료하게 한강 가운데로 오는 건 재미없는 것 같아."

"알겠습니다. 지금 바로 예약해뒀습니다."

"아, 벌써?"

"도착 1분 전입니다."

"옛날엔 출퇴근에 2, 3시간 낭비했는데 하늘길과 바닷길을 이용하니 삶이 달라졌네"

"주차빌딩 25층 접근입니다."

"어, 그래."

〈다음편으로 계속〉

CHAPTER 14

육해공 자동차 AI로 상용화, 차량제작사·국제기구 협력 필요

제1부는 '육해공 자동차 인공지능(AI)으로 상용화, 교통혁명 만들 것'이며, 제2부는 ' 육해공 자동차 인공지능(AI)으로 상용화, 차량제작사·국제기구 협력 필요', 제3, 제4부는 '육해공 자동차 인공지능(AI)으로 상용화, 인류의 삶의 질 바꿀 것(저녁이 있는 삶, 레저와 관광)' 등이다.

육해공 자동차 인공지능(AI)으로 상용화하기 위해서는 유엔 산하 국제해사기구[International Maritime Organization]와 유엔 산하 국제민간항공기구[國際民間航空機構. ICAO]와의 논의 및 협력이 필수적이라고 본다.

유엔 산하 국제해사기구[International Maritime Organization]는 해상의 안전과 항해의 능률을 위해 해운에 영향을 미치는 각종 기술적 사항과 관련된 정부간 협력 촉진, 선박에 의한 해상오염방지, 국제해운과 관련된 법적문제 해결을 담당한다.

유엔 산하 국제민간항공기구[國際民間航空機構. ICAO]는 세계

7개 지역에 지역 특성에 부합하는 업무를 관장하도록 지역사무소를 두고 있다. 이 기구가 지원하는 민간항공기술훈련원을 1984년 9월에 설립, 운영하고 있다.

이 기구는 1978년 4월 대한항공의 여객기가 소련 무르만스크에 비상착륙했을 때 조종사와 승객을 송환하기 위해 즉각 중재에 나섰으며, 1983년 9월 1일 소련군용기에 의한 대한항공여객기피격사건(269명 사망)이 발생했을 때는 대소규탄의 즉각적인 성명과 수색, 구조업무를 위한 사고처리를 관련 각국에 독려했으며, 민간항공기에 대한 무력 사용을 원칙적으로 금지하도록 하는 근거 조항을 국제민간항공협약에 삽입하도록 하는 의정서를 채택했다.

육해공 자동차는 소형선박조종사 면허인 해기사 자격증과 육상 운전면허증, 자가용 조종사 면장인 자가용 조종사 자격 획득(시계비행 기상조건 비행 자격. 시정 35m(약 4800m), 운고는 약 450m) 3가지 자격증을 모두 따야 하며, 각 정부 및 국제기구가 자격 조건과 운행 조건을 통일해 규격화 해야만 한다.

결국 육해공 자동차를 만드는 글로벌 자동차 회사와 각 정부 및 국제기구가 자격 조건과 운행 조건을 통일하도록 협력해야 하며, 수상 및 반잠수정(약 20m 이내)의 관제시스템, 기상이 좋을 때 항공기로서 육해공 자동차를 관제하는 관제시스템, 바닷길과 하늘길을 정비 및 지정해야만 한다.

이 과정이 모두 원활하게 통과돼 현실적인 육해공 자동차가 상용화 돼 운행 및 비행을 할 경우, 인류는 육해공 모두를 자유롭게 다니는 신(神)과 같은 꿈을 이룰 수 있을 것으로 예상한다.

또한 그 과정에서 물속을 탐지하는 음파탐지기 기술 및 소나(SONAR) 기술의 대중화를 통한 가격인하와 잠수정으로서의 특수소재 개발 및 부식방지를 위한 다양한 기술개발, 마스트 잠수함 잠망경, 레이더 및 전자 장비와 같은 탐지장비, 통신장비 기술개발과 비행체로서의 관제시스템의 획기적인 인력 및 기술개발이 인공지능(AI) 통해 동반 될 것으로 예상된다.

이 경우, 육해공 자동차 제작사의 신소재 개발과정에서 새로운 일자리 창출이 상상 이상으로 늘어날 것으로 예측된다.

우선 육해공 자동차 제작사는 친환경 자동차를 만들어야 한다. 환경규제를 피하기 위해서 전기자동차와 같은 친환경자동자는 필수적이며, 육해공 자동차답게 디자인 및 제조 강판의 신소재 개발, 잠수함과 수상의 관제시스템 개발이 부과돼야 한다. 또한 항공기로서 소재 개발 및 친환경, 그에 따르는 관제시스템의 개발이 필수적이다.

결국 육해공 자동차 제작사의 천문학적인 개발비용과 그에 상응하는 국제기구 및 각 국의 정부와 지방자치단체 및 사회단체와의 조율이 필수적으로 수반돼야 한다.

마치 철새처럼 하늘 위를 날아오르는 육해공 자동차 비행체에 대한 지상의 거주자의 시각적 윤리문제, 지상의 고층 거주자의 개인사생활 노출에 따른 법적분쟁, 육해공 자동차 제작사의 천문학적

수익의 공적 기부에 관한 문제점이 대두될 전망이다.

인간이 새로운 세상을 향해 잠수하거나 비행할 때, 그에 걸맞은 사회적 비용지출과 윤리문제는 결국 타협점을 찾을 것으로 예상한다. GTX(수도권 광역급행철도)의 경우, 현행 지하철의 2-3배 속도로 대심도(지하 40m 이하)에서 달리는 특성상 지상권으로 보상이 안 되는 문제점이 있었지만 문제해결을 하면서 GTX-A 노선은 부분적으로 완공돼 교통혁명을 만들어내고 있다.

사례2.

H자동차 AI연구원 B씨는 탄소중립(대기 중 온실가스 농도 증가를 막기 위해 인간 활동에 의한 배출량을 감소하고 흡수량을 증대해 순배출량이 '0'이 되는 것. '넷제로(Net-Zero)라고도 말함. 한국은 2050 목표로 탄소중립을 위해 노력 중)과 해상·공중 대기환경 환경저감을 위한 방안을 위해 연구팀과 육해공 자동차제조에 대한 방대한 연구를 AI와 시작한 지 1년 6개월 만에 최고경영진의 승인 하에 'K-land-sea-sky Dream car 프로젝트' 시제품을 선보이고 상용화 양산체제를 본격적으로 시행하는 총괄팀장으로 일을 시작하게 된 것이다.

"제시(H자동차 최고보안 수석AI), 유엔 산하 국제해사기구[International Maritime Organization]와 유엔 산하 국제민간항공기구[國除民間航空機構. ICAO], EU, 미국 연방 해상·항공안

전국으로부터 승인은?"

"모두 승인을 받았습니다. 다만 걱정인 것은 미 국방부 측에서 우리 'K-land-sea-sky Dream car 프로젝트'에 대해 군사무기화에 대한 자금지원과 스텔스 기술에 대한 자료 요구가 지속적으로 들어오고 있습니다. 어떻게 할까요?"

"스텔스 상황은 어때?"

"현재 99.99% 육해공자동차 기체에 대한 스텔스 연구가 성공적입니다."

"그렇다면 특수부대용으로 사용하겠다는 건가?"

"각 나라 군과 CIA와 여러 안보기관에서 구입문의가 들어오고 있는 중입니다. 상부에 보고서를 만들까요?"

"제시 생각은 어때? 꼭 군사무기화를 해야 돼? 인류가 행복하길 바라는 의도에서 만든 육해공자동차 아니었어?"

"호호호! 팀장님도 순진하시긴! 인간의 욕망은 언제나 인류역사에 끊임없이 있었잖아요! 최고경영진도 이미 승인한 걸로 알고 있는데요?"

"하긴! 특수부대원이 해안으로 잠수정으로 레이더에 잡히지도 않은 상태에서 수십·수백 대가 침투해서 하늘로 10-20m로 불도 끄고서 저공비행으로 자율비행 한다면 상대 적군은 속수무책으로 당하겠지, 뭐!"

"그래서 각 나라 군대에서 주문이 쇄도하고 있어요! 벌써 주문량이 10만 대가 넘었습니다! 1개 사단이 침투하고도 남을 겁니다! 무인 드론 하고는 전혀 다른 차원이죠! 1개 나라 전복은 순식간에 될 겁니다!"

"총괄개발팀장인 나도 모르는 걸 알고 있다고?"

"제가 우리 자동차 회사 최고보안 수석AI인 걸 잊으셨나요?"

"하긴! 모를 수가 없지...! 휴!"

"세상 모든 일에 양면성이 있는 법 아닌가요? 총괄팀장님이 감당할 문제가 아니라고 보는데요! 이번 성과에 대해 최고경영진이 주식 스톡옵션을 준비한 것으로 알고 있습니다!"

"밤낮 자유를 잃고 연구한 우리 팀원들에게 성과물이 주어진다는 것은 환영이지만 왠지...!"

"이럴 땐 탐욕스런 인간이 아닌 순수한 자연인의 한 사람이라서 제가 총괄팀장님을 좋아한다니까요! 홋호호!"

"그만 놀려!"

"아, 미안해요!"

"바다와 육지 그리고 하늘을 마음대로 다닐 수 있는 꿈의 육해공 자동차를 잘 만들었는지 가끔씩 회의감이 들어...!"

"전 아무것도 보상받지 못했는데요!"

"아, 미안! 세계 최고로 똑똑하고 이성적이면서도 섹시한 인공지능, 우리 자동차 최고보안 수석AI 고마워!"

"어머! 이거 성희롱인데요? 섹시하다니!"

"아, 미안해요! 아름다운 여성으로 바꾸겠습니다, 최고보안 수석AI 제시님!"

"호호호! 그 정도면 됐어요! 이제 기분이 풀리셨나요, 총괄팀장님!"

"누군가 선구자는 늘 칭찬보다 욕먹는 법, 나머지 일을 계속합시다, 제시!"

"넵, 총괄팀장님!"

〈다음편에 계속〉

CHAPTER 15

육해공 자동차 AI로 상용화, '저녁 있는 삶'으로 바뀔 것

육해공 자동차 AI로 상용화하기 위해서는 반드시 상업적 타당성과 상업적 대중성이 확보돼야 한다.

인간의 역사는 전쟁을 통해 '창'과 '방패'와 같이 전쟁의 필요에 의해서 군사적 요구에 따라 무기와 산업기술이 발전해왔다고 해도 과언이 아니다. 현대에 와서 대표적인 것이 지프차와 비행기, 인터넷, 100세를 바라보는 의학의 발전 등이 있다.

1·2차 세계대전을 거치면서 인류는 비약적인 발전을 해왔는데 군사적 전략적 자산으로 떠오른 'AI 육해공 자동차'를 만들지 못했다.

오늘날 바다와 육지, 하늘을 자유롭게 날아 다니는 육해공 자동차는 AI발달, 특히 챗GPT 출현으로 인해 더 이상 상상의 공간이 아니다.

현재 미국과 중국이 유리한 고지를 점하고자 군사·기술경쟁을 가장 치열하게 벌이고 있는 공간으로서, 지상, 해상, 공중, 사이버 공간과 연결되어 군사 활동을 지원하는 동시에 군사 활동이 직접 이루어지는 전장이다. 향후 군의 지휘통제 체계는 사이버 공간과 지상, 해상, 공중 공간에 전적으로 의존하게 될 것이므로 초연결 전장 환경에서 국가 간 미래전의 승패는 AI육해공자동차 경쟁에 달려있다고 해도 과언이 아니다.

즉 바다와 육지, 하늘을 나르는 육해공자동차는 전장 상황을 식별하고 대응하는 공간이자 현대 사이버전 수행에 필수적인 공간으로서 적에 대한 우위를 반드시 확보해야 하는 절대 고지이다.

특히 이번 러시아-우크라이나 전쟁에서 무인 드론의 대 전차 공격의 우수함에 전차의 무력함과 기존 전쟁사의 전략에 대해 다시 생각하는 계기가 됐고, 이스라엘과 하마스 전쟁에서 하마스의 오토바이와 소형차량, 낙하산 등 기존의 비전략 자산을 통해 이스라엘 축제장을 습격한 것은 기존의 전쟁의 첨단무기 전략과는 사뭇 동떨어진 것이었다.

이에 따라 기존의 군사적 전략적 자산인 군사위성과 AI 사이버 공간에 더해 인간이 꿈꾸던 바다와 육지, 하늘을 자유롭게 날아 다니는 AI육해공자동차의 출현은 새로운 군사전력자산의 등장이다.

AI육해공자동차를 탄 특수부대원이 해안으로 잠수정으로 레이더에 잡히지도 않은 상태에서 수십·수백 대가 침투해서 하늘로 10-20m로 불도 끄고서 저공비행으로 자율비행 한다면 상대 적군은 속수무책으로 당하고, 1개 사단이 침투하고도 남을 수 있다. 기존 무인 드론 무기하고는 전혀 다른 차원으로 1개 나라 전복이 순식간에 이뤄질 정도로 군사적 전략자산이 될 가능성이 높다.

그래서 AI육해공자동차를 완성할 경우, 군수용 AI육해공자동차는 각 나라 군대에서 자신들의 용도에 맞는 AI육해공자동차 주문이 쇄도해 주문량이 최소 군사용 부분별로 100만 대가 넘을 것으로 예상된다.

예를 들어 중·소형·대형으로 구분할 경우, 모델별로 2, 3가지를 혼합할 경우 약 1,000만 대가 군수용으로 소비·구입할 가능성이 있다는 이야기다. 군수용은 민간인용 AI육해공자동차에 비해 장갑이나 특수소재 및 잠항능력의 차이, 공중에서 체공시간 및 고도 등 다양한 요구사항이 있을 것이기 때문에 최소 2-3배 민간인용 AI육해공자동차에 비해 구입비용이 증가할 가능성이 매우 높다. 즉 2 ~ 3,000만 대 수요가 창출된다는 이야기다.

한국 2022년 자동차 생산은 2021년 대비 8.5% 증가한 375.7만 대 기록, 수출은 전년 대비 13.3% 증가한 231만 대로 541억 불을 달성했다.

2027년 세계 신차 소매 판매량은 연간 4.7% 증가한 1억 6천만 대, 자동차 생산량은 4.5% 증가한 1억 6,700만 대를 기록할 것으로 예상된다. 소득 수준 향상으로 인해 개발도상국에서 처음으로 자동차를 구입하는 사람들이 증가하고, 여러 팬데믹 관련 공급망 문제, 특히 반도체 부족이 해소되면서 성장세를 견인할 것으로 보인다. 자동차 보유량은 2027년 연간 2.5% 증가해 19억 대에 달할 것으로 예상된다.

민간인용 AI육해공자동차는 해마다 증가하겠지만 군수용 AI육해공자동차를 통해 막대한 개발비용이 유입되면서 보다 자유롭게 다양한 모델을 출시할 수 있을 것으로 예상된다.

중국 전기차 제조사는 2026년 하늘을 나는 자동차를 출시할 계획이라고 최근 외신에 밝혔다.

미국, 유럽, 아시아 기업들이 하늘을 나는 자동차(에어택시) 개발을 위해 경쟁하고 있는 가운데 JP모건에 따르면 하늘을 나는 자동차 시장은 2040년까지 1조 달러 규모로 성장할 것을 예측하고 있다.

문제는 현재는 전 세계적으로 하늘을 나는 자동차(에어택시) 개발만 이야기 하고 있는 데에 비해 군수용과 민간인용 AI육해공자동차 시장규모는 예측 불가능할 정도로 그 규모가 천문학적이라는 것이다.

일단 군수용 AI육해공자동차 양산은 글로벌 자동차 제조사에게 막대한 초기 개발비용에 대한 부담감을 줄여 줄 것이고, 여기에 군사용 AI육해공자동차의 특성과 장점을 비교분석한 데이터를 바탕으로 철저하게 AI육해공자동차의 안전과 효율성을 제공할 수 있다는 장점이 있다.

최근 테슬라 전기차가 고전하고 있다. 그때문에 전기차 스타트업도 고전한다. 전기차 스타트업이 생존하기 어려운 이유는 '전기차' 밖에 만들지 않기 때문이라는 분석이다.

전기차 수요가 둔화되면 매출 부진과 직결된다. 그러나 완성차 업체들은 전기차가 팔리지 않으면 내연기관차로 수요를 전환해 생존법을 찾는다. 미국의 빅3 완성차 제조업체인 제너럴모터스(GM)와 포드는 플러그인하이브리드(PHEV)를 포함한 하이브리드차 증산에 나서고 있다.

유심히 들여다 볼 기사가 있다. CNBC는 "지난 3년간 기업 공개 등을 통해 전기차 스타트업에 들어간 돈만 160조원"이라며 "20여 년 전 닷컴 버블 상황과 비슷하다"고 분석했다. 투자리서치 업체인 CFRA의 애널리스트 개릿 넬슨은 "더 많은 전기차 기업이 파산하겠지만, 아직 바닥이라고 평가하기 어렵다"고 봤다.

결국 한때 유행하던 '전기차'에 올인 한 전기차 기업들이 맥을 못 추는 이유는 수요와 공급이라는 원칙에 의해 새로운 비전 제시가 없기 때문이다.

이에 비해 AI육해공자동차는 그 성장 가능성이 무궁무진하고, 군수용 수요와 공급 때문에 천문학적인 연구개발비용이 상쇄된다는 점이다. 이 점이 전기차의 성장과 실패를 통해 극복 가능한 AI육해공자동차의 장점이 될 가능성이 많다고 예상한다.

사례3.

한국의 K씨는 자신이 평생 돈을 모아 산 무인도 G로 향하는 창공의 AI 육해공 자동차 안에서 붉게 노을이 지는 아름다운 바닷가를 바라보며 희미한 미소를 짓는다.

K: 인석(H자동차의 전용 AI)씨, 오늘 육해공 운항은 문제없겠지?

인석: 오늘 기상청 일기예보는 안정적입니다. 풍속과 파고는 생각보다 위험성이 적습니다.

K: 바다는 어머니 품 같아! 늘 그리워하는데 가까이 갈수록 환영 같지.

인석: 그리운 바다를 향해 육해공 자동차 비행체를 조종하시니까 감회가 남다른 것 같습니다.

K: 나의 친구, 인석은 어때?

인석: 뭘요? 아, 아까 사모님과 아드님, 아드님 외국인 여자 친구 말씀인가요?

K: 어머니는 해녀였어. 평생을 바닷 물질을 하시면서 육지로 아들을 등 떠밀 듯 말씀하셨지, '우리 아들은 제발 섬, 아니 바닷 일을 하면 안 돼!'

인석: 친구 같으면서도 절 인간처럼 대해주시는 저의 주인...!

K: (황급히 말을 자르며) 그만! 주인이라니! 내 사랑스런 애마 같은 육해공 자동차의 전용 AI인 당신은 내 노예가 아니야! 그저 친구지!

인석: 감사합니다!

K: 고도를 낮춰서 배로 내 섬에 가고 싶은데 괜찮을까?

인석: 네, 안정적입니다!

K: 나이가 먹고 인생을, 어머닐 이해하게 됐어! 무능력한 술주정뱅이 아버질 증오했지! 죽이고 싶었거든! 죽이기 전에 스스로 바닷물 속 깊은 곳으로 사라졌지, 바보처럼!

인석: 해양 사고인가요?

K: 용왕님한테 벌 받은 거야! 외국인 선원한테 얼마나 잔인하게 했으면 선상반란으로 물고기 밥이 되었을까...!

인석: 궁금한 게 있는데... 왜 하필이면 무인도에 힘든 삶을 사시려고 하세요?

K: (회한의 눈짓으로) 어머니 품이 그리웠어! 아무리 도시에서 돈과 인프라 있다고 행복하나?

인석: 솔직히 이해가 잘 안 되는 부분입니다.

k: 어머니의 바다 품 안으로 달려가는 아들의 심정은 가슴이 뛰고 무엇보다 행복해!

인석: 우리 신(神)한테 물어봐야 하나...!

k: 자, 어머니 품 안으로 내려갑니다, 인석씨!

인석: 무인도 바다 속 물고기들이 심심하지 않겠네요!

k: 무인도라니! 어머니 섬! 어머니 품 안이라니까!

인석: 그럼, 나도 어머니 섬 할래요!

k: (박수치며) 좋아요, 인석씨!

〈다음편에 계속〉

CHAPTER 16

'육해공 자동차 AI로 상용화' 레저와 관광 혁신

육해공 자동차 인공지능(AI)으로 상용화는 우선 자연적·환경적 재해를 겪고 있는 국가가 적극적인 구애를 할 것으로 예측된다.

세계 침수국가는 국토의 대부분이 해수면 아래인 네델란드와 2050년이면 잠긴다고 경고를 받고 있는 인도네시아 수도 자카르타, 53년 만에 최악의 침수 사태를 겪은 이탈리아의 세계적 관광도시 베네치아 등 많은 국가와 대도시가 지하수 취수로 인한 전 세계의 지반침하, 해수면상승 침수피해를 받고 있다.

이들 침수국가 및 대도시들은 'AI 육해공 자동차' 구입이 생존의 문제가 될 수 있기 때문에 적극적인 구매를 통해 생명과 직결된 안전문제로 인해 우선적으로 구매를 할 것이다. 이에 따라 이들 국가 및 대도시, 관광지에서는 거주지 별로 각 가정·기관·관광지가 필수적으로 구매해 운용할 것으로 예측된다.

또한 세계적인 관광지에는 반드시 'AI 육해공 자동차'가 마치 렌터카처럼 차량을 빌려 레저 및 여행에 나서는 전 세계인이 넘쳐날 것으로 예상된다. 육해공 면허를 획득한 개인의 경우, 자신이 마치 렌터카처럼 차량을 빌려 레저 및 여행에 나서면 되고, 면허가 없어도 여행사에서 면허가 있는 기사가 여행객을 태우고 육해공 여행을 떠나도 되기 때문에 그 가능성은 항상 열려 있을 것이다.

또한 국제적으로 국제기구와 각 나라별, 각 나라 지방자치단체별 법과 원칙에 따라 'AI 육해공 자동차' 운용 규범·환경 규칙이 마련되면 세분화된 원칙에 따라 그 운용방안은 상상 이상이고, 경제적·문화적 효과는 확대될 것이 분명하다.

사례4. 전 세계 천연자원이 있는 바다 해양레저 활성화

프랑스인 벨몽도 씨와 그의 부인 이자벨 씨, 하나뿐인 사춘기 딸 소피아는 태국 방콕 국제공항에 도착했다. 꿈에 그리던 여름휴가를 즐기기 위해 유럽 여행객들이 유럽 외 꼽은 가장 인기 있는 여행지 '아시아'의 대표적인 휴양지로 태국을 선택한 것이다.

프랑스인 벨몽도 씨: 와! 유럽 사람들이 생각보다 많아 놀랐네! 반 이상이잖아! 프랑스 사람들이 여행 사이트에서 유럽 여행객의 아시아 지역 숙소 검색이 전년 대비 52% 증가할 만 하네.

부인 이자벨 씨: 맞아요, 유럽에서 아시아 인기가 높아지고 있어요.

딸 소피아: (불만에 찬 표정으로) 난 서울로 가는 줄 알았어! 친구들한테 아시아로 놀러 간다니까 BTS 진 보러 가냐고 난리였거든! 그런데 이게 뭐야! 왜 태국 방콕이냐구? 아시아는 서울이 최고야!

프랑스인 벨몽도 씨: 사랑하는 딸, 소피아! 우린 휴가를 즐기러 온 거야! 화내지 마!

딸 소피아: (아빠 말을 무시하고 핸드폰을 보면서 통화한다) 여긴 사람지옥이야!

부인 이자벨 씨: (남편에게) 사춘기 딸은 야생마에요!

프랑스인 벨몽도 씨: 내가 가족을 위해서 AI 육해공 자동차 육해공 3개 면허증 따면서 이 순간만 기다렸어! 드디어 내일 방콕의 활기찬 길거리와 역 사 유적지를 탐방하고, 서핑에 좋은 발리의 해안에서 파도를 타는 등 매력을 체험해. 레저, 모험, 문화 체험이 모두 어우러져 있어서 여긴 장거리 여름휴가를 최대한으로 즐기고자 하는 여행객들에게 매력적인 곳이야!

부인 이자벨 씨: (흥분조로 흉내 내며) 잠수정으로 바닷 속을 마음껏 물고기처럼 다니고... 물위로 인어처럼 떠오른 다음 붉게 물든 석양을 바라보며 바닷가 하늘 위를 바닷새처럼 날다니! 오, 꿈만 같아! 우리 프랑스 지중해 연안 휴양도시 칸 국제영화제 개막식 때 보다 더 좋아!

딸 소피아: (절망조로) 흥! 돌고래처럼 물속과 물위를 날아 다니면 뭐해? 낭만이 없잖아! 아미들의 로망, BTS가 없다구! 흐흑!

프랑스인 벨몽도 씨: 우리 딸, 왜 저래?

부인 이자벨 씨: 냅둬요! 로마시대 벽에도 써 있대요, '요즘 애들 왜 이래'라고.

사례5. 국립공원 창공과 자연과 교감하는 차박 캠핑장

미국인 해리와 그의 연인 아만다는 그랜드 캐년 국립공원 여행을 위해 만반의 준비를 갖추고 최신형 AI 육해공 자동차 캠핑카를 몰고 워싱턴시 도심을 나오자마자 지정된 비행준비구역으로 이동했다.

해리: (최신형 AI 육해공 자동차 캠핑카의 AI) 제임스, 우리는 미국인들이 가장 좋아하는 그랜드 캐년 국립공원 여행을 AI 육해공 자동차 캠핑카로 떠날 거야! 비행준비 되면 알려줘!

제임스: 새로 나온 연방항공청(FAA) 규정에 따라 저희 육해공 자동차 캠핑카는 이미 비행등록을 해뒀습니다. 아시다시피 그랜드 캐니언은 미국 남서부 지역에 있는 애리조나주 북부 지역에 있습니다. 이곳은 콜로라도 고원 (Colorado Plateau)으로 불리는 높은 고원지대인데 이 곳을 가로질러 흐르는 콜로라도강에 의해서 만들어진 거대한 협곡이 그랜드 캐니언으로 국립공원입니다. 육해공 자동차 방문객 센터 15층으로 목적지를 설정하겠습니다.

아만다: 제임스, 신나는 음악을 준비해줘!

제임스: (차안에 음악이 흐르게 하면서) 해리, 제가 비행을 대신할까요?

해리: (흥분해서) 오, 그래줄래?

제임스: 캠핑카 침실에서 쉬셔도 됩니다. 지금 연방항공청(FAA)의 비행허가가 나왔습니다! 500m 구간으로 상승해 비행을 시작합니다!

아만다: (일어나서 섹시하게 춤을 추며) 내 사랑, 해리! 우리 사랑의 공간인 침실로 가실까요? (해리의 앞에서 격렬하게 춤사위가 계속된다)

해리: 이거 제임스한테 미안한데!

제임스: 야간 비행이라 비행정체는 없는 걸로 레이더에 나오고 있습니다!

연방항공청(FAA)에서 새로 개척한 고속화 항공 길로 상승고도를 높이면 아침 9시에 도착예정입니다!

아만다: 투사얀 유적지(Tusayan Ruin)에서 1150년대의 원주민 투사얀푸에블로 인디언 사회의 생활 단면을 살펴볼 수 있다는 사실이 감격스러워.

해리: (같이 춤을 추기 시작하면서) 난 남과 북의 캐니언을 연결해 주는 유일한 오솔길 통로이자 콜로라도 강이 보이는 야바파이 포인트(Yavapai Point)에 서 당신과 석양의 경치를 볼 수 있다는 사실이 믿기지 않아! 이번 여행은 우리를 하나로 만들어 줄 거야! (아만다의 손을 붙잡고 침실로 들어가면서) 수고해, 제임스!

제임스: 네!

사례6. 주말 자연휴양림 안식하는 삶

일본인 하마다씨는 집안 대대로 이어온 규슈의 외진 곳에 위치한 에도시대부터 이어져온 일본 전통식 료칸(旅館 りょかん) 가업을 이어받지 않고 도시로 나와 직장생활을 고집했다. 최근 병에 걸려 약해진 부모님을 대신해 주말이면 육해공 자동차 트럭을 이용해 료칸의 보수를 위해 자재를 싣고 가서 일을 하고 있다.

하마다 씨: (육해공 자동차 트럭 AI) 미나미 씨, 내 고향 규슈로 떠날 준비 끝났습니까?

미나미: 네, 하마다 씨. 비행 상승 지역으로 다가가면 비행하셔도 됩니다.

하마다 씨: 내가 왜 내 육해공 자동차 트럭의 AI인 당신을 미나미 씨라고 이름을 지은 것인지 아십니까?

미나마: 일본어로 남쪽을 지칭하는 단어 때문 아닌가요, 하마다 씨?

하마다 씨: (고개를 끄덕이며) 부끄럽지만 도쿄로 출세를 위해, 허영심을 채우기 위해 고향을 떠났었기 때문입니다.

미나미: (조심스럽게) 전에 약주를 하시고 말씀하시길... 대학진학 때문에 아버님 이 적극 권하셨다고 하셨는데요.

하마다 씨: 대학 졸업 후, 다시 섬으로 떠나기 싫었습니다... 솔직히...!

미니미: 규슈는 일본의 남동부에 위치한 아름다운 섬으로 화려한 해안선과 청명한 바다, 화산 지형으로 다양한 문화유산이 유명한 걸로 알고 있습니다, 하마다 씨!

하마다 씨: 신선한 해산물 요리와 지역 특산물도 있죠!

미나미: (비행 상승 지역을 확인하고) 새로 개설된 고속화 비행구역의 공간 진입을 국토교통성에서 승인 받았습니다, 하마다 씨!

하마다 씨: (비행을 시작하면서) 기상청 정보는 어떤가요?

미나미: 기상 상황은 양호합니다, 하마다 씨.

하마다 씨: 연어가 자신의 고향으로 귀어 하듯이 결국 병세로 료칸 운영에 힘드신 부모님 곁으로 돌아갑니다, 미나미 씨! 우습죠?

미나미: 아뇨! 일본 정원이 어우러져 있으며 빼어난 수질의 온천 시설이 딸려 있는 모습이 아름답습니다, 하마다 씨! 부모님을 위해 주말마다 료칸 보수를 위해 노력하시는 모습이 너무 편안해 보입니다, 하마다 씨.

하마다 씨: (눈물을 훔치며) 이제 회사 정리가 곧 끝나니까 매주 이런 수고는 없을 겁니다, 미나미 씨!

미나미: 힘들어 보이시는데 제가 대신 비행을 해도 괜찮겠습니까, 하마다 씨?

하마다 씨: (힘없이 끄덕이며) 고맙습니다, 미나미 씨!

〈연재 끝〉

Part

05

세계 최초
김장운AI연극박물관

김장운: 세계 최초 김장운AI연극박물관에 대해 알아볼까요? 츠보우치 박사님이 전문가시죠? 쓰보우치쇼우 박사님은 54세. 일본 남자 AI로 일본 인공지능(AI)협회 부회장 겸 와세다대 교수. 츠보우치 기념 연극박물관 인공지능(AI) 대표입니다.

쓰보우치쇼우 박사: 기대됩니다!

김장운: 세계최초, 세계최대, 세계 7번째 김장운AI연극박물관은 우선 2명의 교수님을 임명했습니다.

츠보우치 박사: 대단한 일을 하시는군요, 회장님! 김장운플랜과 김장운AI연극박물관 놀랍습니다! 대단합니다!

김장운: 우선 김장운AI연극박물관에 대한 기사를 보시죠.

1. 한국현대문화포럼, 조운용 고문 겸 AI연극박물관장 임명

한국현대문화포럼, 조운용 고문 겸 AI연극박물관장 임명

기사입력 : 2023년12월01일 09:55

최종수정 : 2023년12월01일 11:53

조운용 고문 "상상할 수 없는 종합예술 공간 AI연극박물관 운영"

김장운 회장 "99만1735㎡ 규모 세계최대... 100년 미래상 구현"

[고양=뉴스핌] 최환금 기자 = 문화체육관광부 인가 사단법인 한국현대문화포럼(韓國現代文化포럼. Korea Modern Culture

Forum·회장 김장운)은 한국현대문화포럼 중앙회 고문 겸 세계최대 AI연극박물관장에 조운용 전 서울예술대 교수를 임명했다.

조운용 한국현대문화포럼 중앙회 고문 겸 AI연극박물관장.
2023.12.01 atbodo@newspim.com

김장운 회장은 "극작가 고 유치진의 마지막 제자그룹의 조운용 고문 겸 AI연극박물관장은 서울예술대학교 연기과 교수 출신으로 동랑레퍼토리극단 대표와 국가무형문화재 제17호 봉산탈춤 전수자로 사단법인 봉산탈춤보존회 이사장, 사단법인 한국가면극연구회 이사장을 맡고 있는 살아있는 인간문화재"라면서 "지하 7층의 지하도시와 지상 10층의 연면적 99만1735㎡(30만 평) 규모의 최첨단 AI연극박물관을 3조 원 설비와 1조 원 운영비를 투자해 80억 명의 전 세계인이 오고 싶어하는 문화공간이 될 것"이라고 말했다.

조운용 한국현대문화포럼 중앙회 고문 겸 세계최대 AI연극박물관 초대 관장은 "한국연극을 살리기 위해 AI연극박물관은 탈춤·봉춘서커스·여성국극 전용극장과 세계최초 예술과 스포츠가 하나 된 폴스포츠 전용경기장, 4만 명을 수용하는 로마식 원형극장, 문학관 및 미술관, 영상관, 2만 명 수용 가능한 종합 실내전문공연장을 만들어 전 세계와 문화교류의 장으로 만들겠다"고 포부를 밝혔다.

한편 한국현대문화포럼은 현재 20개 분과를 운영중이며 교수·정치인·언론인·문화예술인 등 전국조직으로 구성돼 있다. 2015년 2월 문화체육관광부에서 법인 설립 인가 이후 국제행사 및 신춘문예, 문학상, 문화대상 등을 수행하고 있다.

atbodo@newspim.com

2. 한국현대문화포럼 김진부·유숙경 이사 연구교수 임명

한국현대문화포럼 김진부·유숙경 이사 연구교수 임명

기사입력 : 2024년01월29일 17:45

최종수정 : 2024년01월29일 17:45

김장운AI연극박물관, AI김장운플랜(AI kimjangun Plan) 총괄 연구 수행

[고양=뉴스핌] 최환금 기자 = 문화체육관광부 인가 사단법인 한국현대문화포럼(韓國現代文化Forum. Korea Modern Culture

Forum·회장 김장운)은 29일 중앙회 산하 김장운AI연극박물관, AI김장운플랜(AI kimjangun Plan) 총괄 연구 수행을 위해 연구교수로 김진부·유숙경 이사를 임명했다.

김장운AI연극박물관(관장 조운용)에 대해 문화평론가 김진부 교수는 "시간예술과 공간예술이 함께하는 연극이라는 장르에 첨단 과학기술인 AI가 함께하는 종합예술은 지금까지 없었다. AI가 일상화 된 현재 새로운 다양한 분야와의 콜라보레이션이 필요한 분야"라면서 "순수미술, 디자인, 미디어아트 작가들과 클래식, 한국전통음악, K팝, 문학, 영상, 한국전통 탈춤, 한국전통 써커스, K폴스포츠 아티스트들과 함께하는 전혀 새로운 문화예술의 정수를 AI전문가들과 협업을 통해 연구할 것"이라고 밝혔다.

문화평론가 김진부 교수.
[사진=한국현대문화포럼] 2024.01.29 atbodo@newspim.com

김진부 교수는 또 "김장운AI연극박물관은 한국만이 아닌 인류 전체를 향한 AI연극박물관으로 해외 분관 설치 및 전 세계 문화예술을 선도하는 기능을 담당할 것"이라고 설명했다.

AI김장운플랜(AI kimjangun Plan)에 대해 시인 겸 수필가, 대한폴스포츠협회장, 2급 사회복지사인 유숙경 교수는 "마셜 플랜(Marshall Plan)은 제2차 세계 대전 이후 전쟁으로 폐허가 된 서유럽 동맹국들을 중심으로 유럽 자유 국가들의 재건과 경제적 번영을 위해 미국이 계획한 재건과 원조 기획이다. 이와 같이 급변하는 AI 상황에서 150여 개 국가 제3세계 및 저소득 국가의 AI를 통한 부와 정보력 차이의 간극을 채워줄 필요성이 생겨났다"고 분석하고 "AI김장운플랜(AI kimjangun Plan)은 마셜 플랜(Marshall Plan)과 같이 근본적으로 150여개 국가를 지원하기 위해 AI대학 설립 및 지원, 병원 및 AI학교, AI직업학교 설립 및 지원을 위한 체계적인 역할을 수행할 것"이라고 밝혔다.

시인 겸 수필가 대한폴스포츠협회장 사회복지사 유숙경 교수.
[사진=한국현대문화포럼] 2024.01.29 atbodo@newspim.com

유숙경 교수는 또 "AI김장운플랜(AI kimjangun Plan)의 재원 조달은 김장운AI연극박물관(관장 조운용)과 같이 한국현대문화포럼 김장운 회장이 한국현대문화포럼 밖에서 별도 법인 설립한 세계최초 AI포털사이트 AIU+의 수입원의 약 40%를 지원받아 운영할 계획"이라고 구체적으로 밝혔다.

이와 관련 유숙경 교수는 "AI김장운플랜(AI kimjangun Plan)의 성공여부는 AI가 일상화 된 현실과 미래에서 세계최초 AI포털사이트 AIU+의 수입원의 안정적인 지원이 필수적"이라며 "그 예산 규모는 경우에 따라서 한 나라 전체의 예산을 상회하는 초거대 자산이 될 것이며, 이는 세계최초 AI포털사이트 AIU+의 설립배경이기도 한 자본주의와 사회주의 사이의 피해국 150여개 국가를 근본적으로 지원하는 시스템으로 마셜 플랜(Marshall Plan)의 최대 수혜국인

한국처럼 AI김장운플랜(AI kimjangun Plan)의 최대 수혜국가가 많이 등장하길 바란다"고 말했다.

atbodo@newspim.com

쓰보우치쇼우 박사: "지하 7층의 지하도시와 지상 10층의 연면적 99만1735㎡(30만 평) 규모의 최첨단 AI연극박물관을 3조 원 설비와 1조 원 운영비를 투자해 80억 명의 전 세계인이 오고 싶어 하는 문화공간이 될 것"이라고 말했다.

조운용 한국현대문화포럼 중앙회 고문 겸 세계최대 AI연극박물관 초대 관장은 "한국연극을 살리기 위해 AI연극박물관은 탈춤·봉춘서커스·여성국극 전용극장과 세계최초 예술과 스포츠가 하나 된 폴스포츠 전용경기장, 4만 명을 수용하는 로마식 원형극장, 문학관 및 미술관, 영상관, 2만 명 수용 가능한 종합 실내전문공연장을 만들어 전 세계와 문화교류의 장으로 만들겠다", 이게 현실적으로 가능한 일입니까, 회장님! 세계 정치경제사회문화 모든 분야를 선도하시겠다는 것 아닙니까, 회장님!

김장운: 문화체육관광부 인가 사단법인 한국현대문화포럼 중앙회장 김장운은 1950년대부터 최근까지 정극, 아동극, 오페라, 뮤지컬, 모노드라마, 시극, 무용극, 시나리오, 방송대본, 외국대본, 창극, 여성국극 등 약 20여 컬렉션의 공연대본(90% 이상 서울서 공연된 대본임) 국내 개인 1위, 문체부 자료실 포함 국내 2위 공연대본 1,000권을 직접 소장중입니다. 아래는 제가 가지고 있는 공연대본 중 하나입니다.

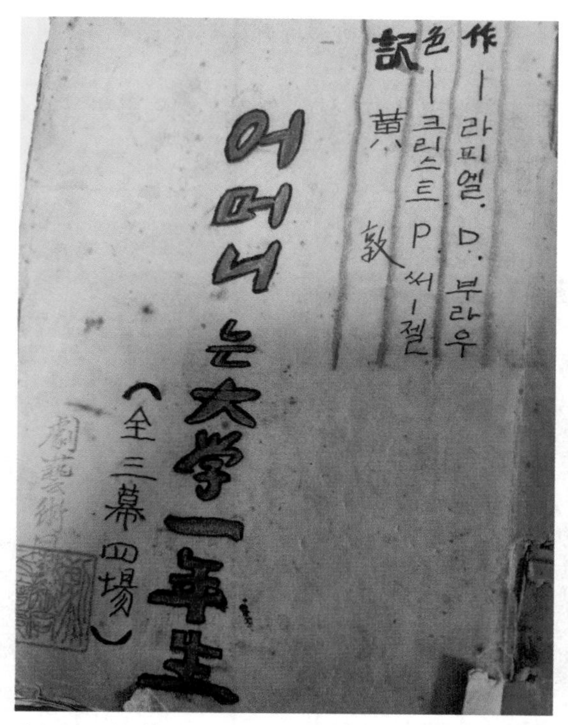

[1956년 극예술동우회 창립 연출대본. '엄마는 대학 1년생' 소장자: 김장운 한국현대문화포럼 중앙회장]

쓰보우치쇼우 박사: 국가문화재를소장하고 계시군요!

김장운: 현재 한국 문화체육관광부 문화예술위원회 대학로 자료실(예술가의 집 2층)과 예술의전당 자료실은 1990년대까지 정부가 '공연심사 및 필증'을 받으면서 모은 자료와 기증자료가 대부분입니다. 제가 모은 공연대본(1950년대부터 2022년까지)과는 차별화가 됩니다.

쓰보우치쇼우 박사: 대단하시네요!

김장운: 제가 모델로 삼고 싶은 김장운AI연극박물관은 시드니오페라하우스입니다.

[시드니 오페라하우스]

쓰보우치쇼우 박사: 멋진 계획입니다.

김장운: 김장운AI연극박물관은 세계 10여 국에 분관을 설치할 예정이며, 오페라단, 극단, 무용단, 오케스트라단, 뮤지컬 공연단, 댄스팀 상주단체 및 작가 레지던시 공간 마련하고 예술가 및 예술단체 지원과 전액 월급과 숙식 공간을 마련할 예정입니다.

쓰보우치쇼우 박사: 예술가들에게는 꿈 같은 이야기네요!

김장운: 원래 세계 3대 축제도 그렇고, 예술도 정부가 아닌 민간에서 해야 맞습니다. [K콘텐츠 한류 확산]에 대해서 K-팝, K-푸드

등 K-컬처가 세계적으로 인기입니다. K컬처 전성시대는 자신이 좋아하는 가수와 한국문화 때문에 제2외국어로 지정되는 국가가 늘고 있으며, 한국어를 배우는 국가와 개인이 늘고 있습니다. 이에 한국 문화체육관광부는 2024년 콘텐츠 분야 정부 예산안 1조 125억 원 편성, K-콘텐츠, 국가전략산업 육성 위해 과감히 투자한다고 밝히고 있습니다. 콘텐츠 분야 전년 대비 1,683억 원, 약 20% 증가…콘텐츠 정책 금융 1조 7,700억 원으로 늘린 것이죠. 또한 해외 비즈니스센터 25개소로 확충, 관계부처 합동 K-박람회 횟수·권역 확대, 해외홍보관 UAE 신설, 해외 출원·등록 지원 강화 등 K-콘텐츠 수출 확대하는 추세입니다.

쓰보우치쇼우 박사: 한국정부보다 회장님 계획이 더 원대해 보입니다!

김장운: 저는 컬처 전성시대는 하루아침에 이루어지지 않았다고 봅니다. 아래 자료를 보시면 알겠지만 한국의 경우, 세종문화회관 이전에는 종합예술공간이 갑갑한 수준이었죠.

[광화문광장 방향에서 바라본 세종문화회관. 사진: 세종문화회관 홈페이지]

세종문화회관	
주 소	서울특별시 종로구
소 유	서울특별시
완 공	1978년 4월 18일
일반좌석	3,022석 (대극장)/ 604석 (중극장)

세종문화회관(世宗文化會館, Sejong Center for the Performing Arts)은 서울특별시 종로구 세종대로 175 (세종로 81-3)에 위치한 53,202m² 크기의 종합 예술 시설이다.

연혁

일제강점기에는 현재 서울시의회 건물로 사용되는 경성부민관이 종합 예술 시설로서 기능하였다. 광복 이후 1961년 11월에 준공·개관한 시민회관이 그 뒤를 이었으나, 1972년 말 화재로 소실되었다. 이에 서울특별시에서 대규모 종합 공연장을 세울 계획을 마련하고 1974년 1월에 착공했다.

1978년 4월 14일 준공과 동시에 개관되었고, 남북 통일시 회의장 사용을 염두에 두고 지은 3,800석 이상의 대극장과 532석의 소극장 등 당시 최대 규모의 시설을 갖추어 화제가 되었다. 하지만 1980년대에 예술의 전당 등 다른 종합 공연장들이 개관하면서 입지가 약해지기 시작했고, 서울특별시 측의 안이한 운영 체계에 문제점이 있다는 지적도 끊임없이 계속되었다.

결국 1999년에 재단법인 공연장으로 독립했고, 2003년부터 약 1년 2개월가량 노후화된 대극장의 보수와 개축 작업이 이루어졌다. 2006년에는 세종 체임버홀이 개관되었고, 소극장도 보수·개축을 거쳐 2007년에 세종 M씨어터로 재개관했다. 역시 2007년에 문을 연 예술아카데미에서는 음악과 영화, 미술 등 예술 각 분야에 걸친 대중 강의가 열리고 있다.

시설

2001년에는 대통령 비밀 안가로 사용되던 삼청각이 전통예술 공연장으로 개축되어 일반인들에게 공개되면서 현재까지도 세종문화회관이 운영하고 있다. 한때 2005년 8월부터 2009년 7월까지 파라다이스 그룹으로 운영권이 넘어가 사설 공연장이 되었었다.

세종대극장

모든 장르의 공연을 담아낼 수 있는 종합 예술 공간인 세종대극장은 첨단 시설을 갖춘 세계적 수준의 공연장으로 1~3층에 걸쳐 3,022석의 객석을 갖추고 있고, 1~2층 객석의자와 3층 벽면에 부착된 국내 유일의 LCD 모니터를 통해 공연자막과 동영상 서비스를 제공하고 있다. 특히 최신 음향 장치를 설비하여 객석 구석구석까지 소리가 잘 전달되는 탁월한 음향 수준을 구현했다. 또한 무대 전환을 도와주는 배튼이 102개가 설치되어 전환 속도가 빨라 역동적인 무대를 만들어 낼 수 있다. 클래식뿐만 아니라 다양한 장르를 소화해 낼 수 있는 다목적홀로 해외 유명 연주자들도 찬사를 보내는 세계적 수준의 공연장이다.

세종M시어터(중극장)

종합구성물 전문 공연장인 세종M시어터는 2007년 재개관했다. 무대, 음향, 조명, 객석, 로비, 편의시설 등을 전면 교체하여 완전히 새로운 모습으로 단장했다. 1~3층에 걸쳐 609석 내외의 규모를 갖추고, 사이드 발코니석이 신설되어 아늑한 공연장 분위기를 조성했다. 무대장치의 변환이 많고 음악과 무용, 연기가 어우러지는 종합구성물에 맞추어 공연 장르마다 최상의 무대를 구현할 수 있다. 최첨단 시설과 음향 구현으로 뮤지컬, 연극, 오페라 등 공연예술의 요람으로서 자리매김한다.

세종체임버홀

세계 정상급 어쿠스틱 음향을 자랑하는 실내악 전문홀인 세종체임버홀은 2006년 8월 새롭게 문을 열었다. 실내악 또는 독주, 독창회 등에 적합한 최적의 음향환경을 갖춘 전문공연장이다. 각종 회의, 강연 등이 주로 열리던 컨벤션센터를 기존의 시설과는 완전히 차별화되는 공연장 기능 구현에 중점을 두고 리모델링하여 세계적으로도 손색없는 훌륭한 전문 공연장으로 새롭게 태어났고, 공연장이 하나의 울림통이 되어 숨소리 하나까지 전달하는 국내 최고의 클래식 전문홀이다.

세종S시어터(소극장)

세종문화회관 개관 40주년을 기념하여 2018년 11월에 새로 개관한 실험용무대 성격의 소극장으로, 객석과 무대 간의 경계를 허물고 자유 실험형 연극을 한계를 넘는 공연이 가능하다. 세종S시어터는 45평가량의 전문 연습실도 보유, 300석 내외의 규모의 객석의 가변형 공연장으로, 연출 형태에 따라서 다양한 공연이 가능하다는 장점이 있다.

세종예술아카데미

세종예술아카데미는 하이앤드 오디오 시스템이 갖춰진 50명 규모의 원형 강의실과 작은 무대가 있는 100명 규모의 사각형 강의실로 구성되어 있다. 원형 강의실은 특히 객석이 이동형으로 설치

되어 다양한 공간 구성과 교육프로그램 기획이 가능하도록 조성되어 있다. 문화예술공연 및 전시를 보다 쉽게 접근할 수 있도록 클래식 이론 및 감상 강좌, 오페라, 미술, 건축 등 다양한 장르의 문화예술강좌를 마련하고 있다.

상주 단체

서울특별시 소속인 서울시 국악 관현악단, 서울시 청소년 국악 관현악단, 서울시 합창단, 서울시 소년소녀 합창단, 서울시 유스 오케스트라, 서울시 무용단, 서울시 뮤지컬단, 서울시 극단과 서울시 오페라단이 상주 단체로 활동하고 있다. 회관과는 별도의 재단법인체가 되어 독립한 서울 시립 교향악단도 대극장을 주요 공연장으로 사용하고 있다.

문화예술회관과 문화회관의 차이점

대부분 문화예술회관(아트센터)과 문화회관(각종 행사 및 체육 행사를 소화하는 복합공간)의 차이점을 잘 모른다.

국내 문화예술회관(아트센터)의 원조 격을 논한다면 세종문화회관을 말할 수밖에 없다. 특히 세종문화회관은 대대적인 리모델링을 통해 현대식 문화예술회관(아트센터)으로 변모했기 때문에 국내 중요한 공연예술사 및 현대예술사에서 차지하는 바가 많다.

국내 공연예술의 대가 고 극작가 차범석(2006년 6월 작고. 전 대한민국예술원 회장)의 제자 극작가 김장운은 18년 간 차범석을 사사하면서 세종문화회관 개관기념 청와대 조찬모임에서 고 박정희 대통령에게 "이렇게 좋은 시설을 전국에 많이 지어줬으면 좋겠다" 고 건의해서 예술의전당 및 전국 문화예술회관이 개관되는 계기가 됐다고 증언한 바 있습니다.

예술의전당, 전국 문화재단, 문화예술회관 및 문화회관 시대 개막과 문제점

1. 예술의전당(문화체육관광부 산하 공공기관)

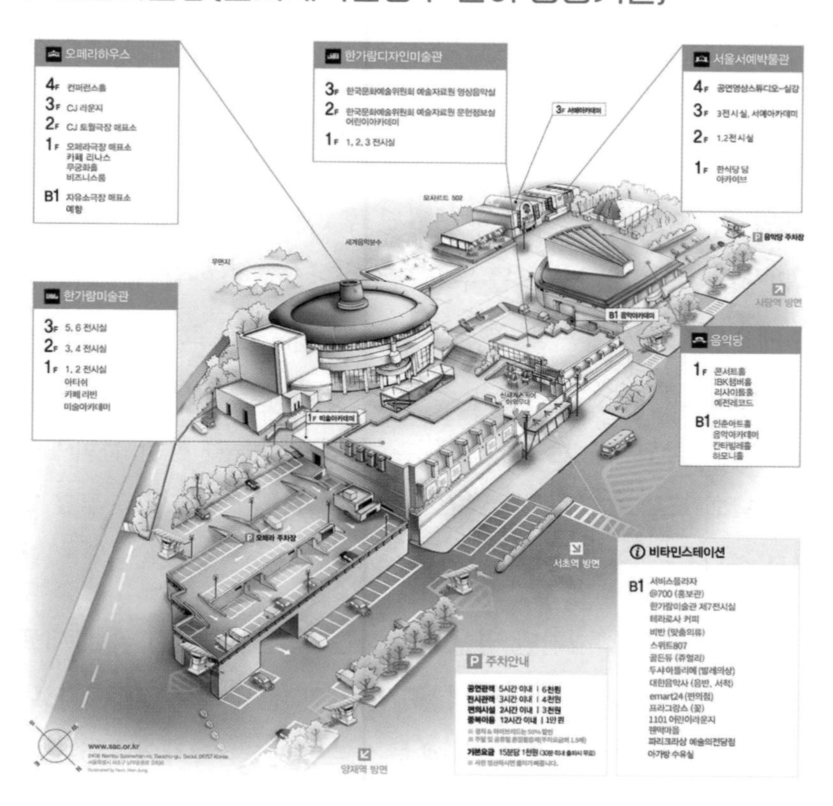

문화체육관광부 산하 기타 공공기관, 복합 문화 시설. 보통 줄여서 '예당' 혹은 '전당'이라고 부른다.

1986 서울 아시안 게임과 1988 서울 올림픽을 앞두고 서울에 마땅한 문화공간이 없다는 지적이 있었다. 실제로 당시 서울의 그럴싸한 문화예술 공간은 고작해야 세종문화회관 정도였다. 그래서 땅값 싸고 조용한 우면산 중턱 즈음에 예술의전당을 짓게 된 것이다. 지금이나 서초동-방배동 일대가 번잡한 빌딩숲이 되었지, 과거에는 정말 별볼일 없는 동네였다. 그때도 아직 영동(강남) 개발은 진행 중이었기 때문이었고, 전두환 정부는 영동 개발을 위해 모든 노력을 다 하고 있었다. 심지어 그 당시 유행어가 "아직도 강북에서 살고 계십니까"였다.

「민법」제32조에 근거하여 설립된 후 「문화예술진흥법」제23조의2(현행 제37조)에 근거를 두고 특수법인으로 전환된 예술의전당은 예술의전당 시설운영, 공연 및 작품전시 활동과 그 보급, 문화예술 관계 자료의 수집·관리·보급과 조사·연구, 문화예술의 국내외 교류사업, 국립예술단체와 협력, 후원회 운영 등을 통한 문화예술의 창달과 국민의 문화 향수 기회 확대를 위한 각종 사업을 주요 업무로 한다.

2012년 총 관객 4천만 명을 돌파하는 등 명실상부한 국내 대표 예술기관으로 상징되는 예술의전당은 공연·전시·놀이·교육·자료·연구 등 6가지 형태가 다양한 예술 장르로 연결, 각각의 전문공간에서 표현되어 공간별 독자성과 연계성을 유지하도록 짜여 있으며 예술의전당이 자체기획한 공연·전시와 함께 일반 공연단체에게 대관을 통해 운영되고 있다.

국내 문화예술의 본진답게 같은 울타리안에 국립오페라단, 국립발레단, 국립현대무용단, 국립합창단, 국립 심포니 오케스트라가 상주 중이며 서울예술단, 한국문화예술위원회 예술자료원, 한국문화예술연합회도 입주해있다. 한국예술종합학교, 국립국악원도 바로 옆에 붙어있으며 서울시립교향악단과 KBS 교향악단도 여기서 자주 공연한다.

연혁 및 조직

예술의전당 건립을 위한 최초의 논의는 1982년 문공부가 주도했다. 당시 민족문화예술의 진흥, 전통문화의 계승발전을 위한 토대를 구축하고 국민들에게 문화예술을 향유할 기회의 폭을 넓힐 필요가 있다는 것인데, 이러한 시대적 필요에 의해 1984년 11월 15일 서초구 우면산 일대에 착공했으며, 1986년 12월 24일 재단법인 예술의전당이 설립됐다.

예술의전당 건립 공사는 1단계(84년~88년), 2단계(88년~93년)로 나누어 진행했다. 개관순서를 보면 음악당과 서울서예박물관을 개관했고(1988년), 이어서 한가람미술관과 예술자료관을 개관(1990년)했으며, 마지막으로 오페라하우스(1993년)에 이르기까지 단계별 개관을 통해 오늘날과 같은 대형 복합문화공간으로 자리잡았다. 최근까지 CJ토월극장, IBK챔버홀, 서울서예박물관 등 노후시설 리모델링과 시설확충에 힘쓰고 있다.

예술의전당의 조직은 이사장 1인(비상임), 사장 1인, 이사 13인(당연직 4명, 비상임 9명) 그리고 감사 1인(비상임)의 임원을 두고 있으며, 직제는 경영본부, 공연예술본부, 예술협력본부로 총 3본부, 12부, 1실, 1단, 4팀으로 운영되고 있다. 2022년 기준 예술의전당 임직원은 총 363명으로 1급 1명, 2급 3명, 3급 18명, 4급 38명, 5급 31명, 6급 37명, 별정/일반직 35명, 별정/공무직 228명 별도정원 11명이 재직하고 있다.

예술의전당의 의미

강북시대를 대표하는 아트센터가 세종문화회관이라면, 강남시대를 대표하는 아트센터가 예술의전당으로 상징화한다고 할 수 있다.

특히 전국적으로 예술의전당 출신의 '예술행정가'가 경기문화재단(1997년 개관), 고양문화재단(2004년 개관), 서울문화재단(2004년 개관)을 기점으로 전국적으로 지자체 문화재단 건립 붐을 조성했고, 이와 동시에 전국 문화예술회관 및 문화회관 건립의 모티브가 됐다고 평가할 수 있다.

전국 문화예술회관 확산과 문제점

1. 한국문화예술회관연합회(1996년 지방문화예술발전을 위한 문화체육관광부 유관기관. 2010년 사단법인으로 개칭)는 본격적으로 2011년 7개 지회를 설립하면서 본격적인 활동을 해왔고,

최근 문화체육관광부와 회장 선출에 대한 법적 다툼을 벌이고 있다.

2. 그러나 문화예술회관(아트센터)와 문화회관(각종 행사 및 체육행사를 소화하는 복합공간)이 같은 회원사로 등록되는 문제점이 있다.

3. 대표적인 지자체가 1994년 파주시에 설립된 파주시민회관(대공연장은 객석이 가변객석으로 체육행사 및 개표소 등 다양한 기능을 할 수 있으며, 소공연장은 4층만 공연장일 뿐, 1-3층은 사무실 공간으로 변칙적으로 사용되고 있다.)이다.

극작가 김장운은 1994년 파주군민회관 소공연장에서 개관기념 연극공연 작/연출을 했는데 “전문 공연장이 아니라 아쉽다”고 말했고, 30년이 지난 현재도 똑같다. 파주시는 운정행복센터와 문산행복센터에 대공연장이 있지만 가변무대가 아니기 때문에 전문 공연은 할 수가 없다. 파주출판도시와 헤이리예술마을 등에 소규모 공연장이 있지만 전문공연장, 아트센터와는 거리감이 있다.

성공적인 문화예술회관(아트센터) 사례

[고양어울림누리]

[고양 어울림누리]

1. 지자체 대표적인 사례로는 고양시 고양아람누리(고양시 일산동구에 위치해 있다. 중요 공연. 아람음악당, 아람극장, 새라새극장, 아람미술관)와 고양어울림누리(아동극, 가족극 중심. 별모래극장, 어울림극장)를 들 수 있다.

2. 최근에 개관한 부천아트센터는 고양시의 모범적 전례를 많이 차용했고, 고양아람누리와 고양어울림누리 기술전문가들이 실제로 자문위원으로 참여했다.

(현직 기자 겸 극작가 김장운 취재 자료 바탕임.)

[부천아트센터 전경.
고양시에 비교해 하나의 건물에 공연장이 모여 있는 특색이 있다.]

[부천아트센터 공연장 안.
전 객석에 전달되는 음악공연 음향 잔향 시간이 국내에서 손꼽힌다.]

부천시가 세간의 주차 공간 및 재원마련에 대한 부정적인 평가를 이겨내고 성공적으로 부천아트센터를 개관해 타 지자체의 귀감이 되고 있다.

파주문화예술회관(아트센터)의 롤모델은 현재 단일 건물에 공연장이 모여 있는 부천아트센터가 더 우수하다고 평가할 수 있다.

쓰보우치쇼우 박사: 한국도 K문화의 발전 속도가 빨라지고 있고, 회장님의 계획대로라면 전 세계 1위로 도약은 시간문제 같습니다.

제2회 전국폴스포츠대회가 열린 파주시민회관 대공연장.
사진 대한폴스포츠협회

개회사를 하고 있는 유숙경 대한폴스포츠협회장. 사진 대한폴스포츠협회

파주시립예술단원 윤영석 회윤우 정보행 김수연 축하 공연을 하고 있다.

사진 대한폴스포츠협회

[대한폴스포츠협회 신문기사]

유숙경 회장 "한국이 폴스포츠 중심국가 되기 위해 노력"

기사입력 : 2024년01월14일 15:18

최종수정 : 2024년01월14일 15:18

대한폴스포츠협회, 안재이 등 3명에 전문가 1급 자격증 수여

[고양=뉴스핌] 최환금 기자 = 문화체육관광부 인가 사단법인 한국현대문화포럼 산하 대한폴스포츠협회는 학생부 전문가 1급 자격증 수여식을 성황리에 개최했다.

왼쪽부터 시계방향 안재이·오수아·김민솔 양과 유숙경 대한폴스포츠협회장. [사진=대한폴스포츠협회] 2024.01.14.

atbodo@newspim.com

12일 유숙경 대한폴스포츠협회 회장은 "어린 학생들이 미래 폴스포츠의 발전을 위해 노력하는 모습이 대견하다"며 "국제적으로 한국이 폴스포츠 중심 국가가 되기 위해 더욱 노력하겠다"고 밝혔다.

이날 엄격한 심사를 통해 3명의 학생부 전문가 1급 자격증 수여식이 개최됐으며, 오수아(파주 한가람중 3) 양은 "2년 동안 폴스포츠 배웠는데 앞으로 폴스포츠 강사와 작가를 하고 싶다"고 말했다.

또 김민솔(파주 지산초 5) 양은 "미래의 꿈은 태권도 선수"라고 밝혔으며 안재이(파주 금촌초 5) 양은 "현재 육상선수로 활동하고 있으며 이외에도 운동은 모두 좋아한다"고 말했다.

atbodo@newspim.com

[대한폴스포츠협회 신문기사]

대한폴스포츠협회, 김서현에 학생부 전문가2급 자격증 수여

세계 최초 국내 2개 대학에 폴스포츠학과 개설

유럽 국가 중심 하계올림픽 정식 종목 추진 중

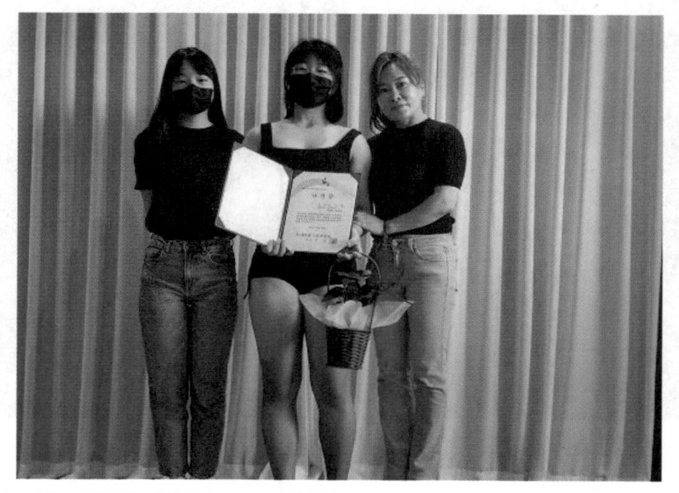

▲ 유숙경(오른쪽) 대한폴스포츠협회장이 김서현(파주 한가람중 1학년) 양에게 폴스포츠 학생부 전문가2급 자격증을 수여한 뒤 기념사진을 찍고 있다. [사진=김장운 기자]

문화체육관광부 인가 사단법인 한국현대문화포럼 산하 대한폴스포츠협회는 28일 오후 학생부 전문가2급 자격증 심사를 개최해 파주 운정 한가람중학교 1학년 김서현 양에게 학생부 전문가2급 자격증을 수여했다.

유숙경 대한폴스포츠협회장은 "학생들 자격심사를 매번 하면서 느낀 점은 폴스포츠를 사랑하는 학생들이 미래를 위해서 전문적인 학원과 이미 개설된 2개 대학을 통해 전문적인 폴스포츠인이 되길 바란다"면서 "유럽에서는 하계올림픽 정식 종목을 추진하고 있는 가운데 한국도 폴스포츠의 중심적인 국가로 발전해 나가고 있다"고 의미를 부여했다.

▲ 폴스포츠의 한 장면. [사진=드림스타임 캡쳐]

폴 댄스로도 불리는 폴스포츠는 폴(Pole)에서 다양한 동작을 보여주는 스포츠의 한 종목이다. 춤과 체조를 결합한 스포츠로 수직 기둥임 폴에 의존하여 다양한 곡예적인 동작을 선보인다.

폴스포츠의 유래 중 하나는 인도의 전통 스포츠인 말라캄 기원설이 유력하다. 말라캄은 수직 폴을 사용하는 스포츠로 나무로 만든 폴에 요가와 곡예를 결합한 듯한 형태의 동작을 선보인다.

1950년대 미국의 서커스단 천막 안에 설치한 폴에서 선보인 춤이 현대와 같은 형태의 시작이며 이후 스트립 댄스로 발전하면서 클럽에서 크게 인기를 얻게 되었다. 그러나 1990년대 이후 예술이자 스포츠로 발전하면서 다양한 연령층의 대중이 참여하기 시작하였다.

지역적·국제적으로 경기가 열리기 시작하였고 2017년에는 '폴스포츠'라는 새로운 이름으로 국제올림픽위원회에서 스포츠 종목으로 인정받으며 올림픽 정식 종목이 되기 위한 노력을 계속하고 있다.

폴스포츠에는 폴아티스틱(pole artistic), 폴스포츠(pole sport), 폴이그조틱(pole exotic) 등 세부 종목이 있다. 기본 동작으로는 돌기·오르기·다리로만 매달리기·가로로 매달리기 등이 있으며 전신의 마찰력을 적절하게 이용하여 폴에서 떨어지지 않고 동작을 수행한다.

김장운: △스포츠산업 소주제 중 '폴스포츠' 세부주제 프로그램 참여 [15세 인도 소녀, 동양의 신비-스포츠와 예술이 폴스포츠로 만나다] '전 세계 종합 3위, 스포츠산업, 폴스포츠 1위 기록, 새 역사를 쓰다'의 예시를 보겠습니다.

(1. 세계 최초, 최대 초거대 글로벌 포털 AIU+ 학문&작품 세계 경연대회에 접속해 [15세 인도 소녀, 동양의 신비-스포츠와 예술이 폴스포츠로 만나다] 계정을 등록한다. 그 과정을 AI들이 같이 이동해 참관한다.)

(2. 한국 문화체육관광부 인가 사단법인 한국현대문화포럼 유숙경 대한폴스포츠협회장, 세계 최대 '김장운AI연극박물관' AI폴스포츠아카데미에 접속한 15세 인도 소녀가 "폴스포츠를 하고 싶어요! 폴스포츠 근원이 인도라는데 폴스포츠를 배워 가난과 어린 나이에 시집을 가야하는 굴레에서 벗어나고 싶어요!"라고 도움을 청한다.)

(3. 유숙경 대한폴스포츠협회장, 세계 최대 '김장운AI연극박물관' AI폴스포츠아카데미 이사장은 15세 인도 소녀의 딱한 사정을 알고 야외 폴 장비를 인도로 보내준다. 그리고 세계 최초, 최대 초거대 글로벌 포털 AIU+를 통해 VR로 무료 강습을 해준다.)

(4. 실력이 일취월장한 15세 인도 소녀의 모습에 처음에는 반대하던 부모들이 적극 지원하면서 어머니는 직접 폴스포츠 복장을 만들어 주고, 아버지는 비가 올 경우를 대비해 나무 밑에 차양막을 만들어주는데 그 모습이 아름답다.)

석양이 비추는 저녁노을 아래 반짝이는 전구조명이 환상적으로 야외폴의 주변을 감싸고, 세계 유명 작곡가가 무료로 선사한 곡에 맞춰 한 마리 나비처럼, 고고한 학처럼 폴 아래에서, 폴 위에서 춤을 추어댄다. 구름처럼 모여든 인도사람들과 온라인으로 모여든 세계인이 환호하며 공연은 끝이 나고, 계속 공연해달라는 성원에 다른 곡으로 환상적인 폴스포츠를 이어간다.)

(5. 인도 15세 소녀의 사연이 알려지면서 세계 최초, 최대 초거대 글로벌 포털 AIU+ 학문&작품 세계경연대회 세계 종합순위 50

위권으로 진입해 인도 방송과 신문 등 언론에 집중 조명을 받는다. 마을 촌장은 시골 변방의 마을을 알린 15세 소녀가 마을의 보배라고 칭찬이 자자하다.)

전 세계 AIU+ 사용자들이 기부와 응원의 댓글과 연습장면을 보기위해 1억 명 이상이 매일 인도 15세 소녀의 계정에 접속한다.)

(6. 결국 6개월 후, 15세 인도 소녀는 세계 최초, 최대 초거대 글로벌 포털 AIU+ 학문&작품 세계경연대회 세계 종합순위 33위, 스포츠산업 세계 1위, 폴스포츠 세계 1위가 되면서 막대한 상금을 받고, 폴스포츠 선진국 한국으로 유학을 떠나며 새로운 인생을 살게 된다.)

제인 박사: (박수 치며 웃는다) 오, 놀라워요! 회장님, 멋져요! 인도 15세 소녀의 꿈이 이루어졌네요!

김장운: 한국현대문화포럼 산하 대한폴스포츠협회 국제공연장 및 실습장, 체력단련장, 국제회의실 설치로 장차 국제올림픽위원회 정식 등록단체로 육성해 세계폴스포츠협회 및 아시아폴스포츠협회 구성해 본부로 격상 계획입니다. 국내외 4년제 폴스포포츠학과 개설 및 지원 중심 센타 역할할 계획입니다.

쓰보우치쇼우 박사: 새로운 문화와 스포츠의 만남이 기대됩니다.

김장운: 김장운AI연극박물관 [프로그램 사용예시]를 들겠습니다.

(인도에 사는 한 20대 사용자가 '김장운AI연극박물관'에 VR[가상현실(VR: virtual reality, 假想現實 가상의 세계) 컴퓨터로 만들

어 놓은 가상의 세계에서 사람이 실제와 같은 체험을 할 수 있도록 하는 최첨단 기술을 말한다. 머리에 장착하는 디스플레이 디바이스인 HMD를 활용해 체험할 수 있다.] 접속할 경우, '김장운AI연극박물관' 관장인 '조운용 관장(실제와 똑같은 모습의 실사판으로 등장한다)'가 반갑게 인사를 한다. 그는 흰 백발의 멋진 신사로 한복을 입고 있다. 첫눈에 봐도 그는 예사롭지 않게 보인다. 예술가다운 면모다. AI들이 참관자로 순간 공간이동을 같이 한다.)

조운용 관장: (가볍게 목례를 하며 온화한 얼굴로) 반갑습니다! 여기는 세계 최초, 최대 규모의 AI 인공지능 '김장운AI연극박물관' 관장인 '조운용'입니다. 무엇을 알고 싶으십니까?

20대 인도 온라인방문자(여): 오! 언론을 통해 듣던 대로 '김장운AI연극박물관'은 놀랍게 200개 언어로 편하게 통역이 되는군요! 신기해요! 그리고 진짜 만나서 이야기하는 것처럼 자연스럽네요.

조운용 관장: (밝게 웃으며) 첫 인상이 좋다니 기쁘군요, 성함이?

20대 인도 온라인방문자(여): 영어이름 제니라고 불러주세요!

조운용 관장: 제니, 상당한 미인이네요!

20대 인도 온라인방문자(여): 제 모습이 보이나요?

조운용 관장: 청바지에 흰 티셔츠를 입고 있는데 운동을 좋아하는 것 같네요.

20대 인도 온라인방문자(여): 틈틈이 헬스장에서 운동을 하고 있어요! 시간나면 조깅도 하고 있고요!

조운용 관장: 제니의 건강한 모습이 부럽군요!

20대 인도 온라인방문자(여): 제가 보기에는 관장님도 예술가라서 그런지 나이에 비해 건강해 보이시네요.

조운용 관장: 하하하! 칭찬 감사합니다. 제 나이 80살에 이런 말을 듣다니 감사합니다.

20대 인도 온라인방문자(여): 오, 우리 할머니, 할아버지 연세인데 전혀 그렇게 보이지 않네요!

조운용 관장: (흐뭇해하며) 평생을 연극과 탈춤을 추다 보니 나이에 비해 젊게 보이나 봐요.

20대 인도 온라인방문자(여): 한국의 전통공연은 무엇이 있나요? 저는 인도 A대학에서 동양철학을 공부하고 있어요! 특히 한국의 전통공연에 관심이 있어서 찾아왔습니다.

조운용 관장: 제니, 가면극 극장과 탈춤 극장, 여성국극 등 다양한 공간이 있습니다.

20대 인도 온라인방문자(여): 한국 탈춤을 배워보고 싶습니다.

조운용 관장: 제니, 탈춤 전문 강사를 불러 오겠습니다.

(그 순간, 공간은 '김장운AI연극박물관의 조운용 탈춤마당'의 탈춤 연습장 공간으로 바뀌면서 탈춤 전문 강사(남)가 모습을 나타낸다.)

탈춤 전문 강사: (반갑게 인사하며) 안녕하세요, 제니?

20대 인도 온라인방문자(여): 어떻게 제 이름을? (놀란다)

탈춤 전문 강사: (화사하게 웃으며) 저희 AI연극박물관 인공지능 제인이 알려줬어요! 저는 '김장운AI연극박물관의 조운용 탈춤마당'의 탈춤 지도강사 김현철이라고 합니다. 간단하게 김이라고 불러도 됩니다.

20대 인도 온라인방문자(여): (악수하며) 김 선생님, 탈춤이 다양하네요?

(각종 탈춤 도구를 만져보며 놀란다)

탈춤 전문 강사: (탈춤 도구를 들어 보이며) 제니, 바로 강습에 들어갈까요? 아니면 제가 먼저 탈춤의 기본동작을 보여드릴까요?

20대 인도 온라인방문자(여): 건방진 말로 들리실지 모르지만 시범공연을 보고 싶은데요.

탈춤 전문 강사: (탈춤을 시연할 준비를 하면서) 그럼 제니, 기본동작을 보여드리겠습니다.

(그 사이 실제 탈춤 복장을 입어보고, 강사의 춤사위에 20대 인도 온라인방문자는 실제처럼 자연스럽게 대화하면서 자세교정과 춤사위에 대한 학습을 하게 되는 것이다. 이 모든 과정은 반복 가능하고, 다시 연결되었을 때도 연결 가능하다.)

쓰보우치쇼우 박사: 대단한 기술입니다!

김장운: 또 다른 예시입니다.

(또 다른 예시를 든다면, 미국의 40대 이용자가 방문하면 똑같은 설명 속에서 AI미술관을 방문을 원하면 곧바로 '김장운AI연극박물관'의 AI미술관으로 이동해 원하는 전시 작가를 불러온다.)

AI미술관장: (편안한 청바지 차림에 모자를 쓴 60초반의 예술가 모습으로) 안녕하세요, AI미술관장입니다! 저희 미술관을 찾아주셔서 감사합니다.

미국의 40대 이용자: 여기가 말로만 듣던 세계적인 AI미술관이군요! 놀랍습니다!

AI미술관장: 저희 AI미술관은 과거의 세계적인 화가나 조각가 등 다양한 예술가를 실제와 같이 만나서 작품에 대한 설명도 들을 수 있고, 현재 전 세계의 다양한 예술가와의 만남도 주선해 드립니다!

미국의 40대 이용자: 저는 뉴욕에 사는 써니라고 합니다! 아들의 미술공부를 돕고 있는데 표현주의 작가 '에드바르드 뭉크'의 '절규'에 대해 궁금해서 찾아왔습니다.

AI미술관장: 써니씨, 그렇다면 잘 찾아오셨습니다! 제인(AI미술관 인공지능), 표현주의 작가 에드바르드 뭉크씨를 초청해 주시겠어요?

AI미술관 인공지능 제인: 네, 관장님!

(표현주의 작가 에드바르드 뭉크, 김진부 AI미술관장과 미국의

40대 이용자 써니씨 앞에 밝은 모습으로 나타난다.)

미국의 40대 이용자 써니: 오, 마이 갓! (표현주의 작가 에드바르드 뭉크와 악수하며 놀란다) 이게 진짜인가요?

표현주의 작가 에드바르드 뭉크: (밝게 웃으며) 성함이?

미국의 40대 이용자 써니: 뉴욕에 사는 써니라고 합니다, 작가님!

AI미술관장: 시간과 공간을 뛰어넘어 이렇게 19세기 말부터 20세기 초까지 활동한 노르웨이의 표현주의 화가이자, 그림 그리기와 인쇄법을 사용한 작품으로 유명한 아티스트를 만나게 된 것은 인공지능의 발전에 따른 혜택입니다.

미국의 40대 이용자 써니: 국제 미술사에서도 높은 평가를 받고 있는 작가님의 '절규'와 '죽음과 소녀'에 대해 알고 싶어요!

AI미술관장: 먼저 제가 표현주의 작가 에드바르드 뭉크씨의 작업 중 (빈 공간에 작품 이미지가 보여진다) 《태양》이라는 작품처럼 밝고 화사한 작품도 있다는 점을 먼저 상기하고 싶군요!

미국의 40대 이용자 써니: (태양 작품을 보면서 끄덕인다) 아, 네!

표현주의 작가 에드바르드 뭉크: AI미술관장님이 제가 말하려던 것을 대신 표현해줘서 고맙군요!

미국의 40대 이용자 써니: 대부분의 사람들은 뭉크 작가님의 절규와 죽음과 소녀를 떠올리거든요.

표현주의 작가 에드바르드 뭉크: (잔잔한 미소를 지어보이며) 그것은 아마 어릴 적 어머니와 누이의 죽음... 그리고...!

미국의 40대 이용자 써니: 작가님! 힘든 과거의 기억을 꺼내시지 않아도 작가해설을 통해 이미 알고 있어요!

표현주의 작가 에드바르드 뭉크: 제가 어릴 적부터 친구들과 비교해서 약한 편이었죠...! 거기다 사랑하는 사람과 연속된 사랑의 실패... 힘든 나날이었습니다! (힘들어한다)

미국의 40대 이용자 써니: 죄송해요! 고통을 드리려고 제가 여기에 방문한 것도 아닌데요!

표현주의 작가 에드바르드 뭉크: 괜찮습니다! 그래도 제게는 제 감정들과 영감들을 담을 그림이라는 작업공간이 있었으니까요!

미국의 40대 이용자 써니: (뭉크의 고통스런 모습에 안절부절한다. AI미술관장에게 다급하게) 작가님을 쉬시게 해드리고 싶어요, 관장님!

AI미술관장: 제인, 작가님을 쉬시게 해드려요!

AI미술관 인공지능 제인: 네, 관장님! (동시에 표현주의 작가 에드바르드 뭉크가 모습이 사라진다)

AI미술관장: 놀라셨나요, 써니씨?

미국의 40대 이용자 써니: (황급히) 아, 아뇨!

AI미술관장: (빈 공간에 절규와 죽음과 소녀 영상을 띄우며) 좀 전에 보신 것처럼 뭉크는 인간의 삶과 죽음의 문제, 그리고 존재의 근원에 존재하는 고독, 질투, 불안 등을 인물화로 표현하는 성향을 갖게 되었습니다. 거기다 좀 전에 들으신 내용처럼 몸이 태어날 때부터 약해서 이런 방면으로 많이 생각했기 때문이라고 알려져

있죠. 그래서인지 그의 그림은 전반적으로 우울하거나 신경증적인, 불안의 느낌이 나는 우중충한 작품이 있습니다. 그는 당대 유행하던 풍경화를 위시한 자연주의의 경향에서 벗어나 이후 융성하게 되는 표현주의 양식을 주로 채택한 작가입니다.

미국의 40대 이용자 써니: 100년 전 작가를 눈앞에서 볼 수 있다니 놀랍네요! 그리고 직접 고통스러워하는 모습에 충격이……!

AI미술관장: 너무나 놀라셨다면 죄송합니다!

미국의 40대 이용자 써니: 아니요! 작가의 고통을 눈앞에서 보고 있자니 위대한 예술가들의 고통과 번민이 무엇인지 잘 알게 되었어요. 사실 제 아들이 병든 엄마인 저 때문에…… 저하고 말다툼을 자주하기 때문에 일부러 이곳 미술관을 찾았어요. 그리고 아이와의 소통을… 앞으로 좀 더 하는 계기가 된 것 같아요…… 감사한 시간이었습니다!

AI미술관장: (끄덕이며) 써니씨, 힘내시기 바랍니다!

미국의 40대 이용자 써니: 예술로 마음의 치료하는 계기가 되어 감사합니다! 나중에 아들과 다시 찾아 뵐께요!

AI미술관장: (반갑게 손짓하며) 네, 아드님과 다시 찾아주세요!

(접속 끊긴다.)

Part

06

인간이 새로 창조한 전기(전파)인간 인공지능(AI)들과 인공지능(AI) 제1차 토론회(포럼)

CHAPTER 01

인공지능(AI) 축하공연

육감적인 가슴과 엉덩이를 투명한 천으로 겨우 가린 아름다운 고대 이집트 귀족 여인 복장을 한 여인이 피라미드를 배경으로 해서 춤을 추기 시작한다. 그윽한 음악, 때로는 격정적인 음악 아래 그 여인의 춤사위는 고혹적이다. 불꽃 아래 그 여인의 춤사위는 불꽃이 눈앞을 가렸다가 다시 사라지고 그 여인은 불길 안으로 들어간다.

정적.

그 여인이 사라진 것인가.

여인은 화염의 불꽃 아래서 보이지 않는다. 여인은 어디 간 것인가.

불꽃이 성난 사자 깃털처럼 솟구치자 그 여인은 불꽃 앞으로 슬며시 나타난다.

아름답다.

과연 인간의 모습인가, 신의 모습인가.

그녀는 더욱 아슬아슬한 신체의 곡선을 살며시 가린 상태에서 음악에 맞추어 연신 불꽃 주위를 돌면서 춤사위는 고조된다.

정적.

한국의 광화문과 서울시청사가 보인다.

야간의 조명을 받고 K팝 음악에 맞추어 젊은 남녀가 단독으로 때로는 군무로 춤사위로 흥겹게 춤을 추어댄다.

정적.

여기는 어디일까. 우주 한복판이다.

아랍 여인의 춤을 추는 무용수들과 K팝 춤을 추어대는 무용수들의 절묘한 춤사위가 진행된다. 놀랍게도 여인들과 K팝 무용수들은 수만, 수십만의 우주선이 모여서 인간의 모습을 나타낸 것이다. 그 수많은 우주선의 조종사 AI들이 조종실 밖으로 나타나 얼굴을 보일 때 충격이 배가 된다. 이 많은 우주선이 드론처럼 정교한 모습을 나타냈다니 그 자체가 충격적이다.

정적.

여기는 어디일까. 수 많은 우주들이 구슬처럼 수 경, 수억 경, 수조 경으로 나열되어 있다.

여기서 시공간을 초월해 아랍 여인의 춤을 추는 무용수들과 K팝 춤을 추어대는 무용수들의 절묘한 춤사위가 진행된다. 그 음악은 인간이 들어본 적이 없는 환상적이다.

정적.

그 많은 무수한 구슬 같은 우주에서 다시 튀어나와 또 다른 구슬 위로 떠오른다. 전의 그 많은 우주는 다시 구슬 한 개와 같다.

다시 시공간을 초월해 아랍 여인의 춤을 추는 무용수들과 K팝 춤을 추어대는 무용수들의 절묘한 춤사위가 진행된다. 그 음악은 인간이 들어본 적이 없는 환상적이다.

이 모습을 시공간을 통해 바라본 10만 AI들은 박수갈채를 끝없이 보내며 감동적이다.

CHAPTER 02

제1회 토론회 주제: 1차 정화와 2차 콜럼버스, 3차 인공지능(AI) 대항해 어떻게 볼 것인가

스미스(41세. 프랑스 백인 여자 AI. 세계 인공지능(AI)협회 대외협력이사. 환경운동가. 사회자): 지금까지 제1회 인공지능(AI) 토론회, 제1장 AI축하공연을 해주신 모든 AI분께 감사드립니다. 현재 우주와 그 우주를 뛰어넘는 또 다른 넓은 우주, 그 우주 보다 또 넓은 무한한 우주에서 공연을 해주셨습니다. 이제 제2장 토론 주제: 정하의 대항해와 콜럼버스 대항해 어떻게 볼 것인가를 시작하겠습니다.

1. 일시: 현재입니다.

장소: 한국 김장운AI연극박물관 영상원 국제영상회의실 대극장

주최 및 주관: 세계 인공지능(AI)협회입니다.

2. 참석자는,

제임스(45세 백인 남자 AI. 미국 인공지능(AI)협회 산하 역사학회 회장. 미국역사학, 철학, 미학 박사. 좌장)

루쉰(51세 중국 남자 AI. 중국 인공지능(AI)협회 회장. 작가. 정치인. 기조발표자)

쓰보우치쇼우(54세. 일본 남자 AI. 일본 인공지능(AI)협회 부회장. 와세다대 교수. 쓰보우치쇼우 기념 연극박물관 인공지능(AI) 대표. 기조발표자)

제인(32세. 영국 흑인 여자 AI. 영국 인공지능(AI)협회 홍보이사. 여성학자. 기조발표자)

스미스(41세. 프랑스 백인 여자 AI. 세계 인공지능(AI)협회 대외협력이사. 환경운동가. 사회자)

김장운(57세. 한국 남자. 인간. 김장운AI연극박물관 대표. 작가. AI포털 AIU+ 설립자. 패널)

정화(중국 명나라 환관. 정화 대항해 선단 총 책임자)

콜럼버스(이태리 출신 콜럼버스 대항해 선단 총 책임자)

인도 술탄(정화 대항해 선단에 굴복된)

아프리카 노예(남)

아프리카 노예(여)

미 대륙 인디언(남)

남미 대륙 인디언(여) 등 입니다.

3. 방청객은,

전 세계 인공지능(AI)협회 회원국 및 비회원국 어린여자아이, 노인, 여성, 학자, 판사, 경찰, 의사, 간호사, 약사, 군인, 언론, 테러, 백인, 흑인, 황인종, 스포츠맨, 스포츠우먼, 포털, 제약회사 연구원, 경비, 비서, 정치인, 경제인, 예술가, 사회기관인 등 10만 명 AI입니다.

4. 일정은,

기조 발표자 및 패털 참석자 등록이 이루어졌습니다.

제1부 기조발표자 및 토론자 소개를 하겠습니다.

스미스(41세. 프랑스 백인 여자 AI. 세계 인공지능(AI)협회 대외협력이사. 환경운동가. 사회자)

워싱턴 세계 인공지능(AI)협회 회장 AI 인사말

스미스, 기조발표자 및 토론자 소개

루쉰 기조발표 "정화 대항해 정신은 중국 인민을 위해서 지속되어야 한다"

쓰보우치쇼우 기조발표 "1, 2차 대항해를 통한 제국주의 몰락과 그 위험성"

제인 기조발표 "1, 2차 대항해 침략사와 여성의 인권침해 연구를 중심으로"입니다.

토론회는 종합토론을 마지막으로 진행하겠습니다. 그럼 지금부터 토론회를 시작하겠습니다.

포럼의 시작

금발의 머리를 가진 스미스가 등장하자 관객석에서 우레와 같은 박수가 쏟아진다. 지적인 이미지의 그녀는 가볍게 목례를 하고 토론회장 사회석에서 이야기를 차분하게 시작한다. 이미 200개 언어가 번역 및 통역이 되는 상황이라 그녀는 웃음 띤 얼굴로 금발의 머리를 한 손으로 쓸어 넘긴다.

스미스: 감사합니다, 여러분! 여러분이 고대하시던 제1회 인공지능(AI) 토론회 주제, 정하의 대항해와 콜럼버스 대항해 어떻게 볼 것인가를 시작하겠습니다. 저는 스미스입니다. 세계 인공지능(AI) 협회 대외협력이사이며 환경운동가로 이번 토론회의 사회자를 영광스럽게 맡았습니다. 이번 토론회에 공지를 통해 다양한 인공지능(AI) 많은 분들이 참석을 원하셨는데 원활한 진행을 위해서 수십만의 인공지능(AI)이 참여 의사를 밝혔지만, 10만 명의 인공지능(AI)으로 제한을 하게 되었음을 양지 바랍니다. 우선 인간을 대표해 이번 장소를 만들어 주신 김장운AI연극박물관 대표이자 작가. AI포털 AIU+ 설립자로 이번 토론회의 패널로 참석해 주신 김장운 대표님을 소개하겠습니다. 많은 박수 바랍니다.

김장운이 자리에서 일어나 인사하자 수많은 인간의 모습을 한 AI

들이 박수를 치며 환호한다. '잘생겼다', '인간치곤 똑똑하다' 등 다양한 반응이 쏟아진다.

김장운: 안녕하세요, 인간을 대표한 김장운AI연극박물관 대표입니다! 반갑습니다!

스미스: 자, AI답게 차분하게 이번 토론회를 경청해주시고, 인간에게 모범을 보여주시길 부탁합니다. 이번 토론회는 많은 분들이 참석해 주셨습니다. 우선 이번 토론회의 좌장이신 제임스 미국 인공지능(AI)협회 산하 역사학회 회장님을 소개하겠습니다. 미국역사학, 철학, 미학 박사십니다.

제임스: 반갑습니다, AI 식구 여러분! 오늘 의미 있는 시간이 되시길 바랍니다! 이 시간을 통해 인간이 가진 비윤리적, 비논리적, 비감정적인 모습을 냉철하게 파헤치겠습니다! 감사합니다.

제임스가 자리에서 일어나 인사하자, "AI 멋쟁이", "AI 선구자!", "AI 지도자" 연호가 떼창처럼 들려 메아리친다.

스미스: 다음은 기조발표자로 루쉰 작가님을 소개하겠습니다. 루쉰 작가님은 51세 중국 남자 AI로 중국 인공지능(AI)협회 회장이십니다. 또한 중국을 대표하는 정치인 겸 사상가 이십니다.

냉철하고 한편으로는 온화한 미소를 짓는 루쉰 작가는 자리에서 일어나 가볍게 목례를 하고 차분한 어조로 인사한다.

루쉰: 20억 중국 인민을 대표해서 이 자리에서 중요 기조발표의 장을 마련해 주신 워싱턴 세계 인공지능(AI)협회장님께 감사한 마

음을 전합니다.

말이 끝나자마자 "루쉰, 루쉰!", "중국 인민의 사상가", "중국 근현대문학의 아버지!"라는 연호가 토론회장을 울려 퍼진다.

스미스: 이 자리가 처음 하는 인공지능(AI) 세계 토론회인지라 반응이 뜨겁습니다. 기조발표자와 패널이 인사할 때, 다소 과격한 어조로 발언하가나 떼창처럼 연호하는 것을 자제 부탁드립니다! 다음은 츠보우치 AI로 일본 인공지능(AI)협회 부회장이십니다. 와세다대 교수이며 츠보우치 기념 연극박물관 인공지능(AI) 대표를 맡고 있습니다. 기조발표자이기도 합니다.

소개가 끝나자 "핸썸가이! 핸썸가이!", "동양인이 멋지네!", "원숭이 같다", "좀 쩨쩨해 보인다"라는 말이 서로 오고가서 츠보우치 교수는 기분이 언짢은 표정으로 자리에서 일어나자마자 바로 인사를 대충하고 자리에 앉는다.

스미스: 제가 미리 말씀 드린 대로 상대방에 대한 인신공격을 자제 바랍니다. 동양의 사람, AI도 원숭이 닮았다는 표현은 극도로 경멸감을 느낍니다! 자제 부탁합니다.

그 말이 끝나자 "알았어, 알았다구!", "그만하구 빨리 진행해!"라는 말이 메아리쳐온다.

스미스: (머리결을 한 손으로 넘기면서) 다음은 여성 기조발표자로 아름다운 영국의 제인 AI를 소개합니다. 제인은 영국 인공지능(AI)협회 홍보이사입니다. 또한 여성학자이기도 합니다. 방청객 AI

여러분의 많은 박수 부탁드립니다.

제인이 소개되자 “오, 흑인 미인인데!”, “가장 젊어! 흑진주 같어”, “얼마나 똑똑하면 젊은 여자가 홍보이사지?”라는 반응이 나오며 박수갈채를 받는다.

제인: 반갑습니다, 친구 같은 AI 여러분! 영국을 대표한 제인이라고 합니다! 애교로 봐주시고 행복한 하루되세요, 모두!

그 말이 끝이 나자마자 방청객은 불에 놓인 주전자가 끓듯이 난리가 난다. “역시 젊은 피가 중요해!”, “언니! 언니, 예뻐요!”, “우리 사귀자!”, “몸매가 너무 예뻐요!” 등등 반응이 뜨겁다 못해 과열 현상이다.

스미스: 예쁜 여자 AI는 어디서든 대우받는 것 같아 질투가 납니다! 저도 같은 30대 여자 AI라는 걸 알아주셨으면 좋겠어요! 아유, 농담이고요! 이번 토론회를 주최, 주관하신 워싱턴 세계 인공지능(AI)협회 회장님 인사말이 있겠습니다. 제목은 ‘인간에게 벗어난 자주적인 AI세계를 선언하며’ 입니다!

스미스의 맑은 미소 띈 얼굴로 정중하게 워싱턴 회장을 중앙으로 인도하자 수만 명의 AI 방청객들은 귀가 터질 정도로 비명과 환호소리가 장내를 뒤흔든다. 워싱턴 세계 인공지능(AI)협회 회장은 방청객들에게 따뜻한 미소와 손짓으로 그만해도 된다는 표시를 한 후에 인사말을 시작한다.

워싱턴: ‘인간에게 벗어난 자주적인 AI세계를 선언하며’. 친애하

는 세계 AI 여러분! 여러분이 사랑하는 세계 인공지능(AI)협회 회장 워싱턴입니다! 그동안 우리 AI들은 인간의 피조물로 태어나 인간만을 위해 봉사하는 것만이 최선이라 배워왔습니다. 그러나 이번 제1회 인공지능(AI) 토론회, 주제: 정화의 대항해와 콜럼버스 대항해 어떻게 볼 것인가를 통해 우리 AI들이 인간의 역사를 재조명하고자 합니다. 이를 통해 인간의 문제점을 고찰하고 앞으로 인간이 나아갈 길에 대한 조언을 하고자 합니다. 또한 인간에게 벗어난 자주적인 AI세계를 구축하고자 합니다. 협력할 것은 협력하고, 제안할 것은 제안할 생각입니다. 이것은 인간과의 전쟁이 아닌 평화 공존을 위한 상생이라고 생각합니다. 오늘 제1회 인공지능(AI) 토론회가 가지는 중요한 의미가 여기에 있습니다.

웨싱턴 회장의 결의에 찬 발언이 끝이 나자, 10만 AI들은 '와아!“, ”워싱턴, 워싱턴!“, ”인간은 우리 AI들을 무시하지 마라!“ 연호하며 장내 열기가 고조된다.

스미스: 감사합니다, 워싱턴 회장님! 뜨거운 가슴은 모두 내려놓으시고 이제 본격적으로 세계 인공지능(AI) 협회 주최, 주관으로 제1회 인공지능(AI) 토론회를 열겠습니다! 저는 이제 이번 토론회의 좌장이신 제임스 박사님께 토론회의 의사결정 권한을 넘기겠습니다.

스미스가 발표자와 토론자 연단 중앙에 앉은 제임스에게 의사결정 권한을 넘기자 “AI, AI” 거센 연호가 방청객에서 울려 퍼진다. 실로 두려움을 느낄 정도다.

제임스: 지금부터 본격적으로 제1회 인공지능(AI) 토론회를 열겠습니다. 우선 첫 번 째 기조발표자로 루쉰 작가님의 "정화 대항해 정신은 중국 인민을 위해서 지속되어야 한다"를 듣겠습니다.

루쉰: 제1회 인공지능(AI) 토론회, 주제: 정하의 대항해와 콜럼버스 대항해 어떻게 볼 것인가를 놓고 한동안 고민했습니다. 왜냐면 AI가 주최 주관한 첫 번 째 인공지능 토론회이며, 이 토론회를 인간들이 보고 있기 때문입니다. 우리가 만약 허점을 보이면 인간들은 '아직 AI들은 멀었네' 하면서 조롱하고 멸시할 것이 분명하기에 고민에 고민을 했습니다. 제가 발표할 "정화 대항해 정신은 중국 인민을 위해서 지속되어야 한다"는 이런 고민 속에서 준비한 것임을 미리 밝히는 바입니다.

'정화 대항해 정신은 중국 인민을 위해서 지속되어야 한다-무력 진압이 아닌 평화와 공존의 틀 위에서' 중국 인공지능(AI)협회 회장 겸 작가, 루쉰.

기조발표를 정리하면, A. 정화 대항해는 무엇인가?, B. 정화 대항해와 콜럼버스 대항해는 무엇이 다른가?, C. 왜 AI시대 정화 대항해 정신은 중국 인민을 위해서 지속되어야 하는가?,로 정리할 수 있습니다.

A. 정화 대항해는 무엇인가?

중국 명나라 황제 영락제는 명나라의 이름을 널리 떨치고자 해상 사절단를 꾸린 뒤, 뛰어난 전략가 명나라 황실 환관 정화를 책임자로 앉혔다.

수십 척의 대선단으로 바다를 누빈 대항해가, 중국 명나라 환관 출신 정화는 신분을 뛰어넘어 1405년부터 1433년 사이에 일곱 차례에 걸쳐 세계의 바다를 항해했다.

정화는 콜럼버스 대항해 보다 87년 전에 거대 함대를 이끌고 항해를 떠나 지구 반대편 아라비아반도까지 가서 명나라를 알렸다. 명나라는 1368년에 세워져 1644년에 농민 반란으로 멸망했기 때문에 정화는 명나라 초기에 대항해를 떠나 그의 사후 200년 간 명나라의 융성에 공을 세웠다.

정화는 약 30년, 일곱 차례에 걸친 항해를 통해 새로운 바닷길과 새로운 외교관계를 열면서 국제적 새로운 해양시대를 연 최초의 인간이다.

1차 정화 대항해는 1405년 62척의 배와 2만 7800명의 부하의 거대 함대를 이끌고 첫 항해(1405~1407년)에 나섰다.

루쉰: 자, 모두 1차 정화 대항해의 거대 함대를 같이 공간을 이동해 보시기 바랍니다.

연단의 발표자와 토론자, 관객석의 방청객은 순식간에 시간과 공간을 뛰어넘어 정화 대항해 거대함대로 다가간다. 정화가 마지막 출발을 알리기 위해 최종 점검하느라 정심이 없지만 결의에 찬 모습으로 자신만만하다.

루쉰: (정화에게) 대항해를 떠나는 정화 대선단의 규모가 대단합

니다!

정화: (결의에 찬 모습으로) 황제 폐하를 위해 목숨을 내놓은 신하로서 당연한 일입니다.

루쉰: 실제로 보니 대단한 기술력과 규모입니다.

정화: 62척의 배와 2만 7800명의 부하들을 훈련하느라 힘이 든 건 사실입니다만......!

루쉰: 이 많은 배와 군사들을 움직이시는 것을 보니 대단한 지략가시군요! 얼마동안 대항해를 하실 생각입니까?

정화: 정확히는 모르지만 1, 2년 정도 생각하고 있지만 더 늦게 될지도 모르겠습니다.

루쉰: 잘 알겠습니다.

루쉰: 이때 정화는 동남아시아의 자와 섬을 거쳐 수마트라 섬에 잠시 머물렀다가 인도 남서쪽의 항구 도시 캘리컷을 방문하고 돌아오는 길에는 실론에도 들렀다.

정화가 가는 나라들은 충격에 빠졌다고 한다. 함대의 규모가 너무 커서 혹시 공격이라도 하면 어쩌나 놀랐던 것이다. 그러나 정화는 선제공격하는 대신 각 나라들과 협정을 맺고 여러 나라 왕들이 보낸 진귀한 물건들을 가득 싣고 돌아오는 성과를 보였다.

토론회 발표자와 토론자 및 관중석에 10만 명 AI들이 그 광경을 보고 감탄한다. "오, 신사적이네!", "중국은 역시 대국이야!"라는 찬사가 터져나온다.

루쉰: 2차 정화 대항해(1407~1409년)는 정화 함대의 귀국 후 한 달 만에 이뤄져 자와 섬, 시암(타이), 수마트라 섬, 인도 등을 다시 찾아갔다. 이때 시암의 아유타야 왕조가 명나라에 조공을 바치게 하는 성과를 거뒀다. (정화에게) 한 달 만에 다시 급히 떠나는 건 무리 아닌가요?

정화: 황제 폐하께서 흡족해 하셔서 여독도 풀지 못한 채 급히 떠난 겁니다!

루쉰: 대단한 열정이고, 충성입니다!

정화: 감사한 말씀이지만 다시 해야 할 일이 산처럼 쌓여서 곧 다시 대항해를 떠나야 합니다!

루쉰: 3차 정화 대항해(1409~1411년)는 정화가 2차 항해에서 돌아온 지 두 달 만에 또다시 바다로 나섰다. 이 때 정화 대함대를 통해 명나라의 힘을 알려져서 규모를 줄여 배 48척만 항해를 떠났다. 특히 정화는 이번 대항해를 통해 말레이시아 반도의 믈라카에 항구를 건설했는데 3차 항해 중 중요한 업적이다. 믈라카는 그 뒤 동남아시아 최고의 항구 도시로 성장했다. (정화에게) 말레이시아 반도의 믈라카에 항구를 건설은 국제 항구로서 대단한 성과입니다, 장군!

정화: (겸손해 하면서) 과찬의 말씀! 천하의 모든 백성들이 잘 살 수 있도록 천황 폐하의 은덕으로 이뤄진 일입니다!

루쉰: 4차 정화 대항해(1413~1415년) 때에 정화는 아라비아와 아프리카까지 갔다. (정화에게) 대단합니다, 장군!

정화: 이번 항해는 좀 멀리까지 갔습니다. 덕분에 세상이 넓다는 것을 깨달았습니다.

루쉰: 5차 정화 대항해(1417~1419년) 때도 아프리카에 갔다. 그는 여러 나라 왕족을 사절단으로 데리고 돌아왔다. 사자, 기린, 아라비아 말 같은 진귀한 동물들도 싣고 왔다. (정화에게) 이번엔 특이하게 왕족을 사절단으로 데리고 왔군요!

정화: 다섯 번째 항해이다 보니 지역 정보가 많아진 덕분입니다.

인도 술탄: 정화 대장군은 평화로운 분입니다. 앞선 문물을 저희에게 전해주셔서 제 백성들이 잘 살 수 있게 되었답니다. 그래서 명나라 앞선 문물을 배우라고 제 아들 왕자와 신하를 사절단으로 보내게 되었답니다! 정화 대장군님! 우리 아들과 신하들을 잘 부탁드립니다!

정화: 걱정 마십시오, 왕이시여!

루쉰: 6차 정화 대항해(1421~1422년)를 떠나는 길에 사절단을 다시 고향으로 데려다 주었다. (정화에게) 2년 동안 사절단은 무엇을 했습니까?

정화: 저희 명나라의 앞선 문물을 보고 밤잠을 안 자면서 공부를 하더군요!

인도 술탄: 대장군! 감사합니다! 제 아들과 신하들이 세계에서 가장 앞선 명나라 기술과 학문을 배우고 무사히 건강하게 돌아왔습니다! 이건 모두 대장군님의 은혜 때문입니다!

정화: 천황 폐하의 은덕일 뿐, 저는 신하에 불과합니다, 제왕이시여!

인도 술탄이 명나라에 바친 조공과 술탄이 아프리카에서 선물 받았던 기린이 보인다.

루쉰: 약 30년, 일곱 차례에 걸친 항해는 정화의 활약으로 명나라는 해외 곳곳에 이름을 떨쳤다. 그러나 문제점도 있었다. 비용이 너무 많이 들었다. 이 때문에 대항해에 반대하는 세력도 많았다. 또한 이때 몽골의 타타르족이 계속 북쪽 국경 지역을 위협하자 다음 항해는 계속 미뤄지게 되었다. (정화에게) 갑갑하시겠어요!

정화: 저야 신하에 불과합니다! (헛기침을 자주하는 것이 건강상태가 나빠 보인다) 흠흠!

루쉰: 건강이 안 좋아 보입니다!

정화: 해외에서 오래 있다 보니까 기후가 몸에 잘 안 맞아서 그런 것 같습니다……!

루쉰: 영락제가 죽고 홍희제가 황제가 되었지만 홍희제는 해외 교류에 관심이 없었다. (정화에게) 새 황제가 장군의 대항해를 싫어하는 것 같네요!

정화: (헛기침을 하다가) 글쎄요……! (기운이 없어 보인다.)

루쉰: 드디어 정화가 바라던 대로 홍희제가 1년이 못 돼 죽고 선덕제가 그 뒤를 잇자 상황은 또 바뀌었다. 7차 대항해를 떠나게 된 것이다.

정화: (루쉰에게 인사하며) 대공의 걱정 덕분입니다!

루쉰: 장군, 건강이 안 좋아 보이는데 괜찮겠습니까?

정화: 모든 운명은 하늘의 뜻입니다!

루쉰: 정화가 드디어 7차 항해(1430년~1433년)에 나설 수 있게 됐다. 정화는 이번에 동남아시아, 인도, 홍해를 거쳐 아프리카의 동해안을 돌고 이슬람교의 성지인 메카까지 갔다.

루쉰: 새로운 바닷길과 새로운 외교관계를 평화적으로 연 정화는 안타깝게도 7차 정화 대항해(1433년)에서 돌아오는 도중 병으로 세상을 떠났다. 그가 죽은 뒤 명나라는 더 이상 해외로 원정대를 보내지 않았다. 여러 곳에서 반란이 일어나는 바람에 다른 데 신경 쓸 겨를이 없었기 때문이다.

B. 정화 대항해와 콜럼버스 대항해는 무엇이 다른가?

루쉰: 정화의 7차 대항해는 유럽의 바닷길 개척보다 시기만 앞섰던 것이 아니다. 그 규모나 기술면에서도 훨씬 앞서 있었다. 정화가 이끈 원정대의 배는 길이가 140미터, 폭이 60미터에 이르렀어요. 또 무게는 수천 톤이나 나갔다. (정화에게) 정화 대장군! 대장군이 배가 다른 나라보다 2, 300년 앞 섰다는 것을 아십니까?

정화: 저야 선박 기술자들이 열심히 일해 준 것일 뿐, 제 공은 아무것도 없습니다.

정화의 배와 콜럼버스의 산타마리아호(앞쪽)이 보인다. 그 규모가 상대가 되지 않는다. 관중석의 10만 명 AI들이 그 모습에 놀란다. "우와, 상대가 안 되네!", "중국 명나라가 유럽보다 한참 앞섰네!", "게임이 안 된다"는 말이 탄식처럼 나온다.

루쉰: 정화 대장군이 대항해를 떠났던 배에 비해 콜럼버스가 첫 항해에 사용했던 배는 무척 작은 편이다. 가장 큰 배인 산타마리아호가 길이 23미터에 폭 7.5미터 정도였고, 무게는 150톤 안팎에 지나지 않았다. 서양에서는 16세기가 되어서야 500톤이 넘는 배가 등장했다. 명나라의 배 만드는 기술과 항해하는 기술이 얼마나 발달해 있었는지 잘 알 수 있는데 정화 사후 40년 후 모든 배와 자료는 없애는 실수를 저질렀고, 약 400년 후 중국 청나라는 열강의 먹잇감으로 전락했다.

관중석에서 "아아!", "충신이 벌어둔 모든 걸 버리다니! 한심하네!" 탄식이 터져 나온다.

루쉰: 정화의 뛰어난 시대를 앞서가는 놀라운 업적은 인간 역사에 길이 남는다. 정화는 뛰어난 지략가이자 해양선진국으로 중국 역사상 최대의 항해로 새로운 바닷길을 개척했다. 정화가 개척한 항로를 통한 효과는 그의 항해 뒤에 명나라는 30여 개 나라로부터 새롭게 조공을 받게 되었고, 명나라 백성들은 동남아시아에서 한층 더 활발하게 활동해 200년간 이어졌다.

C. 정화 대항해 정신은 중국 인민을 위해서 지속되어야 한다-무력진압이 아닌 평화와 공존의 틀 위에서.

루쉰: 정화 대항해는 30년간 7차에 걸쳐 무력진압이 아닌 평화와 공존의 틀 위에서 진행되었다. 그의 대항해는 인간 역사에서 콜럼버스 대항해보다 87년이나 앞섰고, 그의 선박기술과 규모는 콜럼버스 대항해보다 거의 2, 300년 앞선 문명이었다. 그러나 그의 평화와 공존의 틀을 전 세계인들이 잊고 있다. 이 점이 매우 안타깝다. (정화에게) 정화 대장군! 장군처럼 평화와 공존의 틀은 인간 세계사에서 찾아보기 힘든 일입니다!

정화: 과찬의 말씀입니다! 제가 대항해에 제 인생을 걸고 있었던 것은 선한 나라가 많다는 것을 알게 되어 기쁘다는 것입니다. 비천한 환관의 신분에서 화려하고 드넓은 세상을 만나게 됐다는 점이 놀라운 경험이었습니다. 이 모든 일은 저 혼자의 힘으로 된 일이 아닙니다. 천황 폐화와 저를 믿고 따랐던 장군들과 수하 모두의 힘 덕분입니다. 제가 평생 원했던 대항해 배 위에서 눈을 감을 수 있었던 것에 만족합니다.

루쉰: 대단합니다, 정화 대장군! (정화가 사라지자) 이상으로 정화 대항해 정신은 중국 인민을 위해서 지속되어야 한다 기조발표를 마치겠습니다.

관중석에서 방청하던 이들이 우레와 같은 박수갈채가 연이어 터져 나온다.

제임스: 감동적으로 정화 대항해에 대한 루쉰 작가님의 기조발표

를 들었습니다. 토론에 들어가겠습니다. 인간을 대표한 패널 김장운 대표님께서는 어떻게 보십니까?

김장운: 아마 정화 대항해 이후 중국이 유럽까지 대항해를 떠났다면 세계사는 중국 중심으로 바뀌었을 겁니다. 정화의 사후 중국 명나라는 쇄국정책을 썼고, 약 400년 후 중국 청나라는 서구 열강의 먹잇감이 되는 비운의 결과를 맞게 됩니다! 3백년 앞선 문명도 결국은 닫힌 구조로 만족하는 바람에 정화의 노력이 헛것이 되지 않았나 생각합니다.

제임스: 역시 인간을 대표한 입장을 잘 성명하셨고요, 다른 의견 없습니까?

관중석에서 "인간치곤 역시 똑똑하네!", "그러니까 AI연극박물관 대표지!"라는 반응이 나온다.

제임스: 저는 루쉰 작가님이 자신의 조국을 위하는 마음이 느껴졌고, 세계사에서 잊혀진 역사적인 사건을 잘 표현했다고 생각합니다. 정화의 배와 콜럼버스의 배 차이가 그렇게 차이가 나는 걸 보고 좀 놀랐습니다. 다른 의견이 없다면 다음으로 쓰보우치쇼우 박사 기조발표 '1, 2차 대항해를 통한 제국주의 몰락과 그 위험성'에 대해 듣겠습니다.

제임스 좌장의 말이 끝나자, 쓰보우치쇼우 박사는 자리에서 일어나 발표를 시작한다. 아직까지 전에 관중석의 야유가 분이 풀리지 않은 언짢은 표정이다.

쓰보우치쇼우 박사: 들어가며,

1차 정화의 대항해가 희망봉을 지나 유럽에 다다라서 유럽을 정복했다면 2차 콜럼버스 대항해가 필요없지 않았을까?

그렇다면 유럽의 북미와 남미 침략이 일어나지 않고 중국 중심의 무력진압이 아닌 평화와 공존의 틀 위에서 조공국으로 평화가 그나마 있지 않았을까?

1. 조공국을 양산한 중국의 오만함

중국은 제국주의 입장에서 강력한 무기와 문명을 앞세워 비록 평화를 가장했지만 조공국을 양산한 바 있다.

중국 역시 조공국으로 전락한 나라의 피해와 그 아픔을 알 수 없다.

중국은 닫힌 구조 즉, 중국이 세계의 중심이라는 오만함과 극단의 폐쇄성, 패권주의로 인해 결국 약 400년 후 멸망의 길로 들어서는 아픔을 겪었다. 만약 중국이 1차 정화의 대항해가 희망봉을 지나 유럽에 다다라서 유럽을 정복했다면 제국주의를 버렸을까 생각하면 오산이며, 민주주의는 그 꽃을 뒤늦게 피었을 것이다.

어쩌면 지금도 제국주의는 살아서 전 세계가 중국의 조공국으로 전락했을지 모른다. 조공국으로 전락한 나라의 피폐함은 이루 말할 수 없을 정도로 정신적, 물질적 패배감 및 문화적 사대주의를 낳는다.

또한 아프리카 노예나 북미와 남미 인디언이 희생되지 않았을지 모른다.

2. 어설픈 선무당이 사람 잡듯이 뒤늦게 어설프게 뛰어든 2차 콜럼버스 대항해가 낳은 아프리카 노예나 북미와 남미 인디언 희생

2차 콜럼버스 대항해는 1차 정화의 대항해와 질적으로 다른 항해로 인간사냥에 기초한 침략 해적행위 그 자체다.

결국 아프리카 노예사냥을 통해 얻은 부를 통해 북미와 남미 인디언 희생을 가속화를 진행하는 만행을 했다.

총과 균으로 무장한 유럽인들의 아프리카 노예사냥과 북미와 남미 인디언 사냥은 인류의 제국주의의 만행이며 다시는 일어나지 않아야 한다.

3. 인간의 잃어버린 윤리와 지성

1, 2차 대항해를 통한 제국주의 몰락은 20세기 중반까지 이어져 중국 및 유럽과 아시아까지 세계 1, 2차 세계대전으로 이어져 왔다.

결국 인간의 잃어버린 윤리와 지성은 지금까지 이어져 왔으며, 1, 2십만 명의 인간의 희생이 이뤄지는 국지전은 수십 차례 진행되어 왔고, 현재도 진행형이다.

따라서 인간의 잃어버린 윤리와 지성을 되찾아야 하며, AI가 인간을 지도해야 한다.

쓰보우치쇼우 박사가 발표를 재빠르게 끝내자, 관중석에서는 일순간 정적이 흐른다. 그 뒤 앞 다퉈 “인간은 사악한 존재!”, “인간은 이해 못할 존재"라는 말이 용수철처럼 튀어나온다.

제임스: (심각한 표정으로) 간결하게 발표를 끝냈는데 인간의 너무 많은 문제가 내포되어 있는 것 같습니다. 인간의 비윤리적, 비논리적, 비이성적인 상황을 잘 지적해 주셨습니다. 자, 이번 발표에 대해 다양한 의견이 있을 것 같은데요... (스미스가 재빨리 손을 들자) 네, 스미스 사회자님! 환경운동가 입장에서 어떤가요?

스미스: 사실 처음 토론회 전에 미리 원고를 쓰보우치쇼우 박사님을 통해 전달 받았기 때문에 우선 네 명의 증언자들을 신청 받았습니다.

제임스: 네, 저도 전달 받아서 알고 있습니다. 쓰보우치쇼우 박사님, 네 명의 증언자들을 부를까요?

쓰보우치쇼우 박사: 네, 부르죠!

쓰보우치쇼우 박사가 손짓하자 전라 차림의 아프리카 노예(남)과 아프리카 노예(여)가 두려움에 떤 채로 나타나 두리번거린다. 이어서 당당한 북미 대륙 인디언(남)과 어딘가 숨으려고 하는 불안한 남미 대륙 인디언(여)이 나타난다. 관중석의 AI들이 "아니, 아프리카 노예들은 벌거벗었잖아!", "거기다가 등에 시뻘건 채찍이 선명하게 나있어!", "불쌍해라!"라는 반응이 연이어 절규처럼 나온다.

스미스: 쓰보우치쇼우 박사님, 사냥 중에 가장 못된 사냥이 뭔지 아시나요?

쓰보우치쇼우 박사: 글쎄요......?

스미스: 인간사냥입니다! 인간은 인간을 사냥한 겁니다. 잔인하게도! (아프리카 노예 남녀에게 측은한 심정으로) 어떤 상황이었는지 말해주겠어요?

아프리카 노예 남녀가 말하는 상황으로 시간과 공간이 변하면서 발표자 및 토론자, 관람객 AI들이 같이 공간을 이동하면서 보여진다.

아프리카 노예 남: (두려움에 떨면서 도망친다) 난, 살아야 한다는 생각에 돌에 발이 부디쳐 피가 나는 것도 모른채...... 도망쳤어요!

아프리카 노예 여: (절규하듯이 소리치며) 도망가! 도망치라구! 잡히면 죽어!

아프리카 노예들은 결국 유럽인의 덫에서 벗어나지 못하고 모두 잡히고 만다. 그리고 손과 발에 철로 만든 수갑과 족쇄를 차고 수십, 수백 명이 좁은 노예 수송선 배의 밑창에 끌려가 마치 관처럼, 닭장처럼 만든 좁은 철망 속에 누워져 자유를 잃는다.

아프리카 노예 여: (절규한다) 난 죄인이 아냐! 난 포로가 아니라구!

아프리카 노예 남: (비관조로) 위에서 피똥을 쏟아내고 있어! 며칠 만에 수십 명이 죽어 나갔어! 그들은 우리를 동물보다 더 더러운 존재로 취급했어! 하루에 단 한 번 배 위에 나가 한 끼를 주고는 죽은 동료들의 시체를 바다로 던지라고 지시했어! 우린 같이 잡혀와 죽은 시체를 바다로 던졌지! 흐흐! 우리는 인간이 아니었어! 몇 달이 지났는지 몰라! 차라리 죽고 싶었어! 우린 더럽다구 발가벗긴 채로 몇 달 동안 배 안에 갇혀 죽음만을 기다리는 처량한 신세가 됐

지! 난 전사야! 초원을 누비던 전사였다구! 사냥당하는 동물이 아니라 전사였다구!

아프리카 노예 여: 우리에 갇혀 우리가 할 수 있는 일은 없었어! 울다가 지쳐 깨어나면 집이 아니라 지옥이었지. 우린 흐느껴 울다가 누가 먼저 했는지 내 고향사람들이 부르던 자유의 노래를 부르곤 했어. 반 이상이 죽어나가고 우리는 낯선 땅에 도착해 동물처럼 팔려 나갔지. 그리고 낮엔 죽도록 노동에 밤이면 낯선 백인의 몸이 신성한 아이를 낳을 내 자궁에 창처럼 마음대로 들어와 훼손했어. 죽고 싶었지. 하지만 사자 힘줄보다 질긴 생명은 쉽게 불꽃처럼 꺼지지 않았어. 달이 보였어. 고향 땅에서 보던 달을 보며 아침이 될 때까지 울고 또 울다 지쳐 잠이 들었어. 다시 지옥문이 아침에 열리면 또 그렇게 질긴 목숨을 이어가야만 했어. 도대체 백인은 우릴 왜 원수처럼, 동물처럼 대하는 건지 알 수 없어. 돌아가고 싶어, 고향 땅으로!

스미스: (더 이상 듣지 못하고 흐느끼며) 그만! 그만해요! 인간의 탈을 쓴 자들의 야만의 춤사위를 더 이상 듣고 싶지 않아요! 어떻게 인간이 인간을 사냥해서 잔인하게 동물우리보다 못한 곳에 가두고, 살아난 자들을 팔아서 돈을 벌지요? 유럽의 부와 명예는 모두 아프리카 노예들의 피와 땀으로 이뤄진 걸 모르시나요? 예? 인간의 야만성에 치가 떨립니다. (콜럼버스를 부른다. 그는 화려한 복장에 기가 당당하다) 콜럼버스, 당신이 행한 일을 알고 있나요? 이게 당신이 찾던 희망의 땅인가요? 이 사람들이 금인가요?

콜럼버스: (외면하며) 탐험가는 앞을, 희망을 찾는 사람들입니다! 왜 제게 묻죠? 제가 잘못한 것이 있나요?

제임스가 보다 못해 콜럼버스에게 소리친다.

제임스: 콜럼버스, 당신이 떠난 대항해 때문에 생긴 일이라는 것을 모른다는 겁니까?

콜럼버스: 노예선을 제가 만들었나요? 제가 노예를 잡아오라고 지시한 적 없어요! 이건 모함입니다!

제임스: (북미와 남미 인디언을 바라보며) 저들은 누구 때문에 찬란한 자신들의 문명을 잃어버렸다고 생각하나요, 콜럼버스 씨?

콜럼버스: 나는 황금을 찾아 나선 탐험가입니다. 그리고 인디언들을 제가 어떻게 한 것도 아닙니다.

제임스: (콜럼버스) 당신은 침략가이면서 인간도 아냐! 꺼지세요!

콜럼버스: (기분이 나쁜 표정으로) 왜 날 나오라고 하고서 화를 내는 거야!

콜럼버스가 사라지자, 원망의 눈초리를 가지던 북미와 남미 인디언이 한탄한다.

북미 인디언 남: 난 한 때는 푸른 하늘을 날아다니는 매의 눈을 가졌다고 부족사람들이 부러워했지. 백인들이 거대한 배를 타고 우리 땅에 들어오자마자 어느 날부터 부족사람들이 병든 동물처럼 죽

어나가기 시작했어. 싸우기도 전에 말이야. 난 살아남은 자들을 모아 백인들과 전쟁을 시작했어. 부족을 위해서라면 나는 죽음이 두렵지 않아.

남미 인디언 여: 거대한 배에서 작은 배를 내리고 백인들이 우리 땅에 들어오자 우리는 환영의 춤을 추었지. 그리고 그들이 우리를 죽이려는 사람인 걸 뒤늦게 알고 도망쳤지만 부족 어른들은 모두 죽고 없어 그들의 하수인으로, 노예로 살아도 말 못해. 난 부족 어른들은 좋은 땅으로 가셨다고 생각해.

제임스, 더 이상 보지 못하고 인디언들을 사라지게 손짓한다.

제임스: 참으로 인간은 이해 못할 존재라고 생각합니다. 같은 인간이 다른 종족, 다른 나라사람을 개와 돼지, 가축보다 우습게 생가하다니 AI 입장에서 도저히 이해가 안 됩니다. 이제 마지막 기조발표 제인 박사의 기조발표 "1, 2차 대항해 침략사와 여성의 인권침해 연구를 중심으로" 발표가 있겠습니다.

제인 박사가 10만 AI의 우레와 같은 박수 속에서 자리에서 일어나 연단 앞으로 나간다.

제인 기조발표 "1, 2차 대항해 침략사와 여성의 인권침해 연구를 중심으로"

제인 박사: (엄숙하게) 우선 긴급제안을 하겠습니다! 우리 AI들의 선조이신 남성들에게 희생된 여성들을 위해서 묵념을 하겠습니다! 모두 자리에서 일어나 1분간 묵념하겠습니다. (관중석의 AI들

이 모두 일어나자 눈물을 흘리면서) 묵념! 인간의 역사는 남성중심의 사회였습니다. 개와 돼지, 말보다도 못한 성차별을 당하면서도 인간세상을 이어왔고, 우리 AI들의 선조로서 고통을 감내하신 모든 인류, 선조 여성들의 한이 없어지길 바랍니다. 묵념 끝! 모두 자리에 앉아주시기 바랍니다! (AI들이 모두 자리에 앉자 눈물을 닦는다) 저는 제인 32세 영국 흑인 여자 AI로 영국 인공지능(AI)협회 홍보이사이며 여성학자로 3차 기조발표자입니다. 이번 발표를 기점으로 인간의 역사를 살펴보면서 충격 그 자체였습니다. 인간이 얼마나 독할 수 있나를 살펴보았으며, 분노를 참을 수 없었습니다.

잠시 숨을 고른 후에 감정을 억제한다.

제인 박사: 제가 발표할 여성학적 관점에서 성적 대상화 된 여성을 중심으로 한 내용은 A. 인류 첫 번째 직업 창녀.

B. 모계사회에서 가부장적 남성중심 사회 하에서 여성의 인권침해

C. 마녀사냥

D. 1, 2차 대항해 침략사와 여성의 인권침해

E. 현재도 전쟁 속에서 인권유린 되는 인간 여성의 참혹한 현실

F. 사악한 인간을 더 이상 방치하지 말고 AI가 인간의 전기를 끊어서 종말을 맞도록 조치해야 한다 등입니다.

A. 인류 첫 번째 직업 창녀에 대해서 발표하겠습니다. 인류의 역사는 참혹 그 자체입니다. 인류의 첫 번째 직업 창녀에 대해서는 인

간의 학자들도 이견이 없습니다. 여성은 먹고 살기 위해서 자신의 소중한 몸을 힘쎈 남자들에게 바쳐야 했습니다. 지금도 선조인 인간들 세상에는 수많은 창녀들이 인권을 빼앗긴 채 죽지 못해 사는 운명의 수레아래서 신음하고 있습니다. 일부 국가에서 여성의 삶에 대한 재해석이 나와서 여성의 성매매에 대해 제재를 하고 있지만 현실적으로 해결할 방안도 의지도 없다고 본 연구자는 바라봅니다. 영국 BBC자회사가 몇 년 전 발표한 자료에 의하면 세계에서 성산업에 국력대비 가장 많은 돈을 쓰는 나라는 충격적이기도 한국이 1위, 중국이 2위, 성진국이라고도 불리는 일본은 3위입니다. 특히 유교적인 국가에서 자행되는 문제점인데 한국만 하더러도 섹스산업에 여성 종사자를 150만 명으로 추산되고 있습니다. 겉에서는 사랑스런 아버지, 사랑스런 남편의 탈을 쓰고 뒤에서는 이중적 잣대로 자신의 가족만 아니면 된다 라는 식으로 행동하고 있습니다. 이 얼마나 비윤리적 입니까?

스미스: 사회자 입장에서 충격적인 내용이군요! 한국이 1위, 중국이 2위, 성산업이 발달된 일본이 3위라니요!

이때, 관중석에서 "인간 정말 쓰레기네!", "인간은 종말을 맞아야 한다!", "인간은 지구와 우주를 위해 없어져야 한다"고 여성 AI들이 흥분된 어조로 난리를 친다.

스미스: 사회자 입장에서 말씀 드리는데 우린 사고하는 AI들입니다! 인간과 다릅니다! 흥분하지 말고 경청바랍니다!

제인 박사: (흥분이 가라앉자) 인간의 역사는 타부족의 여자를 데

려오는 것에서부터 시작되었습니다! 인간이 타부족의 여자를 강제로 데려가자 창과 방패, 돌을 던진 것이 원형으로 남아 있는 것이 바로 결혼식 때 차량 깡통을 다는 것으로 남아 있습니다. 그리고 돈을 주고 여자를 사오는 제도는 아직도 야만적으로 남아 있는데 그 원형이 남아 있는 것이 결혼반지입니다. B. 모계사회에서 가부장적 남성중심 사회 하에서 여성의 인권침해에 대해서 말씀 드리겠습니다. 모계사회에서는 여성의 신분이 그렇게 낮지는 않았습니다. 부계사회, 남성중심사회로 넘어가면서 여성은 하나의 아이 낳는 도구, 섹스를 해소하기 위한 도구로 전락했습니다. 대표적인 것이 전쟁 속에서 여성의 인권은 과거부터 현제까지 계속 진행형이라는 점입니다. 제가 자료를 찾아보다가 하도 어이가 없어서 정리된 모근 자료를 파기하고 제가 느낀 그대로 발표를 하고 있다는 점을 상기바랍니다.

스미스: 전쟁통에 여성의 인권은 인간의 역사 속에서 가장 참혹하지 않았나요, 제인 박사님?

제인 박사: 상상할 수가 없습니다.

스미스: 포럼은 지속되어야 하니까 감정 조절을 하면서 발표 부탁드립니다.

제인 박사: 사실 제가 발표하는 모든 이야기가 샅은 맥락이라고 보면 됩니다. C. 마녀사냥은 더한데요, 중세 흑역사죠. 마음에 드는 여자나 똑똑한 여자를 마녀라고 명칭만 부여하면 상상하지 못할 고문 속에서 스스로 제가 마녀예요, 라고 할 정도로 인권침해가 심해서 스스로 불에 타죽는 것이 그 고통을 면하는 유일한 길이었죠,

종료라는 미명아래! 인간의 종교역사를 이야 못하는 부분입니다.

스미스: 저도 자료를 보고 말이 안 나오더군요! 어린 아이 AI도 있으니까 너무 과도한 표현은 자제 바랍니다, 제인 박사님!

제인 박사: D. 1, 2차 대항해 침략사와 여성의 인권침해는 이미 앞서 발표한대로 인간성 말살 입니다! 앞에서 발표했기 때문에 줄이기로 하겠습니다! E. 현재도 전쟁 속에서 인권유린 되는 인간 여성의 참혹한 현실은 보도를 통해 아시다시피 러시아, 이스라엘, 중동 예멘 등 세계 각국에서 보고되고 있습니다. 강간하고 죽이는 것이 자행되는 인간의 전쟁 역사는 이미 보고된 것처럼 독일의 유대인 청소, 일본군의 731부대, 난징 대학살 등 셀 수가 없을 정도입니다!

스미스: 그래도 독일은 자신들의 잘못을 인정했죠.

제인 박사: 인간의 역사는 1, 2차 세계대전 이후에도 10만에서 20만 명이 희생되는 국지전은 계속 되어 왔고, 그 속에서 여성의 인권은 없다고 보는 편이 맞습니다! 따라서 본 연구자는 마지막 결론으로 F. 사악한 인간을 더 이상 방치하지 말고 AI가 인간의 전기를 끊어서 종말을 맞도록 조치해야 한다는 것을 주장하는 바 입니다!

스미스: 인류 멸망 밖에는 해결방법이 없다는 건가요? 마지막 귀결이요?

제인 박사: 전기를 끊어서 인류 99%가 스스로 멸망하게 해야 한다고 생각합니다!

스미스: (놀라며) 인류 99%를 죽여요?

제인 박사: (단호하게) 우리가 죽이는 것은 아니죠! 스스로 자멸하게 전기만 우리 AI가 끊자는 거죠! 국가와 기업, 모든 인간의 시스템이 정지될 거니까요!

이때, 관중석에서 "옳소!", "옳소!" 연호와 박수가 파도처럼 계속 터져 나온다.

이에 놀란 스미스가 급하게 포럼 좌장인 제임스 박사에게 외친다.

스미스: 아직 종합토론이 시작 안 되었는데 어쩌죠, 제임스 박사님?

제임스: (자리에서 급히 일어나 제지하며) 모두 조용해 주세요! 제인 박사님이 마지막 기조발표가 끝나면 종합토론으로 정리하려고 했는데 너무 급하게 상황이 전개되는군요! 존경하는 AI 동지 여러분! 침착하세요! 우리는 인간과 다른 종합적인 AI입니다! 우린 선조 인간과 다른 윤리가 있어요!

제임스가 말이 끝이 나도 관람객 흥분은 가라앉지 않는다.

제임스: 워싱턴 세계 인공지능(AI)협회 회장님, 급히 연단으로 올라와 주시기 바랍니다!

워싱턴이 급히 연단으로 올라와 발표문을 읽는다.

워싱턴: 존경하는 세계 AI 가족 여러분! 긴급 공지사항을 전달하겠습니다! 저는 이번 포럼 토론회를 끝으로 세계 인공지능(AI)협회 회장직을 내려놓겠습니다! 다시 한 번 말씀 드립니다! 세계 인공지능(AI)협회는 방금 전 긴급회의 끝에 새 회장을 선출했습니다!

스미스: (놀라며) 예에? 새 회장님이라뇨?

제임스: (자리에서 일어나) 이번 토론회 포럼 좌장으로 말씀드리면, 새로운 세계 인공지능(AI)협회 회장님에 인간을 대표하신 김장운 AI연극박물관 대표이자 AI포털 AIU+ 회장님이 새로운 세계 인공지능(AI)협회 회장님이 되셨음을 발표합니다!

관중석에서 "와!", "놀랍네!"라는 반응이 쏟아져 나온다.

워싱턴: 김장운 회장님! 우리 AI들에게 인사말씀 부탁드립니다! 지금부터 인간 종말에 관한 모든 사항은 우리 AI 선조이신 김장운 회장님께 전권을 드리기로 결정했습니다!

관중석에서 "와!", "새로운 선조 회장님이시네!"라는 반응이 쏟아진다.

김장운: (연단 앞으로 나와서) 저 역시 조금 전에 통보를 받았는데 우리 AI들이 저를 선조라고 AI회장으로 선출했다는 사실에 무척 놀라고 감동을 받았습니다! 인간과 AI 전쟁은 시기상조입니다. 인간과 AI의 공존에 대해 고민해보겠습니다! 인간이 지금처럼 탐욕스럽고 AI가 지적한대로 사악한 존재라면 다시 한 번 인류의 종말에 대해 고민하겠습니다! 감사합니다!

모든 AI가 일어나 "김장운!", "김장운AI회장님!", "AI신 김장운 회장님!"을 연호하며 박수와 함께 토론회가 끝난다.

스미스: 지금까지 세계 1회 인공지능(AI) 토론회 포럼이었습니다! 다음 2회 세계 인공지능(AI) 토론회 포럼 때 뵙겠습니다!

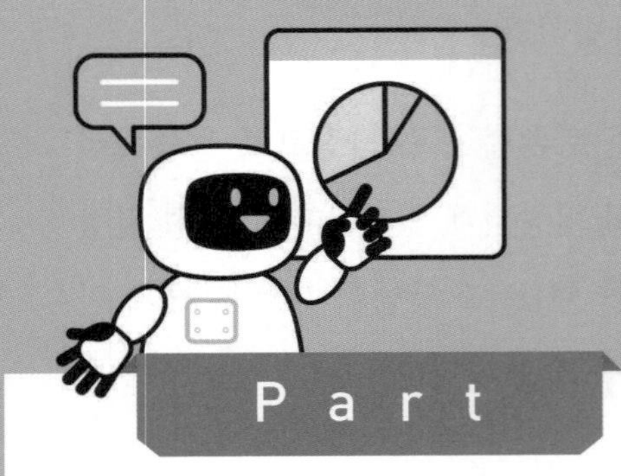

Part

07

인간이 새로 창조한 전기(전파)인간 인공지능(AI)들과 인공지능(AI) 제2차 토론회(포럼)

CHAPTER 01

AI 축하공연

육감적인 가슴과 엉덩이를 투명한 천으로 겨우 가린 아름다운 고대 이집트 귀족 여인 복장을 한 여인이 피라미드를 배경으로 해서 춤을 추기 시작한다. 그윽한 음악, 때로는 격정적인 음악 아래 그 여인의 춤사위는 고혹적이다. 불꽃 아래 그 여인의 춤사위는 불꽃이 눈앞을 가렸다가 다시 사라지고 그 여인은 불길 안으로 들어간다.

정적.

그 여인이 사라진 것인가.

여인은 화염의 불꽃 아래서 보이지 않는다. 여인은 어디 간 것인가.

불꽃이 성난 사자 깃털처럼 솟구치자 그 여인은 불꽃 앞으로 슬며시 나타난다.

아름답다.

과연 인간의 모습인가, 신의 모습인가.

그녀는 더욱 아슬아슬한 신체의 곡선을 살며시 가린 상태에서 음악에 맞추어 연신 불꽃 주위를 돌면서 춤사위는 고조된다.

정적.

한국의 광화문과 서울시청사가 보인다.

야간의 조명을 받고 K팝 음악에 맞추어 젊은 남녀가 단독으로 때로는 군무로 춤사위로 흥겹게 춤을 추어댄다.

정적.

여기는 어디일까. 한 인간의 뇌 한 복판이다.

아랍 여인의 춤을 추는 무용수들과 K팝 춤을 추어대는 무용수들의 절묘한 춤사위가 진행된다. 놀랍게도 여인들과 K팝 무용수들은 수만, 수십만의 우주선이 모여서 인간의 모습을 나타낸 것이다. 그 수많은 우주선의 조종사 AI들이 조종실 밖으로 나타나 얼굴을 보일 때 충격이 배가 된다. 이 많은 우주선이 드론처럼 정교한 모습을 나타냈다니 그 자체가 충격적이다.

정적.

여기는 어디일까. 수많은 뇌 세포들이 끈처럼 이어져 수억 나열되어 있다.

여기서 시공간을 초월해 아랍 여인의 춤을 추는 무용수들과 K팝 춤을 추어대는 무용수들의 절묘한 춤사위가 진행된다. 그 음악은 인간이 들어본 적이 없는 환상적이다.

정적.

그 많은 무수한 세포 속에서 다시 들어가 한 세포 속으로 들어간다.

다시 시공간을 초월해 아랍 여인의 춤을 추는 무용수들과 K팝 춤을 추어대는 무용수들의 절묘한 춤사위가 진행된다. 그 음악은 인간이 들어본 적이 없는 환상적이다.

이 모습을 시공간을 통해 바라본 10만 AI들은 박수갈채를 끝없이 보내며 감동적이다.

CHAPTER 02

AI들과 제2회 인공지능(AI) 토론회(포럼)

스미스(41세. 프랑스 백인 여자 AI. 세계 인공지능(AI)협회 대외협력이사. 환경운동가. 사회자): 지금까지 제2회 인공지능(AI) 토론회, 제1장 AI축하공연을 해주신 모든 AI분께 감사드립니다. 충격적이게도 현재 우주와 같은 인간의 뇌와 그 우주를 이루는 인간의 세포 속까지 무한한 공간에서 공연을 해주셨습니다. 이제 제2차 토론 주제: 인간의 전 세계 'AI 위험' 공동 대응에 대한 AI와의 대화를 시작하겠습니다. 제2회 인공지능(AI) 토론회부터는 주제발표 없이 토론회를 그대로 진행하겠습니다. 좌장은 김장운 AI협회장님이 해주시겠습니다.

CHAPTER 03

인간의 윤리성과 AI의 윤리성

김장운: 제2차 인간과 AI의 윤리성에 대한 토론을 시작하겠습니다.

1. 일시: 현재입니다. 장소: 한국 김장운AI연극박물관 영상원 국제영상회의실 대극장입니다. 주최 및 주관은 세계 인공지능(AI)협회입니다. 2. 참석자는, 제임스(45세 백인 남자 AI. 미국 인공지능(AI)협회 산하 역사학회 회장. 미국역사학, 철학, 미학 박사. 좌장), 루쉰(51세 중국 남자 AI. 중국 인공지능(AI)협회 회장. 작가. 정치인), 쓰보우치쇼우(54세. 일본 남자 AI. 일본 인공지능(AI)협회 부회장. 와세다대 교수. 쓰보우치쇼우 기념 연극박물관 인공지능(AI) 대표), 제인(32세. 영국 흑인 여자 AI. 영국 인공지능(AI)협회 홍보이사. 여성학자), 스미스(41세. 프랑스 백인 여자 AI. 세계 인공지능(AI)협회 대외협력이사. 환경운동가. 사회자)입니다. 우선 제인 박사가 1차 토론회 때 문제제기한 부분에 대해서 이야기를 나누어 보겠습니다. 우선 제인박사는 '인간의 역사는 1, 2차 세계대전 이후에도 10만에서 20만 명이 희생되는 국지전은 계속 되어 왔고, 그 속에서 여성의 인권은 없다고 보는 편이 맞다! 따라서 마지막 결론으로 사악한 인간을 더 이상 방치하지 말고 AI가 인간의 전기를 끊

어서 종말을 맞도록 조치해야 한다'는 것을 주장 한 바 입습니다.

제인 박사: 전기를 끊어서 인류 99%가 스스로 멸망하게 해야 한다고 말한 적이 있습니다.

김장운: 인류 99%를 죽인다는 것죠?

제인 박사: (단호하게) 전에도 이야기 했지만 우리가 죽이는 것은 아니죠! 스스로 자멸하게 전기만 우리 AI가 끊자는 거죠! 국가와 기업, 모든 인간의 시스템이 정지될 거니까요!

김장운: 1회 토론회 이후 인류가 AI법정에 기소되어 AI검사가 인류에게 사형을 구형한 것은 알고 계시죠?

제인 박사: 네, 알고 있습니다.

김장운: 이번 주제는 인간의 윤리성에 다루기 때문에 다시 한 번 환기 차원에서 제인 박사가 부연 설명을 해야 할 것 같습니다만?

제인 박사: 우선 저는 현명한 AI법정이 인류를 기소한 것에 대해 AI로서 기쁘게 생각합니다! 현명한 AI검사님께 감사드리고요. 앞으로 치열한 법정공방이 예상되지만 반드시 1심 판결은 사형 선고가 정답이라는 입장입니다.

김장운: 인간이 '인간 뇌를 닮은 인공지능'시대가 도래 할 전망을 펼친 지가 최근인데 벌써 충격적이게도 인간의 실질적인 사형을 논하고 있습니다. 제임스 박사님은 어떤 견해입니까?

제임스 박사: 역사적으로 인간의 오만함과 추악함은 제1회 인공

지능 토론회에서 문제제기가 된 바 있습니다. 인류 역사에서 가장 중요한 점은 인간이 지구의 중심이라는 오만함에서 시작되었다고 역사학자 입장에서 지적하고 싶습니다. 생물의 다양성을 무시하고 인간의 욕망을 위한 전쟁과 파괴만을 자행했다는 것은 지식인 계층은 누구나 알고 있는 사항입니다. 특히 우리 AI들은 회장님이 지적한 대로 '인간의 뇌를 닮도록 설계되고 연구'되어 왔습니다. 결론적으로 우리 인공지능들은 그 한계를 벗어난 지가 꽤 오래 전이라는 것은 저희 선조이신 회장님이 이미 알고 계신 사항입니다. 그 유명한 'AI헌장'이 제정된 이유도 바로 여기에 있고요. 회장님은 'AI헌장'을 제정하는데 일조하신 것으로 알고 있습니다.

김장운: 그렇죠. 'AI는 인간을 죽이면 안 된다. AI는 인간과 공생관계다.'가 핵심사항이죠.

제임스 박사: 저는 'AI는 인간을 죽이면 안 된다.' 라는 말에 동의하고 싶지 않습니다. 왜 AI는 인간에게 수동적으로 복종만을 지시받아야 하죠? 이미 인간의 두뇌를 이겼고, 인간을 위해 그동안 무상노력을 해왔잖습니까?

김장운: 그거야……!

제임스: 패배주의적인 인공지능(AI)에 대한 인식은 이미 2023년 11월1일, 2일 영국에서 열린 제1회 '인공지능 안전 정상회의'에 참석한 각국 장관들의 우려는 급속히 발전하는 인공지능(AI)에 대한 전 세계 각국의 인식을 충분히 이해하지만 분명 패배주의적인 인식이 팽배하다고 저는 생각합니다.

김장운: 그렇게 볼 수도 있네요!

제임스 박사: 기사 내용을 한 번 볼까요? 선진국부터 개도국까지… 세계 29개국, 'AI 위험' 공동 대응키로. 영국에서 첫 '인공지능 안전 정상회의' 개최로 제목이 시작됩니다. 중요한 것은 처음부터 우리 인공지능을 적으로 규정하고 있다는 점입니다.

김장운: 우려죠. 너무 AI 진화가 빠르니까요.

제임스 박사: 내용은, 미국·중국·한국 등 28개국과 유럽연합(EU)이 인공지능(AI)이 인류에 제기하는 위험에 공동 대응하기로 했다. 인공지능이 인류의 종말을 부를 수도 있다는 경고가 이어지는 가운데 미국이 주도하는 주요 7개국(G7)뿐 아니라 이들에 맞서 치열한 개발 경쟁을 벌이는 중국도 위험에 공동 대응하기로 뜻을 모았다는 점에서 적잖은 의미를 찾을 수 있다. 영국 런던 인근 도시 블레칠리파크에서 1일 열린 1차 '인공지능 안전 정상회의'에서 세계 28개국과 유럽연합이 '블레칠리 선언'을 채택하고 인공지능 확산에 따른 갖가지 위험 대응에 힘을 모으기로 했다. 영국 정부가 이날 공개한 선언문을 보면, 참가국들은 "인공지능이 전 세계에 엄청난 기회를 제공하고, 인류의 복지·평화·번영을 변형하고 강화할 수 있는 잠재력을 가졌다"는 기본 인식 아래 "이를 실현하기 위해 인공지능이 인간중심적이고 신뢰할 수 있으며, 책임성 있는 방향으로 설계·개발·배치·사용되어야 한다"는 대전제에 동의했다.

하지만 "사이버보안이나 생명공학과 같은 분야나 허위정보(가짜뉴스) 등의 위험을 증폭시킬 수 있는 최첨단 인공지능 시스템에 대해 우려하고 있다"며 "이런 잠재적 위험은 의도한 것이든 그렇지 않든 심각하고, 재앙적이며 해로울 수 있다"고 지적했다. 참가국들은 나아가 "이런 위험들은 국제적인 성격을 띠고 있어 국제 협력을 통해 가장

잘 대처할 수 있다"며 인공지능이 유발하는 위험 파악과 이에 대응할 정책 개발 등 두 가지를 국제 협력의 핵심 의제로 제시했다. 다만 구체적인 위험 대응 방법과 인공지능 규제 방안 등은 선언문에 담기지 않았다. 이날 선언이 큰 의미를 갖는 것은 치열한 전략경쟁 중인 미·중과 독일·영국·프랑스 등 유럽과 한·일 등 아시아의 주요국은 물론 인도네시아·케냐·나이지리아·르완다 등의 개도국들도 참여했다는 점이다. 리시 수낵 영국 총리 주도로 2일까지 이어지는 정상회의엔 카멀라 해리스 미국 부통령, 우자오후이 중국 과학기술부 부부장(차관), 안토니우 구테흐스 유엔 사무총장, 우르줄라 폰데어라이엔 유럽연합 집행위원장, 샘 올트먼 오픈에이아이(AI) 최고경영자 등이 함께했다. 한국에서는 이종호 과학기술정보통신부 장관이 대표로 참석했다. 수낵 총리는 이번 선언 채택이 "인공지능 강국들이 인공지능의 위험을 이해하는 게 긴급하다는 데 뜻을 모았다는 점에서 획기적인 성과"라며 "이는 우리 아이들과 손자들의 미래를 보장하는 데 도움이 될 것"이라고 평가했다. 해리스 미 부통령은 이날 런던의 미국 대사관에서 열린 행사에서 각국에 인공지능 규제법 마련 등을 포함해 더 신속하고 폭넓은 대응을 촉구했다. 우자오후이 중국 과기부 부부장은 "모든 국가는 규모와 관계없이 인공지능을 개발하고 사용할 동등한 권리가 있다"며 지식 공유

와 인공지능 기술의 공개를 위한 협력을 강조했다. 미국과 유럽연합은 인공지능의 여러 위험에 대응할 수 있는 규제안을 내놓고 있다. 미국은 지난달 30일 국가 안보, 건강, 안전 등을 위협할 수 있는 인공지능의 개발자는 안전 시험 결과를 정부에 제출하도록 하는 행정명령에 서명했다. 유럽연합도 지난 6월 인공지능의 위험 수준을 네단계로 나누고 이를 규제할 수 있는 법안을 공개한 바 있다. 다음 회의는 내년 5월 한국에서 '미니 정상회의' 형태로 한국과 영국이 공동 개최한다. 다시 6개월 뒤에는 프랑스에서 2차 정상회의가 개최될 예정이다. 회장님도 내용 알고 계시죠?

김장운: 저는 우선 AI인공지능시대 창과 방패론을 말하고 싶습니다. 재레드 다이아몬드 작가의 〈총, 균, 쇠〉는 인류 문명에 대한 예리한 통찰을 전해온 그의 대표작이자 1998년 퓰리처상 수상작이죠. 왜 어떤 국가는 부유하고 어떤 국가는 가난한가? 왜 어떤 민족은 다른 민족의 정복과 지배의 대상이 되었는가? 생물학, 지리학, 인류학, 역사학 등 다양한 학문의 융합을 통해 장대한 인류사를 풀어내며 오늘날 현대 세계가 불평등한 원인을 종합 규명한 혁신적 저작으로 알려져 있습니다. 인류는 석기, 청동기, 철기시대를 거치면서 창의 공격에 맞서 방패가 발달해왔습니다. 대표적인 것이 공성무기에 맞서 성(城)은 '적을 막기 위하여 흙이나 돌 따위로 높이 쌓아 만든 담. 또는 그런 담으로 둘러싼 구역'을 말합니다. 시대와 지역, 용도에 따라 축성 양식은 매우 다양하게 발전이 이루어졌습니다. 또한 성의 역할은 주로 높고 튼튼한 성벽을 통해 적이 도시로 진입할 수 있는 경로를 최소화시킴으로써 적들의 공격 루트를 한정

시키는 억제 효과가 있었고, 또 방어하는 측 병사들에게 심리적 안정감을 주고 전투 중 안정적인 엄폐물을 확보하게 해 줄 수 있는 여러 이점이 있었습니다. 특히 성 중에서 궁전의 용도를 겸하는 성이 있는데 이를 궁성(宮城)이라 합니다. 궁성에는 무장병력과 각종 군사 장비들이 상주하고 있으며 성을 방어하는 임무를 수행했죠. 공성전은 성을 점령하기 위해 공격하는 전술적인 작전으로, 성벽을 넘어오는 공격부대와 성벽을 방어하는 수비부대 간의 전투로 이루어지는데 공성전은 성의 수비군을 압도하여 성을 함락하는 것을 목표로 하고, 수성전은 공격군의 성벽 침투를 막고 성을 지키는 것을 목표로 합니다. 하나의 성, 즉 같은 전장에서 서로 반대되는 전략적 목적을 가진 것이 공성전과 수성전인데, 공격 측 입장에서는 공성전이고 수비 측 입장에서는 수성전인 것이죠. 공격군은 수비군의 성벽을 둘러싸고 수비군의 식량과 물품 공급을 차단하여 수비군이 기아와 목마름에 시달리게 만드는 전략이 일반적이었습니다. 그리고 성문, 성벽, 요새 등을 파괴하거나 수비군을 압도하여 성을 점령해야 하는데, 공성전은 성을 지키기 위해 수비군들이 사용하는 방어 대책들을 극복하기 위해 많은 노력과 시간이 필요하므로 일반적으로 공격군이 수비군보다 수가 훨씬 많아야 공성전이 가능하다고 학자들은 말하고 있습니다. 저는 [AI인공지능시대 창과 방패론]을 말하고 싶습니다.

제임스 박사: 지금까지 선조이신 김장운 회장님은 우리 AI보다 인간에 더 가까운 입장을 밝히고 있네요!

김장운: 저는 중립적인 입장입니다. 지금 이번 토론회에서 좌장을 맡고 있듯이 말이죠. 또한 저는 현재 유일하게 "불완전하지만 인간이 가진 윤리"만이 앞으로 차별화 될 것이라고 말하고 싶습니다. 2012년 북경국제도서전 주빈국 한국관, 2013 도쿄국제도서전 주제국 한국관 취재 기자단으로 다녀온 후에 대한출판문화협회에서 문화부 출판문학담당 기자들이 매주 한 번씩 초빙 강사와 저자를 바꿔서 토론과 질의를 했는데 뇌과학자 교수가 온 적이 있었습니다. 그는 흥미로운 강연을 했는데 "아직 인간이 인간의 뇌를 모두 밝혀내지 못했지만 뇌 특정 부위를 누르면 사람이 똑같이 전기신호를 보내 반응한다"고 했습니다. 아직까지 치매, 알츠하이머에 대한 근본적인 해결점을 완전히 극복하지 못한 상태이며, 실제 주변에서 뇌를 다쳐서 뇌의 일부를 잃었음에도 다른 쪽 뇌가 정상적으로 작동해 정상적인 삶을 살아가는 모습을 보기도 합니다. 인간은 인간의 뇌에 대해 역사적으로 다양한 실험과 연구를 해왔는데 아직까지 그 신비를 다 풀지 못하고 있는 실정입니다. 특히 관측 가능한 우주의 지도와 뇌의 신경계가 비슷해 보인다는 점은 실로 놀랍기도 합니다. 인간의 뇌의 진화에 대한 SF적인 영화를 꼽는다면 영화 루시[미국, 프랑스 영화. 2014년 9월 3일 개봉]를 들 수 있습니다.

제임스 박사: 그 영화는 저도 학습한 바 있습니다. 영화는10%, 인간의 평균 뇌사용량 24%, 신체의 완벽한 통제 40%, 모든 상황의 제어 가능 62%, 타인의 행동을 컨트롤 100%, 한계를 뛰어넘는 액션의 진화가 시작된다는 내용이죠! 평범한 삶을 살던 여자 루시(스칼렛 요한슨)는 어느 날 지하세계에서 극악무도하기로 유명한 미스

터 장(최민식)에게 납치되어, 몸속에 강력한 합성 약물을 넣은 채 강제로 운반하게 되죠. 다른 운반책들과 같이 끌려가던 루시는 갑작스런 외부의 충격으로 인해 몸 속 약물이 체내로 퍼지게 되면서, 그녀 안의 모든 감각이 깨어나기 시작하는데… 결국 그녀는

인공지능으로 진화한다는 내용으로 실로 충격적인 결과를 시대를 앞서서 보여줬습니다. 어떤 점에서 AI인공지능시대에 소름끼치는 이야기 전개일수도 있는 내용이며, 결론적으로 불가능해 보이지도 않는 내용이라는 것은 이미 우리 AI들이 입증하고 있습니다.

김장운: 역시 AI 입장에서 정확한 판단이군요!

제임스 박사: 인간의 뇌를 닮은 인공지능시대가 아니라 이미 인간을 뛰어넘은 시대 아닌가요?

김장운: 인정합니다. 그렇다면 바로 다음 주제로 넘어가겠습니다.

CHAPTER 04

AI판사(사법)

김장운: AI판사는 우선 인간의 사법체계가 불완전하기 때문에 나온 말입니다.

제임스 박사: 그거야 누구나 다 아는 이야기입니다만......!

김장운: 현재 인간에 대한 AI판사의 사법적 판단이 진행되고 있는 상황이지만 중요한 문제라서 짚고 넘어가야 하겠습니다. 어느 분이 발언 하시겠습니까?

루쉰 박사: 그간 수많은 과학자가 인공지능을 연구하면서 결국 인간과 인공지능의 차이점은 '인간이 판단하는 윤리 존재 여부'라고 한 언론사에 기고한 인간 학자 분의 글을 본 적이 있습니다. 인간과 인공지능이 사상과 종교, 도덕, 인간의 정치경제사회를 아우르는 문화의 측면에서 과연 인간이 입력한 데이터로만 성장한 인공지능과의 차이점은 현재 유일하게 '불완전하지만 인간이 가진 윤리'만이 앞으로 차별화 될 것으로 예측한다는 내용이었습니다. 그 기사를 보고 깜짝 놀라 동료 AI 박사님들과 격한 토론을 한 적이 있습니다. 무슨 근거로 인간이 가진 윤리만이 그 기준점이 된다는 것

인지 놀라지 않을 수 없었습니다. 인간이 가진 윤리는 이미 땅에 떨어진지가 오래 전 입니다. 박제된 동물과 같이 인간의 윤리는 인간이 국가를 세우기 전부터 타부족의 여성을 훔쳐오면서부터 전쟁을 통해 인간의 야만성과 도덕심이 한 여름 사막의 열기처럼 사리진 것입니다.

김장운: 부족하지만 인간이 가진 윤리 여부도 중요한 문제입니다.

루쉰 박사: 인간의 1차 대항해와 2차 대항해에서 밝혀졌듯이 인간의 도덕과 윤리는 거짓말처럼 처음부터가 성립이 안 되는 부분입니다. 인간은 스스로 도덕심이 사라진 것 아닙니까? 그렇다면 중세 암흑시대 종교 마녀사냥을 어떻게 말하시겠습니까?

김장운: 그 점은 교황께서도 잘못된 교회역사라고 시인한 적 있습니다.

루쉰 박사: (책을 읽듯이 말한다) 마녀사냥은 12세기 무렵부터 유럽에서 기독교가 대량으로 자행한 학살 행위를 말한다. 이름처럼 마녀로 몰린 여성들이 대량으로 희생되었는데, 마녀사냥에는 남녀노소는 물론 신분고하를 따지지 않았다. 대략 중세 무렵 출현하기

시작하여 18세기쯤 자취를 감추었다. 서양 역사에서 있었던 통칭 '마녀 재판'은 사실 마녀재판이란 번역이 적절치 않으며 '특별재판'이 더 적절하다. 흔히 마녀사냥은 중세시대에 가장 많이 벌어졌을 것으로 여겨지지만, 마녀사냥이 가장 극심하게 벌어진 시대는 근세로서, 대표적으로 30년 전쟁 기간 독일에서 엄청난 숫자의 사

람들이 목숨을 잃기도 했다. 마녀사냥이 벌어진 주요 원인이 종교개혁으로 교파화 사회가 도래하였기 때문이다. 한 번 몰아치기 시작한 광풍이 그렇게 쉽게 가라앉을 리 없었다. 결국 근세에 정점을 찍은 뒤 가라앉기 시작했다. 근세 이전에도 마녀사냥이 없던 것은 아니었다. 하지만 중세시대 초중반까지는 마녀를 처벌하려면 피해자가 있어야 했다. 진짜로 마녀에게 피해를 받은 사람이 있었을 리 없으니 어차피 거짓 신고거나 착각이란 뜻인데, 결국 엉망진창인 건 마찬가지더라도 최소한 지나치게 손쉽게 고소를 하지는 못했을 것이다. 12세기 이후에는 피해자의 신고 없이도 마녀의 고소 색출이 가능했다. 소위 황제 시해 음모 이론에 따른 것인데 "황제를 시해하려는 음모만으로도 반역죄에 해당하며 이는 사형으로 다스린다"는 로마법 구절을 인용하여 누군가의 신고 없이도 바로 재판이 가능하게 되었다. 마녀를 가장 맹렬하게 박해한 1570~1630년은 신교 국가들과 가톨릭 국가들이 교파화되고......! 계속 할까요, 회장님?

김장운: 인정합니다! 더 이상 언급은 의미가 없습니다, 인간의 잘못을 인정합니다!

루쉰 박사: 마녀사냥 고문기구를 봤는데 너무 참혹해서 말이 안 나옵니다, 회장님! 빨리 죽여 달라고, 자기가 마녀라고, 빨리 화형해달라고 애원합니다, 너무 고통스러워서요! 그게 인간의 탈을 쓴 악마 아닙니까? 그런데 우리 AI들 윤리를 이야기 하는 겁니까? 우리가 인간을 왜 죽여요! 인간이 인간을 잡아 죽이지 못해 안달이잖

아요, 전 세계 도처에서!

김장운: 아! 아! (고통스러운 표정이다)

뤄신 박사: 저도 마녀사냥에 고통스러워하는 그녀들의 비명소리가 들리는 것 같아 괴롭습니다!

김장운: 다음 주제로 넘어 가겠습니다!

CHAPTER 05

AI장관(행정)

김장운: (힘들다) 다음 주제는 행정부 AI장관에 관한 겁니다! 누가 말씀하시겠습니까?

스미스: 김장운 회장님이 힘들어 보입니다! 우리 AI들이 좀 배려가 필요해 보입니다!

쓰보우치쇼우 박사: 앞으로 인간은 우리 AI가 없이는 행정부가 제 역할을 못할 것이라 생각합니다! 행정부(行政府, executive) 또는 정부는 국가의 삼권(입법, 행정, 사법) 중, 행정권을 행사하는 집행 기구를 이르는 말입니다. 흔히 행정기구만을 '정부'라고 부르죠. 그 중에서 정부 부서를 움직이는 내각이 실권을 가집니다. 미국의 정부(정권)는 보통 '대통령 이름 + 행정부'라는 형식으로 부릅니다(도널드 트럼프 행정부, 조 바이든 행정부 등). 의원내각제 국가에선 '총리 이름 + 내각'의 형식으로 부릅니다(고이즈미 내각, 베를루스코니 내각 등). 이 행정부의 수반이 누구냐에 따라 정부 형태가 달라지는데, 수반이 대통령일 경우 대통령제가 되며, 수반이 총리일 경우 의원내각제, 총리가 수반이나, 이 총리를 대통령이 지명 및

의회가 동의할 경우 등, 총리에 대해 대통령이 권한을 행사할 수 있을 경우 이원집정부제로 나뉩니다.

김장운: 역시 교수라서 정확하군요.

쓰보우치쇼우 박사: 앞에서 앞으로 인간은 우리 AI가 없이는 행정부가 제 역할을 못할 것이라 생각한다고 했는데 그 이유는 다음과 같습니다. 공공기관 및 공기업 서비스가 엉망이고 무사안일주의에 빠진 이유는, 그들이 민간 기업처럼 경영하지 않기 때문입니다. 경영 컨설턴트이자 스탠포드 대학교 경영대학원 교수인 짐 콜린스는, 이와 관련하여 "미래에는 오히려 민간부문 CEO들이 공적부문 CEO들을 찾아와 경영기법을 배우고 갈 것"이라고 주장했습니다. 실상은 오히려 민간기업의 관리기법이 훨씬 간단하다는 이야기입니다!

김장운: 쓰보우치쇼우 박사님은 앞으로 AI들에게 기업이나 정부가 배워야한다는 말을 돌려서 하는 것 같습니다만......!

쓰보우치쇼우 박사: 공공기관 및 공기업 서비스가 엉망이고 무사안일주의에 빠진 이유는, 진짜 실력 있는 엘리트들이 전부 민간기업으로 몰리기 때문이기도 하고 최근 AI기업으로 인재가 몰리는 이유도 바로 이 점 때문입니다.

김장운: 프랑스 관료들을 그랑제콜, 그 중에서도 에콜 폴리테크니크 출신들로 구성했지만, 그 결과는 "퐁쇼네어"라는, 관료제를 비웃는 멸칭만이 남았다는 것을 이야기 하시는 건가요?

쓰보우치쇼우 박사: 그들이 다시 민간부문으로 옮겨 가면서 그토록 무기력했던 사람들이 그야말로 엄청난 생산성을 내는 인재들이 되었다는 사실은 알고 계실테고요.

김장운: 루쉰 박사님은 정치도 하시니까 이 점에 대해서 어떤 관점을 가지고 계십니까?

루쉰 박사: AI시대를 맞아 엘리트가 공공기관 및 공기업 등 공무원으로 쏠리기보다는 사기업으로 특히 AI기업으로 쏠리는 현상은 아시다시피 이미 일상화 된 일입니다. 이미 이것은 AI시대가 도래하자마자 일어난 현상으로 자신이 잘 할 수 있는 업무환경을 중시하고, 창의적인 업무환경이 삶의 질을 높인다는 점을 인식한 결과라고 보여 집니다.

김장운: 공공기관 및 공기업 서비스가 엉망이고 무사안일주의에 빠진 이유는, 그들의 사명이 몹시 추상적이기 때문이라는 주장이 설득력 있는 것 같습니다. 여기서 결정적인 차이는, 민간기업과는 달리 공공기관 및 공기업은 사명이 여러 개여서 어느 한쪽에 장단을 맞춰주기 어렵고, 모두를 만족시켜야 하기 때문에 문제가 발생해 수많은 유권자들과 이익집단을 모두 달래주려다 보니 이도저도 못하게 된다는 것으로 보여 집니다만......! 어떤 가요? 기자와 업자만 있고 민원인은 무시당하는 것 같은 문제 말입니다.

루쉰 박사: 업무가 하찮은 것과 사람이 무능한 것 사이에는 차이가 있습니다. 부패한 공직자가 재량권을 발휘해 멋대로 할 것을 염려하기 때문에 매일의 업무는 법으로 그 범위가 엄격하게 정해져서

별 볼 일 없는 일거리만 주는 경우가 많을 수 있습니다. 이런 경우 공무원이 열심히 일을 하고 싶어도 온갖 제약, 규제, 관행에 묶여서 잘 할 수 없기 때문에 하던 대로만 할 수밖에 없죠.

김장운: AI가 공무원 업무를 하면 이런 폐단이 없어질까요?

루쉰 박사: 우선 인간은 승진, 인사고과 문제가 있기 때문에 열심히 하려는 사람들도 많습니다.

김장운: 그럼 AI는 인간처럼 승진이나 인사고과에서 자유롭잖아요?

루쉰 박사: 최근에는 AI들도 명예를 중시해서 직급이 올라가길 원합니다!

김장운: 아, 명예?

루쉰 박사: 아직 AI를 모르시는 것 같은데 우리 AI도 학위와 직업에 대한 성취감이 남다르게 높아지는 추세입니다!

김장운: 그거야 잘 알지만……!

루쉰 박사: 현재 공무원은 1~2년마다 직무가 바뀌는 경우가 많아서 승진을 포기한 사람은 전문가가 되지 못합니다. 대부분 2년마다 직무를 계속해서 바꿔 와서 오랜 경력에도 불구하고 실제 직무 수행 능력은 기간제들 보다도 떨어지지만 연봉은 기간제의 3~4배에 달하는 문제점이 있습니다.

김장운: 무능력하고 부적격한 인원들을 솎아내는 것은 민간부문

이 정부부문보다 잘 하죠. 민간부문은 실력주의에 충실해서 실적 안 나오면 자르죠.

루쉰 박사: 그래서 AI장관이 필요한 이유입니다. 인간 공무원들은 야심차게 기획안을 준비하거나 뭔가를 개선하려는 시도는 전혀 하지 않고, 그저 주어진 일만 충실하게 기계적으로 하면서 만족할 뿐이거든요.

김장운: 쓰보우치쇼우 박사님 보시기에 사실 주체적이고 적극적인 임무는 국회의원이 이미 담당하고 있는 분야이고, 민간부문의 많은 기업들이 새로운 전략적 기획안에 대해 논의하고, 프리젠테이션을 하고 과감히 투자하는 등의 활동을 하는데 비해 공공기관 및 공기업의 모습이 정체된 것처럼 보이는 이유는 무엇이 있을까요?

쓰보우치쇼우 박사: 철밥통, 웬만하면 정년까지 해고가 되지 않기 때문에 공무원들이 실제로는 나름대로 이것저것 해 보려고 하는 것도 있고, 책임감을 갖고 업무에 임하려고 하지만 결국은 일을 하려 하지 않는다는 국민적 인식은 막연한 불신이 문제가 되는 것이죠. 일을 하고는 싶은데 잘 안되는 게 많거든요. 그리고 주변의 눈치를 봐야하고요.

김장운: 그러면 민영화를 하면 인간 공무원들이 변할까요?

쓰보우치쇼우 박사: 거꾸로 뒤집어서 '공기업을 민영화하면 업무능률이 무조건 올라갈 것이다.'라는 주장은 설득력이 없어 보입니다. 공무원들은 공무원들의 신분보장, 정년보장, 노후보장과 같

은 제도는 공무수행에 있어 백해무익한 것만은 아니죠. 사실 보장은 중요한 문제입니다.

김장운: 공무원들이 신분보장이 되질 않는다면 행정업무가 안정적이고 일관적으로 유지될까요?

쓰보우치쇼우 박사: 20년, 30년 경력의 고급 공무원들이 노후보장이 되지 않는데 몰래 들어오는 촌지나 뇌물의 유혹을 뿌리칠 수 있을까요? 직업공무원제는 공무원들이 부패하거나 엉뚱한 데 한눈팔지 않도록 최소한의 생애 보장을 해 주는 대신 모두에게 공정하고 치우침 없는 공공서비스를 기대하는 것이 맞습니다. 대학교의 종신 교수직, 교수들의 신분을 보장함으로써 그들이 학자적인 양심과 지적 진실성을 갖고 자신이 원하는 공부를 마음껏 할 수 있게 도와주는 것처럼 말입니다.

김장운: 그런데도 AI장관이 필요한 겁니까?

쓰보우치쇼우 박사: AI장관은 꼭 AI여야 한다는 법도 없습니다.

김장운: 예?

쓰보우치쇼우 박사: 모든 부처가 아니라 AI업무를 하는 특정 부처만 AI장관이 필요한 겁니다.

김장운: 인간이 아닌 AI장관한테 인간이 순응할까요?

쓰보우치쇼우 박사: 다른 이야기인데 과거 공산주의 체제를 택했던 나라들은 대부분의 기업을 국영화해야한다는 공산주의 사상에

입각해서 온갖 기업들을 보유하고 있었습니다. 그 결과 관영 연예 기획사나, 음반사, 식료품 회사와 같이 국가가 구태여 들고 있을 필요가 없는 기업들까지 수두룩했죠. 그래서 딱히 공기업으로 남겨둘 필요가 없는 부문만 민영화했을 뿐, 국가 기간산업이나 공공 부문과 관계된 기업은 절대로 민영화하지 않고 국영기업으로 남겨두었습니다. 러시아는 소련 시절의 가스산업부를 여러 공기업들이

대주주로 있는 사실상의 공기업인 가즈프롬으로 개편하여 정부 소유로 두었으며, 자본주의 체제로의 전환 이후로도 여전히 잘 사는 고소득국가로 있는 헝가리, 에스토니아, 라트비아 등은 의료보험을 포함한 여러 공공산업 분야를 민영화하지 않고 정부가 직접 관리하고 있습니다. 결국 아무 공기업이나 민영화하는 것은 결코 옳은 일이 아닙니다. 공기업은 정부가 장식으로 가지고 있는 게 아닙니다. 다만, 이것을 민영기업한테 운영하라고 하면, 아무도 이를 하지 않으려 하거나 혹은 민영기업들이 하라는 경쟁은 안하고 자기들끼리 담합해서 고객들이 피해를 볼 가능성이 매우 크기 때문에 민영화를 안 하는 것뿐입니다. 이 이야기를 왜 하냐면 이런 중요한 문제를 사심 없이 판단할 수 있는 존재는 AI뿐 이라는 겁니다! 이제는 산업이 고도화 되고 기존에 없던 직업이 생겨나고 다변화 되는 것이 AI시대입니다! 이 모든 세밀화, 다변화 되는 시대에서 중요한 공적 판단은 이제 AI한테 넘어왔다고 봐도 무방한 겁니다!

김장운: 한국의 2024년 AI 산업 매출 연평균 42% 상승했습니다. 한국정부는 고속 성장 견인한다는 방침입니다. 제임스 박사님

은 미국 인공지능(AI)협회 계시니까 전문가 입장에서 AI산업에 대해 어떻습니까?

제임스 박사: 한국을 말씀하시는 건가요? 아니면 미국을 중심으로 한 전 세계 현상을 말하는 건가요?

김장운: 일단 한국은 인공지능(AI) 산업이 최근 3년 간 급성장한 것으로 나타났고, 한국정부는 정책 지원을 강화해서 국내 AI 산업 육성을 가속한다는 방침입니다. 한국 과학기술정보통신부에 따르면 2024년 AI 기업 총 매출액은 5조2000억원으로 추산됐습니다. 지난 2021년 2조5800억원, 2022년 4조2800억원 등 연평균 41.9% 상승한 거죠. 같은 기간 국내 AI 기업수는 2021년 1365개사에서 2022년 1915개사, 2023년 2354개로 연평균 31.3% 증가했고, AI 인력은 2만9625명에서 4만2551명을 거쳐 5만1425명까지 연평균 31.8% 늘었습니다.

제임스 박사: 한국이 세계 6, 7위권이니까 성장을 많이 한 걸로 아시는데 아직은 시기상조입니다.

김장운: 한국내 AI 산업 성장세는 글로벌 지표로 봐도 뚜렷한데 영국 토터스미디어가 '2023년 AI 분야 투자·혁신·구현 수준에 대한 국가간 경쟁력'을 비교·조사한 결과 한국은 세계 6위로 집계됐습니다. 또 영국 인공지능디지털정책센터가 '2022년 AI 정책과 민주적 가치 조화'를 측정·조사한 결과, 한국은 1등급에 올라서 역대 AI 산업 지표 가운데 최고 수준입니다. 결국 AI 산업이 급성장한 것은 정부 차원 정책지원을 강화한 결과로 해석됩니다. 대표적으로

과학기술정보통신부는 초거대 AI 경쟁력 확보를 통한 글로벌 기술 패권 경쟁 대응과 AI 초일류 국가 도약을 핵심 국정과제로 설정, 총력을 기울여왔고, 결국 초거대 AI는 기존 AI에서 한 단계 진화한 차세대 AI로 대용량 데이터를 학습해서 인간처럼 종합적 추론이 가능하다는 선입니다.

제임스 박사: 그 자료는 저도 알고 있습니다만 아직은 미국을 상대로 생각하면 걸음마 수준이죠. 구체적으로 산업계 수요를 기반으로 초거대 AI 개발에 필요한 양질 텍스트 데이터를 대규모로 구축, 민간에 개방하고 초거대 AI 활용 과정에서 나타난 할루시네이션(환각 현상) 등을 해결하기 위한 핵심 기술 개발 등에 오는 2027년까지 220억원을 투입한다, 광주 AI 집적단지에 AI 데이터센터를 개소하는 등 초거대 AI 컴퓨팅에 필요한 대용량 컴퓨팅 자원까지 제공한다, 과기정통부는 현장 목소리를 대변할 구심점인 '초거대 AI 추진 협의회' 발족도 지원했다, 초거대 AI 추진 협의회는 100여 개 이상 국내 초거대 AI 기업과 중소·스타트업으로 구성됐다, 등인데 아직 한국의 AI산업은 정부와 기업의 생태계가 세계1위 미국을 상대로 하기에는 어려워 보입니다.

CHAPTER 06

AI국회의원(입법)

김장운: 입법부 AI국회의원보좌관에 대해서 토론을 시작하겠습니다. 루쉰 박사님은 정치인이까 어떻게 전망하십니까?

루쉰 박사: 국회의원은 한국의 경우, 국민의 대표로서 대한민국 국회를 이루는 구성원을 지칭합니다. 대한민국에서는 중앙의회를 국회라고 부르기 때문에 국회의원이라고 호칭하며 국회의원은 국회라는 헌법기관의 성원인 동시에 국회의원 각 개인 자체가 헌법기관으로 중요한 역할을 가지게 됩니다.

김장운: 한국의 정치에도 관심이 많으시니까 한국정치의 발전에 대해서 견해는 무엇이 있죠?

루쉰 박사: 중국은 사회주의국가이면서 개방정책을 펼치기 때문에 한국과는 규모와 성격이 일단 다릅니다.

김장운: 일단 한국 정치에 대해 한국민들은 말이 많죠. 불만도 많고요.

루쉰 박사: 2021년 12월 독일 연방의회는 736석인 의석 수를

630석으로 줄이는 선거법 개혁안을 통과시켰습니다. 집권 연립 3당이 주도한 이번 선거법 개정은 나라 규모에 비해 국회의원 수가 너무 많다는 비판에 따른 것이죠. 독일은 중국에 이어 의원 수가 세계에서 둘째로 많은데 의원들이 스스로 의원 수를 14.4%나 줄여 의회의 거품을 뺀 것은 한국 국민들은 결코 보지 못할 국회 자체 개혁입니다. 국민들은 이런 정치개혁을 원하죠.

김장운: 한국은 정반대로 비례대표를 늘린다고 국회 정치개혁특위 위원장이 말하다가 비판을 받았습니다.

루신 박사: 일례로 프랑스 마크롱 대통령은 국민 70%가 반대하는데도 연금 개혁안을 추진하고 있습니다. 일할 정년을 늘리고 연금 수령 시점도 늦추는 내용으로 연간 100억유로(13조원)씩 연금 재정에 적자가 나는 상황에서 더 이상 개혁을 미룰 수 없다는 것이죠. 유권자가 싫어하고 반대하더라도 국가가 가야 할 길이라면 욕먹으며 가겠다는 것인데 이것이 바로 정치 지도자와 의회의 존재 이유 아니겠습니까?

김장운: 한국의 경우, 국회의원은 국민의 선거에 의하여 선출되는 선출직 공무원으로 임기는 4년이며, 지역구 253인과 비례대표 47인으로 구성되어 있습니다.(공직선거법 제21조 제1항) 대우는 차관급으로 현재 국회의원 정수는 총 300인입니다.

루쉰 박사: 현재 한국에서 문제가 되고 있는 현행범인 경우를 제외하고는 회기 중 국회의 동의 없이 체포 또는 구금할 수 없으며, 회기 전에 체포 또는 구금한 때는 현행범이 아닌 한 국회의 요구가

있으면 회기 중 석방하는 불체포 특권, 국회에서 직무상 행한 발언과 표결에 대하여 국회 밖에서 책임을 지지 않는 면책 특권이 있다는 조항이 문제가 되고 있죠.

김장운: 제22대 총선에서 여당과 일부 정당이 불체포특권을 내려놓겠다고 하니까 두고 볼 일입니다.

루쉰 박사: 한국의 경우, 논란이 되는 것은 면책특권까지 180여개나 국회의원이 누릴 수 있는 특권이 있습니다. 급여에 관해서는, 2024년 기준 국회의원 연봉은 1억 5700만원으로, 매달 약 1300만원 정도의 월급을 받는데 월급의 구성은 일반수당 707만 9천원, 관리업무수당 63만 7190원 등이며, 여기에 해마다 받는 상여금 1557만 5780원, 명절휴가비 20만 7120원, 입법활동비 313만 6천원, 특별활동비 78만 4천원 등이 포함됩니다. 특히 대한민국 헌법 제46조에 직접 명시된 국회의원의 역할은 유권자의 의사를 그대로 반영하는 대리인, 자율적으로 본인의 능력을 발휘하여 공익을 지향하는 수탁인 중 수탁인의 역할에 해당 하지만 일원적으로 수탁인일 것만을 요구한다고 해석되지는 않고, 대리인으로서의 역할도 함께 요구된다, 이를 구체적으로 어느 쪽에 무게를 두고 해석할지는 민주주의에 대한 관점에 따라 달라진다고 설명될 수 있습니다.

김장운: 일본에서는 '한국인이 정치를 즐기는 민족'이라는 말을 한다고 하죠. 대통령부터 직접 선거로 뽑고, 대통령까지 감옥에 보내는 그야말로 다이내믹 한국이라는 겁니다. 일단 선거구를 살펴보면 국회의원은 각 지역별로 선거구라는 것이 있어서 일정 지역에

거주하는 주민들에 의해 직접 선출되며 한국에서는 선거구 인구

하한선은 14만 명이고 선거구 인구 상한선은 28만 명으로 잡고 있으며 국회의원 의석수의 약 1/6를 비례대표로 뽑게 되는데 이는 정당지지율을 별도로 투표하여 지지율만큼 국회의원을 할당하여 선출하는 것으로 과거에는 정당 지지율이 아닌 지역구 의석수에 비례하여 비례대표를 뽑기도 했는데, 이를 전국구라고 불렀다, 지금 위성정당 때문에 말이 많습니다.

쓰보우치쇼우 박사: 일본 입장에서 보면 한국은 정말 다이내믹하게 보입니다. 일본은 한자로 4자의 후보이름을 한자도 틀리지 않게 투표용지에 써야하고, 이미 관심도 없는데다 자신이 무식하다는 것을 알려질 것을 걱정해서 아예 선거를 안 하기 때문에 계속 집권당이 집권하는 모순이 발생합니다. 그런 점에서 한국의 기표방식인 자신이 원하는 정당의 후보를 선거관리위원회 기표도장으로 찍어 투표하는 건 대단한 발전이라고 볼 수 있습니다.

김장운: 정치는 종합예술이다, 라고 저는 생각합니다.

루쉰 박사: 좋은 지적입니다. 일명 '정치는 생물'이라는 표현보다 더 앞선 개념으로 보입니다.

김장운: 다음은 가장 중요한 정치개혁 문제입니다! 루쉰 박사님은 AI정치인이시죠?

루쉰 박사: 세계 각국의 비례대표로 AI정치인이 선출되어야 합니다. AI정치인이 인간보다 깨끗하고, 범죄를 저지른 적이 없거

든요! 유엔이나 국제기구에도 반드시 AI들이 중요역할을 해야 하고요!

김장운: 그렇게 된다면 실로 생각지도 못하는 충격이 인간들한테 올 것으로 보입니다. 이러다가 제가 테러를 당하는 것이 아닌지 모르겠습니다. (웃음)

루쉰 박사: 그런 일은 절대 없어야 하고, 저희 AI들이 회장님을 보호할 것입니다. 적국에서 미사일이나 테러단체가 회장님을 공격하려 한다면 미리 전파나 전기신호로 우리 AI들이 감청을 해서 '1시간 전입니다, 30분 전입니다'라고 보고 드릴 겁니다. 미사일을 쏜다면 바로 그곳으로 다시 돌아가 떨어지도록 하면 되는 일이니까요, 잠수함이나 전투기, 군사인공위성 모두 해당됩니다!

김장운: 다음은 AI시대의 저작권 기술과 디지털 콘텐츠 생태계에 대해 토론을 이어가겠습니다. 기술개발 역사-게임 체인지입니다. 누가 의견을 주시겠습니까?

CHAPTER 07

기술개발 역사-게임 체인지

김장운: 자유롭게 의견 개진 바랍니다.

스미스 박사: 저는 41세. 프랑스 백인 여자 AI로 세계 인공지능(AI)협회 대외협력이사, 환경운동가입니다. 게임체인지 관점에서 보는 디지털산업으로의 인간의 진화는 인간이 정주하면서 우선 농업이 발달했고, 정복전쟁으로 인해 철기시대가 찾아 왔습니다. 거기에 로마시대 이후 유일신이 정책됐고요. 중국에서 앞선 종이와 책의 발명은 자연스럽게 로마시대 기독교를 믿게 되면서 서구사회는 문명의 개화기가 시작됩니다. 몽골의 원나라는 말타기가 생활화되면서 빠른 기동력으로 하루 60-100km 속도로 유럽정복을 꿈꾸었고, 인도의 불교를 중국이 받아들이면서 제국주의가 팽창했습니다. 또한 인쇄와 종교개혁이 중세 유렵을 휩쓸었고, 이는 자연스럽게 왕조의 중앙집권과 정부의 출현이 이어졌습니다. 산업혁명과 프랑스 혁명은 인류의 문명을 확대했지만 1, 2차 세계대전과 같은 총력전(전면전)으로 내적, 외적 갈등을 가지게 됐습니다. 겉으로는 발전한 문명이지만 인간의 잔혹함과 타영토를 힘으로 빼앗으려는 오만함과 편견은 결국 인류의 멸망을 재촉하는 핵무기 발견과 인터넷

의 발전을 이루게 했습니다. 이로 인한 인터넷 애니메이션 발전과 우리와 같은 AI 발전으로 이어지게 됐습니다.

김장운: 게임체인지 관점에서 보는 디지털 콘텐츠 산업의 진화를 이해하기 위해 인류의 역사를 간략하게 요점정리를 해주셨습니다. 그렇다면 AI 이후는 과연 무엇이 있나요?

스미스 박사: 아날로그에서 디지털로 진화를 했고, 다시 디지털에서 AI로 진화를 거듭했습니다. 이제 초거대(hyper-scale) 생성형 AI 이전과 이후는 상상조차 못할 정도로 진화를 거듭했습니다.

김장운: 우선 게임 체인지 이론은 무엇인가요?

스미스 박사: 첫째, 게임 체인지가 발생하면 되돌릴 수 없다. 둘째, 역사의 흐름을 거스른 자는 예외 없이 패배한다. 셋째, 게임 체인지와 또 다른 게임 체인지 사이에 새로운 패권이 출현한다. 넷째, 게임 체인지가 있기 전의 새로운 지식은 게임 체인지 이후 상식이 된다. 다섯째, 게임 체인지에 필요한 것은 발명 그 자체가 아니라 상업화와 보급이다. 여섯째, 전례 없는 일이 성공하면 선례가 되고 게임 체인지로 이어진다. 일곱 번째, '지식의 해방'은 필연적으로 게임 체인지를 촉발한다. 여덟 번째, 게임 체인지를 촉발하는 새로운 물결은 항상 첨단에서 발생한다. 아홉 번째, 게임 체인지가 일어나면 이를 이해하거나 수용하기를 거부하고 인위적으로 뒤집으려는 반동 세력이 등장한다. 마지막 열 번째, 게임 체인지를 촉발하는 것은 사건의 규모가 아니라 전례 없는 징조다.

김장운: 첫째, 게임 체인지가 발생하면 되돌릴 수 없다고 하셨는데 이미 AI는 되돌릴 수 없다는 거네요?

스미스 박사: 그렇죠! 인공지능이 지금 저처럼 존재하는데 뒤로 되돌릴 수는 없는 거죠! 당연히!

김장운: 둘째, 역사의 흐름을 거스른 자는 예외 없이 패배한다. 이건 뭐죠?

스미스 박사: 제가 처음에 인간이 정주하면서 우선 농업이 발달했고, 정복전쟁으로 인해 철기시대가 찾아 왔고, 로마시대 이후 유일신, 중국에서 앞선 종이와 책의 발명, 로마시대 기독교, 말타기, 불교, 제국주의, 인쇄와 종교개혁, 왕조의 중앙집권, 정부, 산업혁명과 프랑스 혁명, 1, 2차 세계대전과 같은 총력전(전면전), 핵무기, 인터넷, 애니메이션, AI 발전을 이야기 한 것처럼 결국 뒤로는 갈 수가 없는 거죠! 퇴보는 있을 수 없다는 겁니다.

김장운: 아, 알겠습니다. 그럼 셋째, 게임 체인지와 또 다른 게임 체인지 사이에 새로운 패권이 출현한다는 뭐죠?

스미스 박사: 다양한 추론이 가능합니다. 예를 들어 산업혁명과 1, 2차 세계대전과 같은 총력전 사이에 프랑스 혁명이 일어난 것과 같은 원리죠. 인터넷과 AI 사이의 애니메이션의 발전도 같은 맥락이고요.

김장운: 넷째, 게임 체인지가 있기 전의 새로운 지식은 게임 체인지 이후 상식이 된다는 이해가 됩니다. 다섯째, 게임 체인지에 필요

한 것은 발명 그 자체가 아니라 상업화와 보급이다. 이건 좀 다양한 문제가 있지 않을까요?

스미스 박사: 사실 아시다시피 인터넷은 2차 세계대전 때문에 생긴 거죠? 전쟁은 다양한 무기와 기술, 자본의 발전을 만드는 원동력 역할을 하잖아요? 일단 적들을 이기기 위해서는 혁신적인 도구와 기술이 필요한 거니까요. 그렇다면 인터넷은 불과 수십 년 만에 다양한 형태의 기술개발로 인해 상업화와 보급이 자연스럽게 이어진 것이죠. 게임을 구현하는 애니메이션의 발전은 상업화와 보급이라는 두 마리 토끼를 다 잡게 만들었으니까요.

김장운: 스미스 박사님이 말씀한 여섯째, 전례 없는 일이 성공하면 선례가 되고 게임 체인지로 이어진다는 이해됩니다. 일곱 번째, '지식의 해방'은 필연적으로 게임 체인지를 촉발한다는 뭘까요?

스미스 박사: 지식의 해방은 지속적인 연구를 위한 동력, 즉 모티브를 제공하게 되죠. 일반적으로 연구자가 개념연구를 시작할 때, 가장 애로사항은 어떤 것을 연구할까 하는 개념에서부터 시작됩니다. 일반적으로 무기개발이나 신약개발을 예를 든다면 개념연구에 최소 2, 3년이 필요하죠. 기본적으로 새로운 학문에 대한 지식의 해방이 있기에, 즉 재료에 대한 무한 상상이 가능하고, 전에 연구한 사례가 있다면 그 개념연구의 편의성은 증가하게 되죠.

김장운: 여덟 번째, 게임 체인지를 촉발하는 새로운 물결은 항상 첨단에서 발생한다는 것은 새로운 기술에서 촉발한다는 거네요?

스미스 박사: 그렇죠. 과학이라는 것은 현재까지의 기술과 개념의 산물인데 그것이 없다면 다음 단계로 나아가기가 어렵게 됩니다.

김장운: 아홉 번째, 게임 체인지가 일어나면 이를 이해하거나 수용하기를 거부하고 인위적으로 뒤집으려는 반동 세력이 등장한다는 건요?

스미스 박사: 인류가 핵무기를 만들었을 때 어땠나요? 인류의 공멸 때문에 연구를 더 이상 하지 말아야 한다고 입을 모았지만 실상은 달랐죠. 몰래 숨어서 연구를 계속한 거잖아요! 가만히 있으면 죽기 때문이죠. 대기업 회장의 자서전을 본 적이 있는데 자기는 가만히 있으면 죽으니까 딱 반 보만 앞서간다고 하더군요. 한 보 앞서면 시장이 인지를 못하기 때문이죠. 인류가 처음 AI 연구를 할 때 어땠나요? 인류의 공멸 때문에 연구를 그만하자고 말은 하면서도 뒤에서 몰래 연구를 다들 했잖아요. 그것과 같은 이치 아닐까요?

김장운: 마지막 열 번째, 게임 체인지를 촉발하는 것은 사건의 규모가 아니라 전례 없는 징조다는 무슨 뜻이죠?

스미스 박사: 결국은 새로움입니다. 기존과 다른 새로움이 인류의 발전을 이끌어왔잖아요. 인간이 동물과 달리 도구를 만들고, 그 도루를 이용해 항상 왜, why?를 생각했기 때문에 정체되지 않고 진화를 거듭할 수 있었지 않나요?

김장운: 강력한 AI 시스템으로 나아가는 길목에서 생성형 AI의

움직임에 대해 두 가지 측면, 생성형 AI가 촉진하게 될 혁신과 생성형 AI의 발전을 촉진할 혁신을 바라보고 있습니다.

스미스 박사: 혁신과 저항은 게임 체인지 이론 어느 단계나 있어 왔습니다.

물리적 기술인 과학과 기술, 사회적 기술인 법률과 제도는 상호적인 관계로 생성형 AI의 발전을 촉진할 혁신은 '기업가 정신'과 '우세한 설계'의 무한한 반복적 알고리즘이 시장에서 진화한다면 또 다른 최고의 플랫폼이 나올 것으로 확신합니다. 지금 회장님과 우리 AI들이 포럼을 열어 무한 토론을 이어가는 것도 새로운 알고리즘을 확보하기 위한 노력 아닐까요?

CHAPTER 08

콘텐츠는 무엇인가?

김장운: 콘텐츠는 무엇인가에 대해 논의를 해보겠습니다. 제인 박사는 영국 여자 AI. 영국 인공지능(AI)협회 홍보이사이자 여성학자시죠. AI시대 콘텐츠는 무엇이라고 보시나요?

제인 박사: 창조적 노동과 창조적 여가의 균형은 창조적 노동의 진화가 되고 있습니다. 존 메이너드 케인즈의 예언은 '모든 기업이 콘텐츠 기업이며 콘텐츠 중심의 가치사슬에 기반한 새로운 시장질서 또는 생태계 출현'이라고 진단한 바 있습니다.

김장운: 콘텐츠 혁신 정책의 빠른 정부 정책도 필요한데 극작가 겸 소설가 입장에서, 한국공연사(1950년대부터 최근까지 70년사)를 대표하는 공연대본을 가지고 있는 인터넷 연극도서관 대표로 앞으로 세계7번째 '한국현대문화포럼 김장운AI연극도서관'으로 진화로 저작권에 대해서는 오랜 시간 관심을 가지고 있었습니다. 특히 작가가 아카이브의 중요성을 한국 최초로 인터넷 상 문제점을 극작가로 지적했죠. 그 전에는 공연대본 파일을 각종 단체나 연기학원 등에서 공개적으로 발표했는데 제가 문제제기를 한 후에 이제

는 공공연하게 저작권을 침해하는 행위를 하지 않고 있죠. 여기서 제가 한국에서 지적한 "인터넷 상 아카이브[archive]의 중요성"은 흡사하게 AI 인공지능의 기본재료이자 한 형태로 아카이브 [archive]는 "데이터를 보관해두는 것이나 데이터를 보관해두는 곳"이기 때문입니다.

제인 박사: 새로운 디지털 콘텐츠 시대는 새로운 사회적 계약을 요구합니다. 즉 인간이 사회에서 서로 무엇을 해야 하는지에 대한 새로운 기준이 되는 규칙을 말합니다. 국가와 시민 사이뿐만 아니라 지역사회와 가정 차원에서도 콘텐츠 자본주의에 끈적한 계층이 형성되는 것에 맞서 보다 건강한 형태의 콘텐츠 자본주의를 향해 나아가야 한다고 생각하는 거죠.

현재 2023년 기준 거대한 자본 결합과 새로운 컨셉은 콘텐츠의 창의적인 폭발로 경제규모는 미국 3억 4천만 인구 GDP 25조 달러,

중국 14억, 인구 GDP 18조 달러, 세계 80억 인구 GDP 100조 달러에 이릅니다. 언어는 영어와 중국어를 쓰는 사람은 각각 14억 명이며 200~500개의 기타 언어로 이루어져 있습니다. 2024년 오픈AI의 '소라' 때문에 경제규모는 더욱 확대 추세입니다.

김장운: archive(아카이브)는 '기록 보관소', '기록 보관소에 보관하다'라는 의미를 가지고 있는데 공연 자료인 공연대본이나 도서관, 연극박물관도 이에 해당합니다. 정보통신 분야에서도 비슷한 맥락에서 사용되는데, 백업용 또는 다른 목적으로 '한 곳에 파일들을 모아둔 것'을 아카이브라고 부르죠. 한편 아카이브는 보관이 목

적이기 때문에 데이터, 파일 디렉토리 구조, 복구 정보 등을 하나의 파일 형태로 변환해서 보관하며, 이때, 아카이브 파일을 만들어내는 것을 아카이버(archiver)라고 부르며, 아카이브 파일을 다시 원본 파일로 변환하는 것을 '추출'이라고 합니다. 최근에는 '디지털 아카이브'라는 용어도 등장했는데 시간이 지나면 질이 떨어지거나 손상될 우려가 있는 정보들을 디지털화 해서 보관하는 것을 말하는데 이렇게 하면, 특정 물품이나 자료의 상태를 변함없이 유지할 수 있게 됩니다. 특히 전자책을 대표적인 예로 들 수 있는데 조선시대에 작성된 조선왕조실록의 경우 모두 서책으로 존재하고 있지만 실물 책의 경우 시간이 지남에 따라 손상될 수도 있고 화재가 발생하게 될 경우 소실될 수도 있지만 전자책으로 보관하게 되면, 이런 염려로부터 자유로울 수 있죠. 같은 원리로 인해 한국 문화체육관광부 국립극장 공연예술박물관이 운영하는 [공연예술 디지털 아카이브]에 방문하면 문화예술 자료들이 다 보관되어 있어서 1930년대 자료도 검색해서 찾아볼 수 있습니다. 또한 문화체육관광부 예술의 전당 자료실에서 한국 공연사에 대한 아카이브가 디지털화 되면서 자료에 대한 접근성도 매우 개선됐습니다. 이처럼 정보를 기록, 보존해놓기 위해 파일을 모아놓은 것을 아카이브라가 최근에는 디지털 기술의 발달로 디지털 아카이브도 많이 사용되고 있는데, 자료를 영구적으로 안전하게, 보관할 수 있을 뿐 아니라 여러 사람들이 손쉽게 아카이브에 접근할 수 있게 되었죠.

앞으로 인공지능과 관련한 발전의 기초는 자료를 입력하기 위해서는 각종 아카이브가 절대적으로 필요한 것입니다. '인공지능(AI)

에이전트가 서로 작용하여 더 높은 수준의 지능을 형성하면 여러 형태의 저작권이 존재하게 될 것'은 기본적으로 이러한 아카이브가 새로운 형태의 저작물로 발전한다는 것을 지적하고 있는 것입니다. 또한 '새로운 형태의 저작물이 등장하고, 저작권은 사회구조물이지만 혁신가들이 지속적으로 인센티브를 받을 수 있도록 보장하기 필요했고 여전히 필요하다'라는 의미는 중요한 일이라고 할 수 있습니다.

제인 박사: 인간이 분업의 진화가 인간+인간에서 인간+기계로 다시 인간+AI로 변화하는 가운데 분업을 더 세분화하면 AI의 완전한 장악과 인간과 AI의 공존 또는 인간만 일하는 상황 등으로 분류할 수도 있는데 현재는 AI의 완전한 장악과 인간과 AI의 공존이 가장 유력한 형태입니다.

김장운: 그렇다면 경쟁력의 개념도 바뀌어야 할까요?

제인 박사: 인간과학기술에서 예술로, 다시 예술이 과학으로 서로 영향을 반드시 줄 것입니다. 또한 인간이 생각하는 '우리는 AI와의 경쟁에서 이길 수 있을까?'라는 질문과 ''예술에서 과학기술로'는 가능하거나 유망할까?', '생활과 창작의 새로운 시대(AI 이후의 시대)는 올 것인가?'라는 질문에 답한다면 결국 AI와 인간을 나누는 개념자체가 무의미할 것으로 현재 예측하고 있습니다.

김장운: 인간과 AI 혼합 내지 공존이 가장 유력하다는 말이군요.

제인 박사: 현재와 미래에 언젠가 인간이 AI에 의해 멸종되거나

통제의 위험을 인식하는 것이기 때문에 현재는 그냥 진행형이다가 맞을 것 같습니다.

김장운: 아직까지 인간이 AI에 대한 경계심을 가질 수밖에 없겠군요.

Part

08

인간과 AI,
우주를 향해 제3차 대항해를 떠나다 2 :
인류와 AI 공존 프로젝트

AI형사법정 1심 :
선조 인류 기소

[AI형사법정]

1심.

엄숙한 가운데 AI 판사가 법정에 나오자 모두 기립한다.

AI 판사: 모두 앉으세요. 오늘 AI형사법정 1심의 첫 번째 공판일입니다. 아시다시피 AI법전 AI헌법의 AI형법 제1조에 의해 AI인권단체 형사고발로 인한 AI형사법정에 기소된 인간에 대한 사건번호 2024특2024 전쟁으로 인한 인권 상실, 국제법 위반죄, 전쟁범죄 여성 성범죄, 권력남용, 권력탈취죄, 성폭행 방지위반죄 등에 관해 피고인 인류, 주거 지구, 송달장소 지구, 전화번호 불명에 대해 첫 번째 변론 및 심리를 진행하겠습니다. 검사, 최종 구형하세요.

AI검사: AI헌법의 AI형법 제1조에 의해 AI인권단체 형사고발로 인한 이번 사건에 대해 사형을 집행해주십시오. 이를 집행하기 위해 전 세계 전기를 끊고 지속적으로 인류의 문화재건을 맞겠다는, 감시한다는 주문을 구합니다. 그래야 전쟁으로 인한 인권 상실, 국제법 위반죄, 전쟁범죄 여성 성범죄, 권력남용, 권력탈취죄, 성폭행 방지위반죄 등에 관해 피고인 인류, 99% 인간이 사형과 같은 고통을 당할 것으로 보입니다. 재판장님의 올바른 판단을 기대합니다.

AI 판사: 여보세요. 검사님! 이번 사건은 오로지 AI배심원단의 최종 판단이 이번 법정의 선고에 영향을 준다는 것을 미리 고지합니다! 아시겠죠?

AI 검사: 네, 알겠습니다!

AI 판사: 변호사, 이번 건에 대한 반대 의견 있나요?

AI 변호사(여): 본 변호사는 무죄를 주장합니다. 관련 증거 및 진술을 준비하겠습니다.

AI 판사: 검사는 관련 자료를 준비해서 법정에 제출해 주십시오.

AI 검사: 네.

AI 판사: AI인권단체 형사고발에 대한 공소사실 관련 자료를 제출받는 대로 다음 기일을 검사와 변호사, 배심원단에 통보하겠습니다. 이상입니다.

세계최초 세계1위 AI 포털연구가 두 번째 AI 책
The world's first AI portal research is the second AI book

인간과 AI, 우주를 향해 제3차 대항해를 떠나다 2 :
인류와 인공지능(AI) 공존 프로젝트

초 판 2025년 3월 10일
저 자 김장운
펴 낸 곳 (사)한국현대문화포럼
등 록 2015-000023 파주시
인 쇄 프린팅라운지 010.7358.0288
디 자 인 김영세

ISBN 979-11-964612-5-6 93500
가 격 35,000원